牛文元 | 主编

2016
世界可持续发展年度报告

Annual Report for World Sustainable Development 2016

《世界可持续发展年度报告》研究组

科学出版社
北京

内 容 简 介

《世界可持续发展年度报告》是我国首发的第一份针对世界可持续发展科学与行动的专业研究系列报告。《2016世界可持续发展年度报告》全书以"世界发展质量"为研究重点，提出GDP质量"是国家发展的'第一质量'、是国家财富的'第一表达'、是可持续发展的'第一要求'"。报告首次提出了世界GDP成本指数及其核算、世界GDP质量指数及其生成，对传统财富到可持续财富的逻辑转化关系进行了深入探讨，构建了世界可持续财富计算函数，力求完善现有的世界财富表征方法。报告提出了全新可持续发展指标体系并计算了全球192个国家的可持续发展能力。运用独创的理论与方法制定了可持续能力的"资产负债表"，明确指出各国可持续发展的比较优势与比较劣势。

本报告供全球可持续发展的决策者、执行者、管理者以及教学、研究人员参考。

图书在版编目(CIP)数据

2016世界可持续发展年度报告 / 牛文元主编；《世界可持续发展年度报告》研究组编著. —北京：科学出版社，2017.1

ISBN 978-7-03-050228-5

Ⅰ.①2… Ⅱ.①牛…②世… Ⅲ.①可持续性发展–研究报告–世界–2016
Ⅳ.①X22

中国版本图书馆CIP数据核字(2016)第240914号

责任编辑：李　敏　李晓娟 / 责任校对：钟　洋
责任印制：张　倩 / 封面设计：黄华斌

科学出版社 出版
北京东黄城根北街16号
邮政编码：100717
http://www.sciencep.com

中国科学院印刷厂 印刷
科学出版社发行　各地新华书店经销

*

2017年1月第 一 版　开本：889×1194　1/16
2017年1月第一次印刷　印张：15 1/2　插页：3
字数：500 000

定价：128.00元
(如有印装质量问题，我社负责调换)

《2016 世界可持续发展年度报告》编辑委员会

顾　问	冯之浚	中国可持续发展研究会名誉会长、国务院参事
主　编	牛文元	中国科学院科技政策与管理科学研究所
副主编	蔡运龙	北京大学城市与环境学院
	杨多贵	中国科学院科技政策与管理科学研究所
	刘怡君（常务）	中国科学院科技政策与管理科学研究所
委　员	李希光	清华大学国际传播研究中心
	宋豫秦	北京大学环境科学与工程学院
	刘学谦	中国科学院交叉科学研究中心唐山科学发展研究院
	匡海波	大连海事大学企业社会责任与可持续发展研究所
	赵作权	中国科学院科技政策与管理科学研究所

《2016 世界可持续发展年度报告》研究组

组长兼首席科学家　牛文元
副　组　长　刘学谦
成　　员　杨多贵　刘怡君　周志田　郑爱丽　王　军
　　　　　　李倩倩　王红兵　赵　璐　马　宁　王光辉
　　　　　　黄　远　廉　莹　董雪璠　陈思佳

目 录

第一章 GDP 质量是世界发展的第一要求 …………………………………… 001
 第一节 世界发展质量观 ………………………………………………… 001
  一、发展质量的定义内涵 ……………………………………………… 001
  二、发展质量辩证关系分析 …………………………………………… 002
  三、世界发展质量观的演进 …………………………………………… 004
 第二节 GDP 质量的提出及其内涵 ……………………………………… 006
  一、GDP 的形成源流及其发展历程 …………………………………… 006
  二、对于 GDP 体系的矫正 ……………………………………………… 011
  三、GDP 质量的提出与解析 …………………………………………… 015
 第三节 GDP 质量是世界发展的第一要求 ……………………………… 017
  一、GDP 质量是国家发展的"第一质量" ……………………………… 017
  二、GDP 质量是国家财富的"第一表达" ……………………………… 021
  三、GDP 质量是可持续发展的"第一要求" …………………………… 025
 第四节 GDP 质量理论及其解析 ………………………………………… 028

第二章 世界 GDP 成本指数核算 …………………………………………… 030
 第一节 世界 GDP 成本战略意义 ………………………………………… 030
 第二节 世界 GDP 成本理论解析 ………………………………………… 038
 第三节 世界 GDP 成本指数构建 ………………………………………… 050
 第四节 世界 GDP 成本实证分析 ………………………………………… 054
 第五节 世界 GDP 成本指数预测 ………………………………………… 061

第三章 世界 GDP 质量指数生成 …………………………………………… 066
 第一节 经济质量是 GDP 质量的动力支持 ……………………………… 066
  一、概念界定 …………………………………………………………… 066
  二、内涵演化 …………………………………………………………… 067
  三、理论解析 …………………………………………………………… 069

四、实践探索 …………………………………………………………… 071
第二节　社会质量是GDP质量的公平表达 ……………………………… 077
　　一、概念界定 …………………………………………………………… 077
　　二、内涵演化 …………………………………………………………… 078
　　三、理论解析 …………………………………………………………… 079
　　四、实践探索 …………………………………………………………… 082
第三节　环境质量是GDP质量的外在约束 ……………………………… 086
　　一、概念界定 …………………………………………………………… 086
　　二、内涵演化 …………………………………………………………… 087
　　三、理论解析 …………………………………………………………… 089
　　四、实践探索 …………………………………………………………… 091
第四节　生活质量是GDP质量的内在要求 ……………………………… 096
　　一、概念界定 …………………………………………………………… 096
　　二、内涵演化 …………………………………………………………… 098
　　三、理论解析 …………………………………………………………… 099
　　四、实践探索 …………………………………………………………… 101
第五节　管理质量是GDP质量的协调保障 ……………………………… 108
　　一、概念界定 …………………………………………………………… 108
　　二、内涵演化 …………………………………………………………… 109
　　三、理论解析 …………………………………………………………… 111
　　四、实践探索 …………………………………………………………… 112
第六节　世界GDP质量指数构建 ………………………………………… 121
　　一、指标体系 …………………………………………………………… 121
　　二、计算分析 …………………………………………………………… 124

第四章　世界可持续财富：从名义GDP到真实GDP ………………… 130
第一节　世界可持续财富与2030可持续发展目标 ……………………… 131
第二节　世界可持续财富计算函数的构建 ……………………………… 133
第三节　世界可持续财富量化表达 ……………………………………… 134
第四节　世界可持续财富稳步提升 ……………………………………… 135
　　一、世界可持续财富 …………………………………………………… 135
　　二、主要经济体可持续财富 …………………………………………… 137
第五节　"GDP成本-GDP质量-GDP数量-可持续财富"四维标定 ……… 140
第六节　世界可持续财富增长预测 ……………………………………… 143

第五章　可持续发展能力指标体系 ········· 145
第一节　指标体系的提取原则 ········· 145
第二节　指标体系的框架设计 ········· 146
第三节　指标体系的具体构建 ········· 147
第四节　可持续发展能力统计分析 ········· 148

第六章　可持续发展能力资产负债表 ········· 162
第一节　可持续发展能力的资产负债理论与方法 ········· 162
一、可持续发展能力资产负债表的制定原理 ········· 162
二、可持续发展能力的资产负债矩阵的构建 ········· 162
三、可持续发展能力的资产负债算法基础 ········· 174
四、可持续发展能力的总体资产负债分析 ········· 175
第二节　代表性国家可持续发展能力的资产负债分析 ········· 184
一、奥地利资产负债分析 ········· 185
二、德国资产负债分析 ········· 186
三、俄罗斯资产负债分析 ········· 187
四、法国资产负债分析 ········· 188
五、芬兰资产负债分析 ········· 189
六、挪威资产负债分析 ········· 190
七、瑞士资产负债分析 ········· 191
八、意大利资产负债分析 ········· 192
九、英国资产负债分析 ········· 193
十、阿富汗资产负债分析 ········· 194
十一、不丹资产负债分析 ········· 196
十二、菲律宾资产负债分析 ········· 197
十三、韩国资产负债分析 ········· 198
十四、马尔代夫资产负债分析 ········· 199
十五、孟加拉国资产负债分析 ········· 200
十六、日本资产负债分析 ········· 201
十七、土耳其资产负债分析 ········· 202
十八、伊朗资产负债分析 ········· 203
十九、印度资产负债分析 ········· 204
二十、印度尼西亚资产负债分析 ········· 205
二十一、中国资产负债分析 ········· 206
二十二、阿尔及利亚资产负债分析 ········· 207

二十三、埃及资产负债分析 …………………………………………… 208

二十四、埃塞俄比亚资产负债分析 …………………………………… 209

二十五、喀麦隆资产负债分析 ………………………………………… 210

二十六、肯尼亚资产负债分析 ………………………………………… 211

二十七、利比亚资产负债分析 ………………………………………… 212

二十八、毛里求斯资产负债分析 ……………………………………… 213

二十九、摩洛哥资产负债分析 ………………………………………… 214

三十、莫桑比克资产负债分析 ………………………………………… 215

三十一、南非资产负债分析 …………………………………………… 216

三十二、尼日利亚资产负债分析 ……………………………………… 217

三十三、苏丹资产负债分析 …………………………………………… 218

三十四、中非资产负债分析 …………………………………………… 219

三十五、洪都拉斯资产负债分析 ……………………………………… 220

三十六、加拿大资产负债分析 ………………………………………… 221

三十七、美国资产负债分析 …………………………………………… 222

三十八、墨西哥资产负债分析 ………………………………………… 223

三十九、牙买加资产负债分析 ………………………………………… 224

四十、阿根廷资产负债分析 …………………………………………… 225

四十一、巴西资产负债分析 …………………………………………… 226

四十二、哥伦比亚资产负债分析 ……………………………………… 227

四十三、秘鲁资产负债分析 …………………………………………… 228

四十四、委内瑞拉资产负债分析 ……………………………………… 229

四十五、智利资产负债分析 …………………………………………… 230

四十六、澳大利亚资产负债分析 ……………………………………… 231

四十七、斐济资产负债分析 …………………………………………… 232

四十八、萨摩亚资产负债分析 ………………………………………… 233

四十九、汤加资产负债分析 …………………………………………… 234

五十、新西兰资产负债分析 …………………………………………… 235

参考文献 ……………………………………………………………… 236

第一章
GDP质量是世界发展的第一要求

第一节 世界发展质量观

一、发展质量的定义内涵

(一) 发展质量的哲学内涵

从哲学层面上讲，任何客观存在的事物都是质和量的统一体。"质"为某一事物区别于其他事物的规定性，它表明了该事物是什么、怎么样以及何时何地、以何种方式存在。"质"是通过事物的内在基本特性和特征外在地表现出来。因此经济的"质"表征的是经济的内在结构和发展方式等。哲学层面所谓"量"是指事物的构成和某些性能的等级、程度、规模、范围等可以用数量表示的规定。因此，以GDP为代表的产值指标等是经济"量"的体现。

尽管质和量是两种不同的规定性，但它们不是独立存在的两类现象，而是既相互区别、相互对立，又相互联系、相互依赖的。一方面，质依赖于量，通过量才获得其现实的存在。另一方面，事物的质规定事物的量。质的存在是量存在的基础，质制约着量，规定着量的变化方向和范围，任何一种特定的质，都要求有一确定范围的量与其相适应。相对于经济而言，经济的"量"的增长到一定的阶段，人们才开始追求"质"的调整，没有"量"的积累，经济结构调整、发展方式转变都失去了存在的基础。而经济的"质"是对经济的"量"增长的规范和制约，规定了其增长方式和发展方向。

(二) 发展质量的理论外延

"质"和"量"是经济自身的规定性，而对于经济过程，学术界比较常用的是"经济发展"和"经济增长"两种提法，它们之间存在一定的区别。发展相对于增长来说，是一个更广义的概念。1991年，牛文元在提交给美国国家科学基金会的一份报告中对"发展"做了如下定义："发展是在一个自然-社会-经济复杂系统中的行为轨迹，发展作为正向的矢量将导致上述复杂系统朝向日趋合理、和谐的方向进化。"因此，从维度方面来说，发展是二维的平面，包括社会的各个方面，而具体某个方面的发展称之为增长。学术界对经济发展比较普遍的看法是指，一个国家或地区按人口平均的实际福利增长过程，不仅包括财富和经济体在数量的增加和扩张，而且包括社会、管理和环境等诸多方面。

经济质量在社会发展的不同阶段，其表现形式有所不同，对经济"质"和"量"两个方面各有侧重。在农业社会，生产方式以家庭作坊为主，经济增长主要依靠土地扩张和劳动力的投入，追求"量"的增长，这一时期的经济质量的特点为数量少、质量差；随着工业革命的发生，社会发展进入工业时代，劳动力和资本要素投入增加的同时，通过技术改革，提高了要素生产率，经济"质""量"并进，其特点为数量多、质量差；人类步入信息社会以后，信息、技术作为相对独立的要素投入，其贡献率逐渐升高，经济增长逐渐转变为开始追求"质"的过程，反映在经济质量方面的特点为数量多、质量好（表1-1）。

表1-1 社会发展各阶段经济状况与质量反映

社会发展阶段	农业社会	工业社会	信息社会
时间尺度	农业革命之后（约1万年前至今）	工业革命之后（约1800年至今）	信息革命之后（近30年）
主要生产要素投入	劳动力和土地	劳动力和资本	信息和技术
主要生产方式	家庭作坊	工厂流水线	跨国企业网络
主导产业	农业	采掘业和工业	信息产业和服务业
经济质量内涵	追求"量"的增长	"质""量"并进	强调"质"

二、发展质量辩证关系分析

（一）发展质量与发展数量

发展是事物在数量上的增长、品质上的改善、结构上的优化。发展是伴随着对近代经济增长的困境和反思诞生的。"发展"这一术语，最初虽然由经济学家定义为"经济增长"，但是它的内涵早已超出了这层含义，更加丰富而深刻。1912年，经济学家约瑟夫·熊彼特（J A Schumpeter）在其《经济发展理论》一书中提出经济发展理论，认为经济增长"就是指连续发生的经济事实的变动，其意义就是每一单位时间的增多或减少，能够被经济体系所吸收而不会受到干扰"。它主要是一种数量上的变化，"没有产生在质上是新的现象，而是同一种适应过程，像在自然数据中的变化一样"。而发展是一个"动态的过程"，"可以定义为执行新的组合"。《大英百科全书》对于"发展"的释义是："虽然该术语有时被当作经济增长的同义语，但是一般说来，'发展'被用来叙述一个国家的经济变化，包括数量上与质量上的改善。"

发展数量概念的主要含义：其一，发展实际上指的是总产量和人均产量的增加，而且这种增加是由生产能力的增长带来的，仅仅总量的增长并不一定就被看作发展，这一点可谓是发展最明显的特征；其二，发展必须是持续地上升，而一些短期的增长或周期性的扩张都不能看作是正常的发展；其三，发展通常是伴随人口的增加和广泛的结构变化而变化。

任何事物都是质和量的统一，发展既是数量的扩张过程，也是质量不断提高的过程，是数量和质量的统一。

发展数量是发展质量的前提，没有发展数量就不会有发展质量，也就不会有现代意义上的发展和经济发展。发展质量是在发展数量基础上的延续和飞跃。发展质量不可能在经济负增长或微弱增长条件下维持和提高。没有一定的发展数量，没有较快的发展，就无法实现经济的持续增长，更谈不上社会结构的转换和社会福利水平的明显提高。

（二）发展质量与发展速度

发展速度本身并不是目的，较高的发展速度并不必然意味着发展实绩的优异，可以从理论和实践两方面说明。从理论上来说，发展是指社会财富的增长，而"不论财富的社会形式如何，使用价值总是构成财富的物质内容"（《资本论》第一卷，人民出版社，1975年版，第48页）。因此，只有使用价值的增长，才是真正有效的发展。只是由于价值量可以作为使用价值量的一种可加性的代表形式，所以，人们通常用使用价值来描述发展。但是，在商品经济条件下，使用价值量和价值量的变动速度和变动方向时常会出现不一致。因此，用GNP的变动来表示的发展速度并不能够完全表示发展的实际内容。

同样的发展速度可以有着很大的实际发展的质量或结果，仅仅追求增长速度而忽视发展质量将会导致经济处于低水平的发展。同时，加快发展速度，也存在一个度的问题，并不是发展速度越快越好，一定的发展速度，只有在同时不降低甚至逐步提高发展质量的条件下才是好的。

这一发展速度，使发展的效率不会因为发展速度的增加而被破坏，产品和劳务的质量以及满足社会需要的程度也不至于降低，经济运行的持续、稳定状态和产业结构的协调不会受到威胁，通货膨胀保持在较低的水平上，人民的生活水平和消费水平能够得到改善。最终，达到发展速度与发展质量相统一的国民经济持续、快速与健康增长的状态。

(三) 发展质量与发展效益

人们在谈到发展质量的时候，往往将其和发展效益联系在一起。发展效益通常是指劳动成果与劳动消耗的对比关系。发展质量与发展效益的区别表现在三个方面。第一，二者研究的理论视角不同。发展质量是指在经济、社会、环境等诸多方面综合反映发展的优劣程度，这种优劣程度可以从投入角度、产出角度去感知，还可以从与投入和产出相关的诸多方面去感知，关注的重点是发展的质态变化；发展效益是指劳动成果与劳动消耗的比较，表现为一定的投入获取最多的产出，强调的是投入与产出的对比，关注的重点是数量差额。第二，二者外延不同。发展质量涉及经济、社会、环境诸多方面，包括其表现出来的发展多方面的若干经济特征，如失业、通货膨胀率、居民的消费品质等。发展效益在传统的发展观下，则是就经济来论经济，即使用新的发展观来看，仍然是比较单一的指标。第三，二者的指标设置不同。反映发展优劣程度的发展质量指标构成一个指标体系，不仅有数量指标，而且有质量指标；发展效益指标，只有量化形式的指标。

发展质量与发展效益的联系表现在两个方面。一方面，如果不注重发展质量，不仅会导致经济结构的失衡，专业化分工效益和规模经济效益的丧失，还会导致资源浪费严重，能源国民经济效益系数和主要资源国民经济效益系数低下。这说明发展质量是以发展效益的提高为前提的。另一方面，低效益的高质量，如同生产没有人需要的完美产品一样，没有意义，这说明效益使质量的意义得以体现，高效益的高质量才是世界发展观的最终目标。

三、世界发展质量观的演进

(一) 世界发展质量观的提出

发展观，是发展理论所蕴含的哲学内涵的提升和表现，是经过哲理高度的抽象和概括而总结出来的内在和本质的特征，在所有发展的探索和实践中处于指导地位。发展观集中反映人们对社会发展方向和目标的追求，以及对发展衡量尺度的理解，同时也是人们行动的出发点及其经济活动方式的基础，指导发展实践活动。

第二次世界大战之后，无论是对于发达国家，还是新独立的发展中国家来说，发展都成为一个受到普遍关注的全球问题。各个国家都希望尽快进行战后恢复，振兴本国经济，实现经济腾飞。因此需要解决"什么是发展"和"如何发展"两个问题。经过人类对发展问题半个多世纪的研究、探索和实践，各种发展理论层出不穷，各国的具体发展实践经验教训不断累积。在发展理论和实践的不断演进过程中，形成了不同的发展观。

(二) 世界发展质量观的演化

发展观在不断演进过程中，形成了不同意见、流派和方向，从总体上来看，根据不同的发展时期，可以概括总结为以下三个阶段：以经济增长为核心的传统发展观，以人的发展为核心的综合发展观，以人类整体利益为核心的可持续发展观。

1. 以经济增长为核心的传统发展观

传统发展观是指在以经济增长为核心的发展观支配下形成的发展战略。它盛行于20世纪五六十年代。它存在一系列的弊病和问题，具体表现在：首先，经济增长并没有直接消除贫困，也不可能真正消除贫困。其次，经济增长并不自动导致实现其他社会目标。再次，传统发展战略未能考虑资源浪费和环境污染问题，造成资源和能源的大量消耗和浪费。

2. 以人的发展为核心的综合发展观

20世纪70年代以后，经过全面、深入的反思，出现了各种替代发展战略，如"基本需求战略""科技发展战略""生态发展战略"，这一时期的各种新的替代发展战略本质上是一种综合发展战略。它包括以下两层主要思想：第一，强调以人的发展为核心。第二，强调经济与社会的协调发展。

3. 以人类整体利益为核心的可持续发展观

可持续发展战略的核心内容有：第一，强调人类追求健康而富有生产成果的生活权利应当是坚持与自然的和谐、统一，而不能凭借人们手中的技术和投资，采取耗竭资源、破坏生态和污染环境的方式来追求这种发展权利的实现。第二，强调当代人在创造与追求今世发展与消费的时候，应承认并努力做到使自己的机会与后代人的机会平等，不能允许当代人一味地、片面地、自私地为了追求今世的发展与消费，而毫不留情地剥夺后代人本应合理享有的同等的发展与消费机会。

(三) 发展质量观的内在要求

联合国教科文组织在20世纪70年代把发展总结为："发展越来越被看作是社会灵魂的一种觉醒"（UNESCO，1976）。联合国前秘书长吴丹（U Thant）将发展概括为"经济增长+社会变革"，它综合反映了对发展作为一个多方面变化过程的认识。1987

年布伦特莱委员会报告更是涉及以人的需求为中心和社会领域中那些具有进步意义的变革，指出："满足人的需要和进一步的愿望，应当是发展的主要目标，它包含着经济和社会的有效变革。"1990年，世界银行资深研究员戴尔和库伯（Daly and Cobb, 1990）提出："'发展'应指在与环境的动态平衡中，经济体系质的变化。"强调经济系统与环境系统之间保持某种动态平衡，是衡量国家或区域发展的最高原则。由此可见，发展强调的是质和量的双重提升。

因此，可以将发展质量界定如下：发展质量是发展的一个重要方面。相对于发展的数量而言，它是从社会再生产的角度对一定时期内国民经济总体状况及发展特性所做的综合评价，并综合反映经济增长的优劣程度。其内涵包括，发展要素生产率的不断提高，更多地依靠技术进步和人力资本的作用，在经济结构不断优化、经济规模逐渐合理、经济效益不断提高的基础上，采取集约的发展方式，不断增强国际竞争力，使经济、社会、资源、环境在良性循环的情况下，国民经济持续快速、平稳地发展，并不断满足人民群众日益提高的物质文化生活需要。

发展质量观应包括五项内容，一是发展必须以追求经济效益为目的，在一定的经济要素生产率不断提高的基础上，具有持续性、平稳性和协调性；二是发展是以技术进步和人力资本为主要动力；三是考虑经济社会可持续发展的需要，以集约型生产方式为主，合理利用资源，保持较高的环境质量，是一种低代价的经济增长；四是经济结构不断优化，竞争力不断增强的发展；五是居民的生活质量要随发展而不断提高。

作为综合衡量经济社会发展水平的变量，国内生产总值（GDP）的各项生成要素是可分辨、可计量、可评判的，其本身就是各国家和地区发展的集中体现。此外，GDP同样具有"量"和"质"的概念，其质与量是辩证的统一，仅有"量"上的突破还需"质"上的提升；没有一定的量，就谈不上质；而没有质，量也不可能存在。国内生产总值，直接来看，只是表明数量，但它还有质的一面，即经济结构（各部门的比例关系）、经济效率（投入与产出的比例关系）等。总之，从发展质量观的内在要求可以看出，要提高发展质量必须强调GDP质量。

第二节　GDP质量的提出及其内涵

一、GDP的形成源流及其发展历程

GDP是一个国家或地区所有常住单位在一定时期内生产活动的最终成果，是新国民经济核算体系中重要的综合性指标。本报告将从形成源流、基本表达、发展历程的角度，对GDP理念和体系进行深度剖析。

（一）GDP 理念的形成源流

作为政府对国家经济运行进行宏观计量与诊断的重要指标，GDP 在 1953 年初步形成，历经 1968 年、1993 年和 2008 年联合国主持下的三次重大修订，目前被世界各国广泛应用于衡量国家或地区的经济发展综合水平。

1. 西方经济学的快速发展催生 GDP

从斯密（Smith）的《国富论》到凯恩斯（Keynes）的《就业、利息与货币通论》，从"看不见的手"到"看得见的手"的转变，从粗放走向精细，西方经济学的快速发展为 GDP 的诞生提供了肥沃的土壤。早在 300 多年前，人类就已经开始国民收入估算，这也许是最早关于国民经济核算的雏形。1676 年，英国经济学家配第（Petty）在《政治算术》一书中不仅首次提出国民收入的理念，而且初步估算了当年英国全部人口的收入之和，并以此分析当年英国的生产和盈余。虽然当时估算数字比较粗糙，但这一工作无疑是 GDP 历史上一个划时代的创举。此后，各国经济学家在国民收入估算的理论研究与探索实践的舞台上投入了大量精力：英国学者金（King）、法国学者拉瓦西（Lavoisier）、美国学者特克尔（Tucher）、澳大利亚学者柯格兰（Coghlan）、俄国学者拉蒂史夫（Radishev）以及德国学者罗斯克曼（Roschman）等众多学者在国民收入估算的理论和方法方面进行了不断探索和实践（杨缅昆，2007）。进入 20 世纪，特别是凯恩斯宏观经济理论的提出，为国民经济指标体系的建立做了理论与方法上的重要准备，同时也对国民收入统计提出相应的要求。1934 年，美国经济学家库兹涅茨（Kuznets）在国民收入核算研究方面取得重要突破，总结前人对国民收入核算的研究成果，提出并规范了 GDP 概念和计算方法，并加以理论化。

2. 第二次世界大战对精确统计的迫切需求

20 世纪 40 年代，第二次世界大战对经济精确统计的迫切需求，对国民生产总值和支出估计的发展起到重要的催化作用。现代战争不仅要求武器装备的先进，更要求经济尽可能的稳定。由于战争的结果在很大程度上取决于对经济资源的动用和调配，这也在某种程度上促进了国民经济核算不断走向深化（Blanchard，2011）。1939 年，凯恩斯亲自指导斯通（Stone）和米德（Meade）二人进行国民收入的编制，首次采用其提出的总收入等于总支出的经济模式。1942 年，为进一步方便第二次世界大战战时计划的制定，学者们引入了国民生产总值（GNP）的年度估计作为国民收入估计的补充。此外，战时计划的需要也推动了投入产出账户的产生和发展。诺贝尔奖得主里昂惕夫（Leontief）开发了美国经济的投入产出账户，这一账户随后成了国民收入和产出账户不可缺少的部分。美国全国经济研究所原所长米切尔（Mitchell）说："只有那些亲历第一次世界大战经济动员的人们才会认识到：涵盖 20 年的国民收入估计及其在各个方面的归类在多大程度上和多少方面为第二次世界大战的事业提供了方便。"

3. 各国经济复苏促进 GDP 的进一步完善

第二次世界大战结束以后,世界各国的经济复兴格局为政府对经济宏观统计提出许多新的要求,美国学者科普兰(Copeland)、戈德史密斯(Goldsmith),英国学者米德、斯通、希克斯(Hicks),荷兰学者克利夫(Cleeff)等一批杰出的经济学家将国民经济核算的统计思想进一步引向深入。此外,出于加强宏观经济管理的需要,各国政府对国民收入统计也越来越重视,由民间为主逐步转向以官方为主,并建立了较为完善的理论方法核算体系。1947 年,以斯通为首的联合国统计专家小组专门研究制订了可供广泛采用的国民经济账户体系,这被看做是建立国民经济核算体系的重要发端;1953 年,由联合国统计委员会出版的《国民经济账户体系及其辅助表》标志着国民经济账户体系(SNA)正式形成,其核心内容之一就是国民收入与生产核算,其诞生意味着传统的国民收入统计为现代的国民经济核算所取代;1968 年,联合国公布新的国民经济核算法,涵盖国民收入、投入产出、资金流量、国民收支、资产负债五大核算内容;1982 年,相关国际组织共同组建了国民经济核算联合工作组,并于 1993 年按照更新、澄清、简化和协调的原则,对 1968 年的 SNA 核算体系进行全面修订。至此,GDP 作为国民经济核算指标在世界范围内广泛应用起来。

4. 科学可持续发展观推动绿色 GDP 的发展

绿色 GDP 指用以衡量各国扣除自然资产损失后新创造的真实国民财富的总量核算指标,基本思想最早由希克斯在其 1946 年的著作中提出。1981 年世界自然保护联盟的报告《保护地球》(*Caring for the Earth*),1987 年联合国环境与发展委员会的研究报告《我们共同的未来》(*Our Common Future*)中提出"可持续发展"思想以来,人们关注的焦点更加集中于环境资源问题,随之由世界银行在 20 世纪 80 年代初提出的"绿色核算"(green accounting),以及随后提出的"绿色 GDP"概念迅速为人们所接受,并逐步成为衡量发展进程、替代传统宏观核算指标的首选指标。这里的绿色 GDP 是指一个国家或地区在考虑了自然资源(主要包括土地、森林、矿产、水和海洋)与环境因素(包括生态环境、自然环境、人文环境等)影响之后经济活动的最终成果,即将经济活动中所付出的资源耗减成本和环境降级成本从 GDP 中予以扣除。在具体核算过程中,绿色 GDP 应从现行统计的 GDP 中扣除由于环境污染、自然资源退化、教育低下、人口数量失控、管理不善等因素引起的经济损失成本,从而得出真实的国民财富总量。

(二) GDP 体系的基本表达

一般来讲,GDP 有三种表现形态,即价值形态、收入形态和产品形态(王勇等,2011)。从价值形态看,它是所有常住单位在一定时期内所生产的全部货物和服务价值超过同期投入的全部非固定资产货物和服务价值的差额；从收入形态看，它是所有常住单位在一定时期内所创造并分配给常住单位和非常住单位的初次分配收入之和；从产品形态看，它是最终使用的货物和服务减去进口货物和服务的差额。因此，GDP 表现为三种计算方法，即生产法、收入法和支出法。

1. 生产法

生产法也称最终产出法，主要从生产或最终产品劳务的角度进行 GDP 核算，一般是将核算期内常住单位生产的全部货物和服务的价值中扣除同期投入的全部货物（不包括固定资产）和服务得出来的，即总产出扣除中间投入。从整个国民经济角度来看，它是不同行业增加值的汇总，即

GDP = 农业增加值 + 工业增加值（包括制造业、建筑业及其他）

  + 服务业增加值（包括商业、金融保险及工商服务业、政府服务生产及其他）

其中，对于第一产业和第二产业的各部门来说，其提供的产品中增加值为产品总产值减去中间产品的产值；对于第三产业来说，商业、运输业、金融业等营利性部门按纯收入计算增加值，政府、教育、卫生等非营利性部门按员工的工薪收入计算增加值。

2. 收入法

收入法也称生产要素法，它主要用生产要素收入（即企业生产成本）核算国内生产总值。换个角度，这些收入可看做是国内生产总值生产出来以后分配给各生产要素所有者的收入，因此也称为分配法。从居民向企业出售生产要素获得收入的角度来看，收入法是社会在一定时期内生产的最终产品的市场价值。严格来讲，最终产品市场价值除了生产要素收入构成的成本以外，还包括间接税、折旧、公司未分配利润等部分，即

GDP = 收入 + 租金 + 利润 + 利息 + 间接税净额 + 折旧 + 非公司企业收入

其中，收入包括工资、津贴和福利费，也包括企业向社会保障机构交纳的社会保险费；租金是指出租土地、房屋等所得的租赁收入；利润是指所有企业在一定时期内所获得的税前利润，包括企业所得税、社会保险费、股东红利及分配利润等；利息是指贷款还息以及储蓄所得利息在本期的净额；间接税净额是指企业交纳的营业税、增值税、消费税等税额；折旧是指对一定时期内因经济活动而引起的固定资产消耗的补偿；非公司企业收入指各种类别的非公司型企业的纯收入，如医生、律师、农民和店铺等的收入。

3. 支出法

支出法也称最终用途衡量法，是通过核算在一定时期内全社会购买最终产品的总支出来得到 GDP。这里的最终产品的购买者是产品和劳务的最后使用者，在现实生活中产品和劳务的最后使用者，除了本国居民还包括企业、政府以及国外的消费者、企业和政府。因此，用支出法来核算 GDP，主要是计算一个国家或地区在一定时期内居

民消费、投资、政府购买以及净出口这几方面支出的总和，即

$$GDP=消费+投资+政府支出+（出口-进口）$$

其中，消费指居民户用于购买企业生产和销售的全部产品和劳务的支出，包括耐用品支出（汽车、电视机、空调等支出）、非耐用品支出（食物与衣服等支出），以及劳务支出（教育、医疗、旅游等支出）；投资是指增加或更换资本资产（包括厂房、住宅、机械设备及存货）的支出；政府支出是指中央和地方各级政府购买产品与劳务的支出，涉及国防建设、治安维护、公路铺装、学校开办等方面；出口-进口，即净出口，指出口产品价值与进口产品价值的差额，当出口大于进口，这个差额称为顺差，当净出口为负时则称为逆差。

（三）GDP体系的发展历程

GDP的功绩和贡献是不言而喻的，但是它的光辉也不可能掩盖其先天的缺陷，尤其是它计量了不该计入的，也忽略了它应该计入的，这就导致GDP在提出后相继发生如下发展历程。

1. 20世纪最伟大发明之一

自GDP问世以来，权威人士对它的作用和价值赞誉有加，均认为多年来无法综合衡量社会财富的定量指标，终于得到了一个满意解。诺贝尔经济奖得主萨缪尔森等在《经济学》中通俗地写道："正如太空中的人造卫星能够探测地球一样，GDP能够给你一幅关于经济运行状态的整体图画。这就使得总统、国会以及联邦储备委员会能够搞清楚：经济是过冷还是过热，是需要刺激一下还是需要紧缩一点，是否有衰退或者通货膨胀的威胁"（萨缪尔森，2012）。美国经济协会前会长艾斯奈尔（Eisner）指出这个国民经济收入和产出账户是"20世纪对经济知识的重要贡献之一"。萨缪尔森和诺德豪斯甚至指出，"虽然GDP和其他国民收入账户是显得有点神秘的概念，但它们确实属于20世纪最伟大的发明之列"。美国前商务部长戴利指出："当我们要寻找商务部的先驱们创造的对美国影响最大的和最伟大的成就的时候，国民经济账户——今天称之国内生产总值或GDP——的发明则当之无愧。"此外，斯坦福大学的弗里德曼、美国总统经济顾问委员会前主席博斯金、耶鲁大学经济学荣誉教授诺贝尔经济奖得主托宾、美联储前主席沃尔克和格林斯潘等都给予GDP以极高的评价。

2. 盛赞光环笼罩下的暗影

国际上一项粗略的估计认为，GDP对于整体财富计量的准确率可能达到80%~85%。而更为学者所诟病的则是GDP把质量不好的财富甚至把制造人类灾难的财富，也计入到其总量当中，其实这等于污秽了"真正的"财富。例如著名的"投入产出法"制定者诺贝尔经济奖获得者里瓦西里·昂惕夫（Wassily Leontief），在其逝世前曾

一直设法将能源、资源、环境的代价纳入到投入产出体系之中,以消除资源能源过度消耗和环境污染的成本外部化所换取GDP数量的不真确性。以里昂惕夫为代表的"自然绿色"派,虽然已经认识到自然资本在GDP创造中的巨大影响,但是这些先行者们的理论中似乎尚未包括更加广泛的"社会绿色",即社会资本、行政资本、管理资本等对于GDP产生的直接影响和间接影响。思考自然绿色、经济绿色、社会绿色、制度绿色的综合效应,这就为全面表达GDP体系的深入研究提出了十分重大的挑战。

二、对于GDP体系的矫正

自GDP提出以来,各国学者和实践部门一直在讨论这种核算体系的优缺点,并试图对其进行改进。本部分将利用SWOT分析方法系统回答GDP核算体系的优势、劣势、机遇和挑战,并对其50余年来的矫正过程进行梳理。

(一)GDP发展SWOT分析

半个多世纪来,国民经济核算账户体系为世界各国的宏观经济管理的定量化、科学化与精确化做出了不可磨灭的贡献,同时也为政府的政策制定、学界的理论研究和国际间的交流合作提供了重要的数据支撑。1953年、1968年和1993年,联合国曾先后三次公布了SNA体系,并向市场经济国家推荐使用,目前世界上绝大多数的国家和地区均已采用SNA体系进行核算,其中GDP是其核算的核心指标。总结各国GDP发展过程中的优劣势,主要体现在如下这些方面(表1-2)。

表1-2 GDP发展的SWOT分析

S 优势	W 劣势
◇使用较早,相对成熟 ◇GDP核算资料来源规范 ◇统计调查评估制度健全	◇不能反映经济对资源环境的负面影响 ◇不能反映经济增长质量和财富的变化 ◇不能反映某些重要的非市场经济活动 ◇不能全面反映人们的社会福利状况
O 机会	T 威胁
◇2009年联合国确立新GDP核算标准:SNA2008,对创新性国家产生影响 ◇澳大利亚、加拿大、美国、欧盟、日本相继采用SNA2008核算标准	◇各国GDP统计方法不一致 ◇定义与口径存在一定的出入 ◇"唯GDP论英雄"现象仍存在

1. 优势

GDP核算对各国经济发展起到了重要的作用,做出了积极的贡献,以GDP为核心的国民经济核算体系是反映国民经济运行状况的有效工具，它通过一系列科学的核算原则和方法把描述国民经济各个方面的基本指标有机地组织起来，为复杂的国民经济运行过程勾画出一幅简明的图像，大大提高了人们了解和把握经济运行的能力。GDP核算资料是宏观经济管理的重要依据，其在美、日、欧等国家和地区使用较早，有一套比较完善成熟的理论方法体系。美国GDP核算主要由商务部经济分析局统一开展，利用国民收入和产品账户，以支出法为主多种方法相结合的方式核算全国GDP；日本的GDP核算主要由日本内阁府经济社会综合研究所负责发布，主要采用供给方统计数据的商品流方法进行核算；加拿大的GDP核算由统计局国民经济核算司负责，主要通过缩减法进行计算；欧盟GDP核算采用的主要方法是价格缩减法和物量外推法；澳大利亚由国家统计局负责核算GDP，采用每年重新确定权重的链式物量核算方法。

2. 劣势

任何一项统计指标，都有其确定的使用范围。GDP也是这样，它对各国经济发展起到了重要作用的同时，也有一定的局限性。

首先，GDP不能反映经济发展对资源环境造成的负面影响。人们在发展经济的时候，不可能不消耗自然资源。资源是有限的，如果当前的经济发展过度地消耗了自然资源，就会对未来的经济发展造成不利影响，这样的发展是不可持续的。同样，如果当前的经济发展造成了环境的恶化，这样的发展不仅直接影响到人们当前的生活质量，而且制约未来的经济发展，这样的发展也是不可持续的。

其次，GDP不能准确反映经济增长质量和一个国家财富的变化。固定资产存量可以代表国家的财富，那么财富能否有效增长，不仅取决于当年新形成固定资产的多少，而且取决于历年固定资产的质量。如果质量不好，所形成的固定资产没有到使用期限就不得不报废，那么，当年新形成固定资产中就有一部分价值要用来抵扣报废的固定资产价值，国民财富并不能随着新形成固定资产而有效提升。

再次，GDP不能反映某些重要的非市场经济活动。有些非市场活动在人们的日常生活中占很重要的位置，比如妇女做饭、照顾老人、养育儿童等。这些活动没有发生支付行为，按照国际标准，GDP不反映这些活动。但是，如果这些工作由雇佣的保姆来承担，雇主就要向保姆支付报酬，按照国际标准，相应的活动就必须反映在GDP中。可见，同样或几乎同样的家务劳动，发达的市场经济国家市场化程度高，对GDP贡献就大；发展中国家市场化程度低，对GDP贡献就小。

最后，GDP不能全面地反映人们的福利状况。人们的福利状况会由于收入的增加而得到改善。人均GDP的增加代表一个国家人民平均收入水平的增加，当一个国家的人均GDP增加时，这个国家的平均福利状况将得到改善。但是从人均GDP看不出由于收入分配的差异而产生的福利差异状况。如果人们始终忙于生产活动，没有时间与家人团聚，尽管社会的 GDP 因此增加了，但他们的个人福利并不一定增加，因为虽然他们因个人收入的增加而能够消费更多的产品，但他们也失去了很多享乐的机会，前者增加的福利可能会被后者损失的福利抵消。

3. 机会

现有国民经济核算基本是有形财富的核算，但事实证明，无形财富对一国经济发展越来越重要。一国无形财富的总量和构成不仅是生产力的基础，也影响着未来产出的水平和可持续性，并成为一国财富之源。基于此，2009 年联合国统计委员会第 40 次会议确立新的国民经济核算标准 SNA2008，并鼓励各国在国民经济核算中采用新的国际标准。与 SNA1993 相比，SNA2008 在研究与开发支出、武器系统支出、间接计算的金融服务等方面有所变化。这一调整将对包括中国在内的世界诸多国家、特别是对创新性国家产生重要影响（魏和清，2012）。SNA2008 新的核算方式推出后，澳大利亚、加拿大、美国、欧盟、日本相继予以采用。

4. 威胁

目前全世界已有 170 多个国家使用 SNA 并进行 GDP 核算，由于各国的 GDP 统计方法不一致，数据资料源自基层统计核算、会计核算和业务核算等，定义与口径往往存在一定出入，导致 GDP 的数据误差较大。为提高成员国的统计数据质量，国际货币基金组织先后制订颁布了数据公布特殊标准、数据公布通用系统、数据质量评估通用框架等多项国际准则，希望对各成员国统计数据的生产、发布、质量定性评估提供方法上的指导。此外，一些国家和地区对 GDP 肯定与重视的同时，也滋生了"唯 GDP 论英雄""GDP 至上论""GDP 主义"等片面追逐"量"的绝对增加而忽视增长质量的社会氛围，这是对 GDP 作用和价值的认识误区。

（二）对于 GDP 体系的矫正

1971 年，美国麻省理工学院首先提出了生态需求指标，试图利用该指标定量测算与反映经济增长与资源环境压力之间的对应关系。此指标被国外一些学者认为是 1987 年布伦特莱报告的思想先锋。1972 年托宾和诺德豪斯提出净经济福利指标。1978 年日本政府提出净国民福利指标。1989 年卢佩托等提出净国内生产指标。1990 年世界银行资深经济学家戴利和科布提出可持续经济福利指标。1995 年 4 月，欧盟推行环境管理与审计制度。1995 年 9 月，世界银行首次向全球公布了用"扩展的财富"指标作为衡量全球或区域发展的新指标（真实储蓄率）。世界银行国民财富"真实储蓄率"的基本概念是一个"三部曲"运算过程：

首先，（国内生产总值，GDP）−（商品和服务的消费）+（人力资本培育）−（产品资本折旧）=（净储蓄）

再由,(净储蓄)-(自然资源的损耗)-(环境污染的损失)=(真实储蓄)

最终,(真实储蓄)÷(名义GDP)=(真实储蓄率)

真实储蓄率指标提出之后,1996年沃凯纳捷尔(Wackernagel)等人创制了"生态足迹"度量指标。1997年康斯坦察和卢贝琴科等人首次系统地设计了测算全球自然资本为人类提供服务价值的"生态服务指标体系"。1999年日本决定推行环境会计制度。

2002年以来,牛文元等在中国率先提出绿色GDP及国民核算制度,总结了资源环境核算的基本模型,分析了中国资源环境对经济发展的总体影响(牛文元,2002,2004)。2003年,英国萨里大学教授杰克领衔为英国政府创设了一种新的经济衡量标准"国内发展指数"。2005年3月,中国政府在北京等10个省(自治区、直辖市)率先启动以环境核算和污染经济损失调查为内容的绿色GDP试点工作。2012年,中国科学院可持续发展研究团队从系统学的角度全面审视GDP核算体系,并由此提出GDP质量指数的概念,被美国《大西洋》月刊评为修补世界的五种尝试。

专栏1-1　修补世界的五种尝试

美国学者克里斯托弗·米姆斯(Christopher Mims)2012年11月19日在美国《大西洋》月刊网站上发表题为"如何修补世界"一文,认为中国科学院提出的GDP质量指数,构成修补世界的五种尝试之一。内容如下:

一波接一波的罢工浪潮在欧洲上演,中东狼烟四起,"财政悬崖"即将到来,中国和法国的经济像滴答作响的定时炸弹,除此之外最主要的是,我们对不受控制的核武器、灾难性的气候变化以及摧毁地球的小行星有着挥之不去的恐惧。

和历史上其他许多混乱时期一样,现在的情况似乎是,全世界的政治和金融机构即使没有完全崩溃,至少也无法充分胜任所肩负的任务。对于那些陷入绝望的人,著有多本有关如何修补资本主义书籍的奥迈尔·哈克(Omar Huck)发出了这样的信息:全世界都存在解决方案。它们不只是想法。许多方案已经付诸实施。

哈克说:"我们正在全世界寻找各国已经开始采取的真正改变世界的措施。"他在一个名叫"如何修补世界"的新网站上列举了这些创新的实例。

以下是几个例子:

印度的绿色GDP:2005年,印度开始调整最重要的经济指标GDP。印度认识到GDP既没有考虑环境财富,也没有体现社会的富裕程度,因此提议在2015年前把两者都纳入到衡量国家繁荣的核心指标中。

芬兰的"开放部":从2012年10月10起,在6个月内获得超过5万个数字签名的公民提案将由芬兰议会进行表决。

> 加拿大的幸福指数：2009年，加拿大首次发布幸福指数。该指数的研发始于1999年，包括生活水平、教育、休闲、健康和其他内容。2012年的指标显示，2008年以来，尽管存在经济增长和有利的经商环境，但加拿大人的幸福感一直在下降。
>
> 美国的公益企业：美国的7个州创立了一种被称为"公益企业"的企业类型。公益企业的纲领包括创利和致力于公益。按照法律，这些企业要定期接受第三方审计，以确认它们在履行使命。它们的使命涉及环境恢复、教育、就业等各个方面。
>
> 中国的GDP质量指数：中国科学院发布的一份报告的主编牛文元说，该指数可衡量一个国家的真实财富、可持续发展及社会和谐水平。
>
> 可以轻易对这些措施表示怀疑。大多数措施都雄心勃勃，但至少未经过检验。但哈克不气馁。下个月，他将公布一个指数，试图描述不同的国家如何改变各自的政治和金融机构以应对一个棘手、萧条和拥挤的世界。
>
> 资料来源：《参考消息》：新华国际，2012-11-23.

三、GDP质量的提出与解析

（一）GDP质量的提出背景

GDP是衡量国家和地区财富的核心指标，也是衡量国家和地区发展实力的核心指标，曾被誉为20世纪最伟大的发明之一。近些年来，一些国家和地区从重视GDP，到追逐GDP，再到唯GDP是瞻，对GDP的作用和价值产生了认识上的误区。主要表现在两个基本的倾向：

其一，认为GDP的数量和增速是衡量政绩的唯一标志，以GDP定英雄、排位次的风气，严重扭曲了国家发展的核心要求；

其二，当听到GDP存在的一些问题和缺陷后，又走向另一个极端，认为GDP误国害民，罪恶多端，甚至想摒弃GDP。

2008年10月，为应对全球经济危机，刺激全球经济复苏，创造新的就业机会，减少经济发展对碳资源依赖度，解决全球生态问题，联合国环境规划署推出全球"绿色新政"后，欧盟立即提出"欧盟2020绿色战略"，英国提出"绿色振兴计划"，美国也提出"绿色经济复兴计划"，日本提出"绿色经济计划"，韩国宣布"绿色增长五年计划"。由此可以看出，世界各主要经济体都把绿色增长（GDP的内在质量表征）作为新一轮发展的主旋律，并且纳入到国家的整体发展战略之中。

我们在清醒认识GDP存在缺陷的同时，必须承认在目前能够综合衡量一个国家或地区财富积累的最佳指标，仍然非GDP莫属，目前还没有出现任何一个指标可以代替它的功效。

我们关注的核心应为：不断追求理性高效、少用资源、少牺牲环境，综合降低自然成本、生产成本、社会成本、制度成本前提下"品质好的 GDP"（牛文元，2012）。以里昂惕夫为代表的"自然绿色"派，虽然认识到自然资本在 GDP 生成中的巨大影响，但是这些先行者们似乎尚未涉及更加广泛的"社会绿色"，即社会资本、行政资本、管理资本等对于 GDP 产生的直接影响和间接影响。如何平行地、综合地思考"自然绿色、经济绿色、社会绿色、心灵绿色"的综合效应，这就迫切需要 GDP 质量概念的提出和创制。

（二）GDP 质量的理论模型

针对当前 GDP 无法真实反映国家发展的几大问题，以及现有 GDP 将增长与发展割裂开来的状况，中国科学院可持续发展研究组提出并创制"中国 GDP 质量指数"，用该指数（质量表征）同每年公布的名义 GDP（数量表征）进行逐一对比，可以从宏观上和更深层次中去发现各国在形成 GDP 过程中所走的路径和方式。理论上，GDP 质量试图回答 3 个问题：GDP 将如何反映真实财富？GDP 将如何反映可持续发展？GDP 将如何反映社会和谐水平？

GDP 质量的理论模型，是在"自然-经济-社会"复杂系统中，围绕着 GDP 质量生成的"发展度"（数量维）、"协调度"（质量维）、"持续度"（时间维），求取在平衡状态下的目标函数最大化。

图 1-1 中从 $t(0) \rightarrow t(N)$ 的矢量，代表了规范意义下获得 GDP 的最佳发展行为。偏离或背离这个矢量者，均被认为是在不同程度上对于 GDP 最佳发展行为的失误。

$$G(\rightarrow) = \frac{dG}{dt} \geq 0$$

$$C(\rightarrow) = [C_t - (C_t - \cos\alpha)]/G_t \leq \varepsilon$$

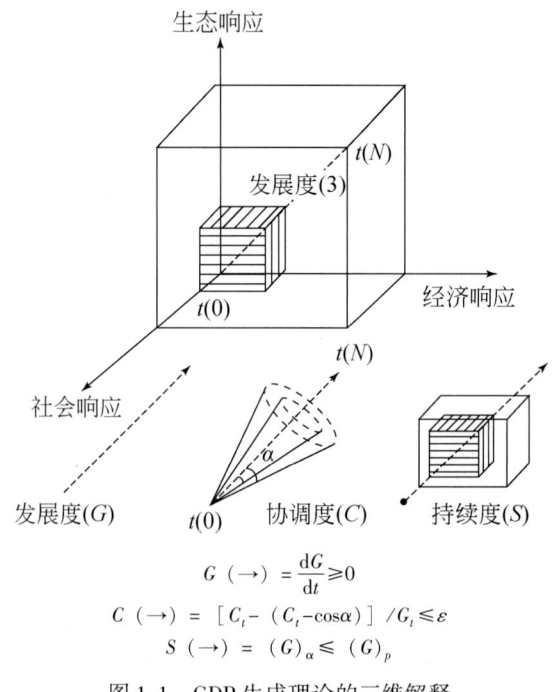

$$S(\rightarrow) = (G)_\alpha \leq (G)_p$$

图 1-1　GDP 生成理论的三维解释

GDP 质量监测的理论框架，建立在区域的发展过程与综合行为的本质之中，因此它必须处于生态响应（自然）、经济响应（财富）和社会响应（人文）的三维作用之下。

其一，考虑表征 GDP 质量的"发展度"。它代表 GDP 产生的第一个本质要求，即在原来基础上对于 $t(0) \to t(N)$ 方向上的正响应。如果用 G 表示发展度，则它随时间的变化为正时，表示它在"质量约束框架下的数量追求"。

其二，考虑表征 GDP 质量的"协调度"，用符号 C 代表。它检验了 GDP 质量行为轨迹偏离 $t(0) \to t(N)$ 线的状况。使用偏离角 α，实际行为 C_t 在 $t(0) \to t(N)$ 轴上的投影即 $(C_t \cdot \cos\alpha)$ 与 C_t 之差，必须小于或等于某个规定的值 ε，否则被判定为形成 GDP 的协调度差。

其三，考虑表征 GDP 质量的"持续度"，用符号 S 代表。在某一时段实际 GDP 形成行为所构造的三维立方体只有等于或小于它在 $t(0) \to t(N)$ 轴上投影所形成的立方体时，才能被判为产生 GDP 的持续度可行。

G、C、S 三者各自独立对 GDP 的形成行为起作用，任何一个维度超越出允许的范围，均被认为是对 GDP 质量的失误，同时只有当 G、C、S 三者同时都处于允许的范围内，才能承认 GDP 形成质量是真确的。

第三节　GDP 质量是世界发展的第一要求

发展质量是一个宽泛的概念，在词义的理解上给人以充分的多元性空间，这显示出它在启发思维上的优势。但同时，从管理的严格性与精确性上去理解，发展质量这一笼统的表述又给人们的定量管理与宏观调控带来了困惑。在普遍寻求对于这种"两难境地"的解脱中，鉴于"量是质的等级、规模、范围和结构的表现，是事物可以由数和形来表示的规定性"（中国大百科全书），于是，全世界学者的目光把"发展质量"的定量标识，不约而同地定格为"GDP 质量的生成"。

一、GDP 质量是国家发展的"第一质量"

（一）GDP 表达发展质量的困境

自 GDP 诞生以来，经济学家们对其推崇有加，权威人士对它的作用和价值赞誉有加，均认为多年来无法综合衡量社会财富的定量指标，终于得到了一个满意解，甚至被一些人称为"经济卫星云图"，意思是说 GDP 不仅可以用来分析现状，还能用于"经济天气预报"。美国经济协会前会长艾斯奈尔指出这个国民经济收入和产出账户是

"本世纪对经济知识的重要贡献之一。"

虽然 GDP 的功绩和贡献是不言而喻的，但是它的光辉也不可能掩盖其先天的缺陷，即 GDP 本质说只是一个"量"的指标，而不是一个"质"的指标；它只能表达经济活动的"数量"，而无法真实表达经济活动的"质量"。1968 年美国参议员罗伯特·肯尼迪（Robert Kennedy）在竞选美国总统时说过的一段关于 GDP 的警示名言，可以说仍然不失为我们今天科学、全面地认识 GDP，防止"GDP 主义"崇拜的一副清醒剂。罗伯特·肯尼迪说："我们的国内生产总值确实惊人，数字接近 8000 亿美元。但是，我们能够以此为根据评判整个国家的状况吗？仅有此项业绩就够了吗？况且这个国内生产总值还应算进去空气污染、烟草广告以及战地救护车在血肉横飞的战场上穿梭的费用。还应该记入我们房门上多装数把大锁的费用，以及把砸烂那些锁具的行窃者关进监狱的费用。还要计入惠特曼步枪、斯比克刀具以及泛滥的影视剧目的费用——因为它们炫耀暴力，以求把更多的仿真玩具倾销给我们的孩子。这就是我们所谓的国内生产总值，它既不能保障孩子们的健康，也不能保障他们所受教育的质量，甚至不能保障他们无忧无虑的快乐。它与我们工厂设施的严整以及我们住区街巷的安全毫不相关。它不包括诸如能让我们的诗句溢美、能使我们的婚姻坚实、能滋养公民谈吐的睿智以及能确保我们的官员具有磊落风范的要素。它既不能用于衡量智慧和勇气，又不能衡量学养和见识，更无法衡量我们对自己国家的热诚和责任。"

1999 年英国首相托尼·布莱尔（Tony Blair）在《英国可持续发展战略报告：更好的生活质量》序言中写道："成功只能用经济增长来衡量吗？就靠 GDP？我们没有意识到，我们的经济、环境和社会是一体的。对我们所有人来说，创造最高质量的生活必须超越经济增长的'一叶障目'。"2001 年德国学者厄恩斯特·冯·魏茨察克（Emst Von Weizsöcker）和两位美国学者艾墨里·B·洛文斯（Amory B. Lovins）、L·亨特·洛文斯（L. Hvonter Lovins）在他们合著的《四倍跃进》一书中也指出："平心而论，GDP 并没有定义成质量、财富和福利的指标，而只是用来衡量那些易于度量的经济活动的营业额。"

2008 年"百年不遇"的金融危机爆发之前，对多数美国人而言，经济境况已经比 2000 年差多了，这是美国"衰退的 10 年"，但是美国的 GDP 数据却显示经济境况改善多了。这说明美国 GDP 数据完全是错误的，经济增长只是一种幻觉。2001 年诺贝尔经济学奖获得者约瑟夫·斯蒂格利茨（Joseph E. Stiglitz）曾用"充满穷人的富裕"这个词，来形容这种 GDP 指标与真实社会福利的脱节，他说，最荒谬的一条是"监狱经济"——美国是世界上"监狱人口"最多的国家，比其他发达国家多出 10 倍以上。美国人口仅占世界人口 5%，而在押犯却占全球铁窗大军的 25%，故称世界"牢笼之国""监禁之国"。因为美国监狱是由私人经营的，"监狱产业"利润十分丰厚，关押的囚犯越多，牟取的利润越多，对国家 GDP 的贡献就越大。

(二) GDP 质量内涵的科学诠释

有鉴于此，2012 年中国科学院牛文元等提出 GDP 质量概念，并构建了 GDP 质量指数，用于表达和衡量国家或区域真实发展质量。牛文元等认为，挖掘 GDP 质量内涵的第一要义是促进创新发展、绿色发展和可持续发展。研究 GDP 质量生成的核心要求，是如何真实度量社会财富积累的过程与结果，以便更加精准地把握宏观经济走向，实施更加有效的调控，即倡导在坚守 GDP 质量的前提下，在摈弃名义 GDP 中所包含"虚数"的警示下，形成一个科学的、可信的、精确的国民财富账户，为社会财富的度量提供一个可比对的参考标准。

第一，GDP 质量内涵揭示出"发展、协调、持续"的系统运行本质。GDP 质量研究的整体构想，既从经济增长、社会进步和环境安全的功利性目标出发，也从哲学观念更新和人类文明进步的理性化目标出发，几乎全方位地涵盖了"自然、经济、社会"复杂巨系统的运行规则和"人口、资源、环境、发展"四位一体的辩证关系，并将此类深层次的关系在不同时段或不同区域中的差异性表达包含在整个时代演化的共性趋势之中。在 GDP 质量生成内涵支持下的国家发展战略，才会具有更加坚实的理论基础和丰富的关系识别。面对实现其基本目标（或目标组）所规定的内容，规定了创制 GDP 质量指数的方案和规则，从而组成一个比较完善的思考体系，在理论上和实证上寻求 GDP 质量生成的"满意解"。

第二，GDP 质量内涵反映"动力、质量、公平"的有机统一。GDP 质量内涵集中解决"又好又快发展"的三个基本组成元素：首先是寻求"发展动力"，通过解放思想、改革开放、制度创新去调适生产关系，通过教育优先和科技创新去促进生产力，由此实现生产力与生产关系的优化匹配，共同完成我国新时期对 GDP 生成的动力要求；其次是寻求"发展质量"，通过结构调整与发展方式转变，达到高效、节能、减排，实现资源节约与环境友好；最后是寻求"发展公平"，将发展成果惠及全体社会成员，坚持社会公平正义，坚持将改善民生问题作为出发点和落脚点，实现人民幸福和社会和谐，为"品质好"的 GDP 生成培育一个理想的社会环境。只有上述三大宏观识别同时包容在 GDP 质量内涵的整体解释之中，存在的"GDP 质量指数"才具有统一可比的基础。

第三，GDP 质量内涵创建"和谐、稳定、安全"的人文环境。一个和谐、稳定、安全的人文环境，是经济发展和社会进步的前提，也是对执政合理性的最高认同。根据世界发展进程的规律，一个国家和地区的人均 GDP 处于 5000 美元左右的发展阶段，容易出现"中等收入陷阱"，一般对应着人口、资源、环境、经济发展、社会公平等各种矛盾和瓶颈约束最为严重的阶段，基本上处于"经济容易失调、社会容易失序、心理容易失衡、社会伦理需要重建、效率与公平应当不断调整"的关键时期。

在 GDP 质量内涵的探索下，在"认同社会价值观念，整合社会有序能力，提高社会抗逆水平，健全社会道德约束"的同时，科学地、定量地、实时地诊断、监测社会和谐与社会稳定的总体态势变化、演化趋势和临界突破，构建一个完整的、系统的、连续的识别国家和地区社会和谐与社会稳定状况的基本态势，将成为品质好的 GDP 的生成提供基础支撑。德国著名学者赫尔曼·哈肯（Hermann Haken）的研究结论指出：促使系统崩溃的真正动力，不仅仅是那些眼花缭乱的"快变量"，更是那些持续引发系统劣质化的"慢变量"，因此，由"主流疲劳"带来的长期效应和心理预期，在分配不公、腐败高企、制度失灵、机会不平等和社会不公平等事件的催化下，将对真实 GDP 的生成提出真正的挑战。

（三）GDP 质量是建立国家宏观质量的"总杠杆"

现代质量管理领军人物约瑟夫·朱兰（Joseph Juran）说："20 世纪是生产率的世纪，21 世纪是质量的世纪，质量是和平占领市场最有效的武器。"质量反映一个国家的综合实力，是企业和产业核心竞争力的体现，也是国家文明程度的体现；既是科技创新、资源配置、劳动者素质等因素的集成，又是法治环境、文化教育、诚信建设等方面的综合反映。质量问题是经济社会发展的战略问题，关系可持续发展，关系人民群众切身利益，关系国家形象。全面提高质量管理水平，推动建设"质量强国"，是提高国际竞争能力，促进经济社会转型升级，实现又好又快发展的关键举措。

20 世纪 50 年代，德国实施以质量推动品牌建设、以品牌助推产品出口的质量政策；20 世纪 60 年代，日本提出质量救国战略，高质量的产品助推其成为世界经济强国；20 世纪 80 年代，美国推出总统质量奖等综合性质量政策，扭转了竞争能力下滑的颓势。这些国家的实践表明，只有建设质量强国，才能实现国家富强和人民幸福，才能不断增强发展后劲和竞争能力（程虹和李丹丹，2013）。

第一，GDP 质量是建立国家"大质量"观的"总杠杆"，是推进"质量强国"战略的"总钥匙"。以 GDP 质量和 GDP 质量指数为抓手，建立微观、中观和宏观三者有机统一的"大质量"观，以 GDP 质量来统领经济、社会、环境和管理等领域的发展质量，提高政府宏观质量管理能力，从根本上改变目前"重微观，轻中观，缺宏观"的质量管理格局，形成中央和地方政府重点抓宏观质量，部门和行业重点抓中观质量，企业和个体重点抓微观质量的分工合理、责任明确、重点突出的"大质量"管理体系，有力推进"质量强国"战略建设，实现由"中国制造"到"中国质量"的根本转变；由"质量大国"到"质量强国"的根本转变。

第二，GDP 质量是国家宏观质量的"总表达"，是国家宏观管理的"仪表盘"。构建 GDP 质量指数，有利于客观公正、科学合理评价中国区域"总质量"和国家"总质量"，有利于进一步完善国民经济和社会发展的核算体系，正确认识国家或区域的真实发展进步水平。通过对国家或区域 GDP 数值与 GDP 质量指数的对比分析，可识别国家或区域 GDP 生成的成本和代价，识别国家或区域 GDP 产出的"含金量"和"含绿量"，识别国家或区域发展质量的优势要素与劣势要素等，具有十分重要的现实意义。

第三，GDP 质量是政府绩效评估的"新工具"，是干部政绩考核的"新标准"。以国家和区域 GDP 质量评估作为中央和地方政府绩效评估的依据和标准，更加有利于转换政府管理理念，转变政府职能，提高政府行政效能，改善政府形象，引导政府及其工作人员树立质量发展、绿色发展和创新发展的正确导向、尽职尽责地做好各项管理和服务工作。同时，以 GDP 质量作为干部政绩考核的主要依据和标准，将更加有利于改变以 GDP 为核心指标的干部政绩评价体系，从根本上改变过去单纯以 GDP 论政绩、论英雄的 GDP 崇拜行为，引导广大干部把主要精力放到转方式、调结构、促改革、惠民生的"质量发展"轨道上来。

二、GDP 质量是国家财富的"第一表达"

（一）国家财富的内涵及其说明

1. 国家财富的基本内涵

国家财富是指一国所拥有的生产资产、自然资产、人力资源和社会资本的总和。生产资产，严格来讲，应称为人造资产，是由人类生产活动所创造的物质财富，包括各种房屋、基础设施（如供水系统、公路、铁路、桥梁、机杨、港口等）、机器设备等。自然资产又称自然遗产，被视为大自然所赋予的财富，是天然生成的，或具有明显的自然生长过程，具体包括土地、空气、森林、水、地下矿产等。人力资源和社会资本的定义要更加抽象一些，前者是指人类通过自身教育、健康、营养等方面的投资而形成的为自己创造福利的能力；后者被视为联系生产资产、自然资产和人力资源三方面的纽带，是指促使整个社会以有效方式运用上述资源的社会体制和文化基础。

将国家财富与国民经济核算以及综合环境经济核算（SEEA）所定义的相关概念加以比较很有必要。第一，国家财富对 SNA 和 SEEA 有继承性，其生产资产的定义来自 SNA，自然资产的定义则来自 SEEA。但国家财富在概念上又有发展，它扩展了财富的概念，由以往比较注重物质财富扩展到了人力资源、社会资本。第二，SNA 和 SEEA 更加关注一时期的流量，核算中心是国内生产总值和国内生态产出（EDP），其次才是资产存量；而国家财富概念的提出，则把测度重点明显放在了存量上，进而才是真实储蓄等与存量有关的流量。可以说，这体现了测度思路的较大改变。

在国家财富目前的概念框架中，没有为流量核算提供足够的空间。以国家财富为基础，目前只讨论了所谓真实储蓄和真实投资的计算，却没有建立相应的产出和收入指标。在国民经济核算和综合环境经济核算中，都恪守着以下两个相互联系的核算关系：当期产出减当期消费之差为当期投资，当期投资则构成了资产变化的最基本因素。围绕国家财富的测度，我们可以看到一个体现可持续发展的财富存量，还可以看到一个可持续的储蓄和投资，却无法看到一个与此相一致的体现可持续发展的生产总量和收入总量，这样，就不能为人们进一步了解在保证财富增长背后的具体活动提供一套比较完整的描述。而且，在后面的叙述中我们将会看到，即使是储蓄和投资，其测算在概念和方法上也没有和国家财富存量的核算紧密联系起来。因此，在某种程度上可以说，国家财富测度只具有专题研究的性质，而不是一个完整的核算体系。

2. 衡量国家财富的主要指标

国家财富的测度思路应该是先按生产资产、自然资源、人力资源和社会资本四个部分分别计算而后加总，相应的核算指标主要包括社会总产品、国内生产总值、包容性财富等。

（1）社会总产品。社会总产品是一个国家或地区在一定时期内（通常以一年为单位）主要由各物质生产部分生产出来的全部物质产品总和，其价值形式又叫社会总产值（$c+v+m$）。社会总产值具体包括：生产过程中被消耗掉并已经转移到产品中去的生产资料价值（c），劳动者为自己劳动创造的价值（v），以及劳动者为社会劳动创造的价值（m）。这里需要注意的是，社会总产品多，未必社会总产值就一定大。目前，在国际上中国创造的社会产品不少，但总产值并不很大。

（2）国内生产总值。国内生产总值，指一个国家或地区内的所有常住单位在一定时期内所生产的所有最终产品和劳务的市场价值。和国民收入相比，它不局限于无物质生产部分创造的产品，把服务部门的劳务也计算进去。国内生产总值也是净产值，即是用最终产品和服务来计量的。为了再加工或者转卖用于供别种产品生产使用的物品和劳务，如原材料、燃料等，即前面提到的生产资料的价值（也叫中间产品价值）不能作为国内生产总值统计进去。国内生产总值统计的是可供人们直接消费或者使用的物品和服务的价值，特点是其产品不能再作为原料或半成品投入其他产品和劳务的生产过程中去。

（3）包容性财富。我们通常把国内生产总值作为衡量一个国家财富的指标——因为迄今为止还没有更好的指标。但实际上国内生产总值只是片面地反映了一个国家的财富。现在，科学家们在联合国委托下提交了一份可能彻底改变迄今为止有关财富思考的新研究报告《包容性财富报告2012》，该报告对国家财富的三个来源量化加总：

劳动力质量（人力资本），基础设施和生产设备（实物或生产资本）以及包括矿产、土地和渔场在内的自然资源（自然资本）。他们通过调查较长时间内（1990~2008年）的数据，不但能够推导出哪个国家最富以及财富如何组成，而且还能推导出一国经济的可持续发展能力，这正是联合国报告本来的目的，因为科学家们可以弄清一个国家的生产资本是否增长，以及以怎样的速度增长。

（二）后发展议程下的国家财富

全世界仍有几十亿人口处于贫困之中，生活缺少尊严，国家内和国家间的不平等在增加，机会、财富和权力的差异十分悬殊。在这样的背景下，联合国于2015年9月25~27日会聚在纽约联合国总部的各国的国家元首、政府首脑和高级别代表，制定了新的全球可持续发展目标，共计17个可持续发展目标以及169个相关具体目标，这些目标同时涉及财富增长和财富共享问题。

首先，2015年达成的后发展议程目标是一个整体，不可分割。世界各国领导人此前从未承诺为如此广泛和普遍的政策议程共同采取行动和做出努力。全世界正共同走上可持续发展道路，集体努力谋求全球发展，开展为世界所有国家和所有地区带来巨大好处的"双赢"合作。后发展议程重申：每个国家永远对其财富、自然资源和经济活动充分拥有永久主权，并应该自由行使这一主权。我们将执行这一议程，全面造福今世后代所有人。在此过程中，后发展议程重申将维护国际法，并强调，将采用信守国际法为各国规定的权利和义务的方式来执行本议程。

其次，后发展议程的第八项目标指出，确保经济和就业的可持续，减少不平等的收入，经济的增长要考虑包容性，确保国家的财富（包括自然资本）不下降。从全球视野看，这里的包容性增长体现在发达国家应当主动承担起全球经济增长与经济失衡的责任，促进全球经济稳定协调发展；体现在进一步发展开放的、遵循规则的、可预测的、非歧视性的贸易和金融体制；更体现在让那些贫困国家在全球区域性增长过程中能够受益更多。从国家和地区视野看，包容性增长第一是和谐增长、科学增长；第二，财富分配应该是公平的，让大家都在增长中获得利益；第三，这种增长应该有利于社会发展、公共服务和精神文明建设。

最后，后发展议程争取为所有国家建立坚实的经济基础。实现繁荣必须有持久、包容和可持续的经济增长。只有实现财富分享，消除收入不平等，才能有经济增长。我们将努力创建有活力、可持续、创新和以人为中心的经济，促进青年就业和增强妇女经济权能，特别是让所有人都有体面的工作。将消灭强迫劳动和人口贩卖，消灭一切形式的童工。劳工队伍身体健康，受过良好教育，拥有从事让人身心愉快的生产性工作的必要知识和技能，并充分融入社会，将会使所有国家受益。将加强所有最不发达国家所有行业的生产能力,包括进行结构改革。将采取政策提高生产能力、生产力和生产性就业;为贫困和低收入者提供资金;发展可持续农业、牧业和渔业;实现可持续工业发展;让所有人获得价廉、可靠、持续的现代能源服务;建立质量高和复原能力强的基础设施。

(三) GDP 质量是综合衡量国家财富的"指示器"

富强是生产力标准和价值标准的统一。从 GDP 角度来看,富强不仅需要一国拥有高水平的 GDP 总量和高水平的人均 GDP,而且还需保持其可持续性的增长。但是,富强有着远比 GDP 丰富的内涵,GDP 总量和人均 GDP 只是其中两个必要条件之一。富强更需要经济与社会发展的效率、效益和质量,更需要通过高效率、高效益、高质量的发展,在全面增进综合国力、国际竞争能力、国家治理能力的同时,给广大人民群众带来实实在在的实惠、福利和幸福。富强体现了发展数量与发展质量的有机统一,质量兼顾,是有质有量的发展,因此,GDP 质量及 GDP 质量指数构成了直接或间接反映国家富强的"指示器"。富有是强盛的前提,但富有绝对不等于强盛。一个国家富而不强,大而无力,从 GDP 角度看,或是 GDP 有数量无质量,或是 GDP 数量高质量低。英国著名经济史学家安格斯·麦迪森(Angus Maddison)对世界经济千年以来 GDP 数据进行了挖掘(表 1-3)。

表 1-3 世界主要国家 GDP 占世界的份额 （单位:%）

国别	1700 年	1820 年	1870 年	1913 年
中国	22.3	32.9	17.2	8.9
印度	24.4	16.0	12.2	7.6
日本	4.1	3.0	2.3	2.6
英国	2.9	5.2	9.1	8.3
法国	5.7	5.5	6.5	5.3
美国	0.1	1.8	8.9	19.1
俄国	4.4	5.4	7.6	8.6

注:世界合计=100%。

资料来源:安格斯·麦迪森 著,伍晓鹰,许宪春 译. 世界经济千年史. 北京:北京大学出版社,2003。

1820 年中国清王朝的 GDP 是英国的 6.3 倍,是英法两国总和的 3 倍;但是在"第一次鸦片战争"(1840 年 6 月~1842 年 8 月)中被英国击败,在"第二次鸦片战争"(1856 年 10 月~1860 年 10 月)中被英法两国联合击败。清王朝虽遭两次"鸦片战争"和"太平天国运动"的劫难打击,1870 年其 GDP 仍高居世界之首,占世界份额约 17.2%。中国清王朝 GDP 仍是英国的 1.9 倍,是英法两国总和的 1.1 倍,更是日本的

7.5倍，但是，在中日"甲午战争"（1894年7月~1895年4月）中，中国却一败涂地。

同样地，1700年印度GDP高居世界第一位，占世界份额的24.4%，此后，一百多年的时间里，印度GDP一直仅次于中国，排全球第二位，是一个不折不扣的世界经济大国，但是其命运比中国更加悲惨，成为名副其实的英国殖民地。

三、GDP质量是可持续发展的"第一要求"

（一）可持续发展的理论内涵

自1987年联合国世界环境与发展委员会向全世界公布划时代的报告《我们共同的未来》后，可持续发展的定义、理念和行动已遍及世界各国和地区，成为指导发展的战略首选。可持续发展理论内涵广泛提及的三个本质元素，即发展的"动力"、发展的"质量"、发展的"公平"，只有上述三大本质元素的宏观表达包容在可持续发展进程的不同水平和不同阶段并获得最佳映射时，存在的"发展内涵"才具有统一可比的基础，对于发展的追求才具备可观控的和可测度的共同标准。所谓可持续发展的战略目标和能力建设在本质上的逻辑自洽，其目标函数最终就是为了追逐上述三大元素的交集最大化。可持续发展的动力、质量、公平的交集最大化，应当是实现可持续战略目标与推进可持续能力建设的最高要求，也成为世界各国可持续发展战略选择中的衡量标准与宏观方向识别的基本判定。

1. 动力原则

可持续发展的"动力"表征。国家或区域的"发展实力""发展潜力""发展速度"及其可持续性，构成了推进该国家或区域"发展"的动力表征。这些动力表征包括自然资本、生产资本、人力资本和社会资本的总和，及对上述四种资本的合理协调、优化配置、结构升级以及对创新能力和竞争能力的积极培育等。可持续发展的动力原则是以解放生产力、提升生产力为基础，以调整生产关系、优化生产关系为核心，以构建创新型国家或区域为标志，充分体现发展的观念创新（思想理论的突破）、制度创新（生产关系优化的突破）、科技创新（生产力发展的突破）、管理创新（社会组织能力的突破）、文化创新（文明演进路径的突破）等方面。

2. 质量原则

可持续发展的"质量"表征。国家或区域的"人与自然协调""文明程度""生活质量"及其对于理性需求（包括物质的和精神的需求）的整体接近程度，构成了衡量国家或区域"发展"的质量表征。这些质量表征包括区域物质支配水平、生态环境支持水平、精神愉悦水平和文明创造水平的综合度量。可持续发展的质量原则是以寻求环境与发展的平衡、供给与需求的平衡、生产与消费的平衡为基础，创建资源节约与环境友好型社会，实现能源与资源创造财富的"四倍跃进"。质量原则体现在节约型国民生产和消费体系建设、促进人与自然和谐的生态建设、促进人的全面发展能力的建设以及人民幸福指数建设等方面。

3. 公平原则

可持续发展的"公平"表征。国家或区域的"共同富裕"程度及其对于贫富差异和区域差异的克服程度，构成了判断区域发展的公平表征。这些公平表征包括人均财富占有的人际公平、资源共享的代际公平和平等参与的区际公平的总和。可持续发展的公平原则是以缩小区域差别、缩小贫富差别、创造机会平等、促进社会保障为基础，以促进社会稳定和社会公平为核心，重点关注贫穷饥饿、健康医疗、教育公平、性别平等、劳动就业、社会安全等多个方面。

理论和实践证明，只有上述三大本质元素在其宏观表达中，包容在可持续发展进程的不同水平和不同阶段所获得的最佳映射，存在的"发展内涵"就具有了统一可比的基础，对于发展的追求才具备了可观控的和可测度的共同标准。所谓可持续发展的战略目标和能力建设在本质上的逻辑自洽，其目标函数就是追逐上述三大元素的交集最大化。

（二）可持续发展质量的科学诠释

人与自然是世界上的两个客体。人与自然的关系是世界的一个基本关系。随着人类的技术进步，生产力的发展和人口数量的增加，人与自然的矛盾突出了出来。20 世纪 50 年代以来，人们逐渐认识到人与自然、人与人必须协调，这种协调观念恰恰是可持续发展质量观的集中体现。

所谓可持续发展的质量，是指在推动可持续发展系统走向协调目标进程中对"自然应力"的度量。可持续发展质量的理想函数是在世界整体发展进程中，自然支撑能力、生态平衡能力、环境发展质量随时间的变化保持"常数"。

设定可持续发展质量函数为 $QS(y(x), \dot{y}(x), x)$，其中：

$$x = (x_1, x_2, \cdots, x_n)$$
$$y(x) = [y_1(x), y_2(x), \cdots, y_n(x)]$$
$$\dot{y}(x) = (\dot{y}_1(x), \dot{y}_2(x), \cdots, \dot{y}_n(x))$$

式中，x 表示与制约可持续发展质量有关的属性，诸如环境污染、生态退化、生物多样性减少等；$n(1, 2, \cdots)$ 为自变量的数目；$y(x)$ 为各自变量引起的可持续发展质量效应；$\dot{y}(x)$ 为引起可持续发展质量随时间的变化；$f(y, \dot{y}, x)$ 为统一思考可持续发展质量的总函数。

规定 $y(x)$ 在区间 a, b 中有泛函成立,即

$$J(y) = \int_a^b f(y, \dot{y}, x)\,\mathrm{d}x$$

并能取得规定平衡值,则在区间 a, b 内,应视下列方程成立

$$\frac{\mathrm{d}}{\mathrm{d}x}\left(\frac{\partial}{\partial \dot{y}_n}f(y, \dot{y}, x)\right) - \frac{\partial}{\partial y_n}f(y, \dot{y}, x) = 0$$

$$n = 1, 2, \cdots$$

该方程满足以下转换:①设定独立变量 x 为时间 t;②设定函数 y_n 为广义坐标 q_n;③设定 $f(y, \dot{y}, x)$ 为拉格朗日量 $\mathrm{QS}(q, \dot{q}, t)$,则有

$$\frac{\mathrm{d}}{\mathrm{d}t} \cdot \frac{\mathrm{dQS}}{\mathrm{d}\dot{q}} - \frac{\partial \mathrm{QS}}{\partial q} = 0$$

实际上,它表达了可持续发展质量(QS)随着时间的推移和变化,有关函数 y_n(转换为 q)满足了一种保持可持续发展质量不随时间劣质化的数量解。

(三) GDP质量是实现世界可持续发展的"发动机"

如果说20世纪是生产率世纪,那么21世纪就是质量世纪。2001年诺贝尔经济学奖获得者约瑟夫·斯蒂格利茨说:"发展质量比增长速度更重要。"可持续发展质量远远超越出了传统的产品质量、工程质量和服务质量等"小质量"的概念,是一个集中表达体现发展的经济属性、社会属性、环境属性、人文属性和管理属性等"大质量"的概念,其可诠释和解析为一个国家或区域的经济质量、社会质量、环境质量、生活质量和管理质量等方方面面。监测与评估国家可持续发展质量的宏观生成,就是要不断创造与积累理性高效、均衡持续、少用资源、少用能源、少牺牲生态环境,在综合降低自然成本、社会成本、制度成本、管理成本的前提下,最终获取"品质好的GDP",即高质量的GDP。

此外,追求经济的持续增长是所有国家开展经济活动的一项主要目标,迄今为止,世界各国都在以GDP增长速度的高低作为判断经济形势好坏和政府经济政策是否有效的基本标志。在理论界,传统理论认为GDP的高速增长就是一切,导致这个指标被长期简单地、无原则地夸大或片面使用,使结果与目标完全背离;在经济生活中,对GDP的努力追求,过分注重GDP数量的增加,而忽视了GDP质量的提高,给国民经济发展带来了许多负面效应,主要表现在经济发展对环境造成的危害以及能源资源稀缺等一系列问题,这些已成为制约中国经济社会实现可持续发展的主要因素。因此,单一的GDP指标已成为一种表象,它掩盖了许多实质性内容,不能真实、准确地反映一个国家的经济发展水平,有必要建立评价体系对GDP质量水平做出科学的评价,以

全面推动国家和区域的可持续发展水平。

在可持续发展原则的指导下，各国实现可持续发展的质量原则主要表现四个方面：一是GDP"含金量"的大提升，主要表现为创造的"国民净财富"的提升；二是GDP"含福量"的大提升，主要表现为支撑人口就业总量和国民福祉的大提升；三是GDP"含绿量"的大提升，主要表现为以绿色发展、低碳发展和循环发展为支撑的可持续发展能力建设的大提升；四是GDP"含技量"的大提升，主要表现为以全要素劳动生产率、科技进步贡献等表征的创新驱动对GDP的贡献。总之，GDP质量从含金量、含福量、含绿量和含技量等方面，保障世界可持续发展目标的实现。

第四节 GDP质量理论及其解析

发展质量是从社会再生产的角度对一定时期内国民经济总体状况及发展特性所作的综合评价，其内涵包括发展要素生产率的不断提高，产业结构的不断优化，经济规模的日趋合理，生产、生活技术的不断进步，国际竞争力的不断增强等。作为综合衡量经济、社会发展水平的变量，GDP的各项生成要素是可分辨、可计量、可评判的，其本身就是各国家和地区国民经济总体状况和发展特征的集中体现。此外，GDP具有"质"和"量"的概念，其质与量是辩证的统一：没有一定的量，就谈不上质；而没有质，量也不可能存在。因此，从发展质量观的内在要求可以看出，要提高发展质量必须强调GDP质量。

作为衡量国家和地区财富的重要指标，GDP在1953年初步形成，是宏观计量和诊断国家和地区发展实力的核心指标，曾被誉为是20世纪最伟大的发明之一。近些年来，一些国家和地区由于对世界发展质量观的理解深度和认识水平尚未达到要求，对GDP的作用和价值也产生了认识上的误区：①片面追求GDP数量和增速的提升，忽略经济效率和国民福祉的改善；②以无节制消耗自然资源、破坏生态环境、透支后代生存空间为代价，换取一时的经济增长。上述两大误区至今仍然影响着我们对于发展质量观的正确理解，同时也对世界各国和地区制度创新、政策颁行和体制机制的建设产生了诸多不利后果。如何正确认识和把握GDP的实质，已经成为落实"2030可持续发展议程"的重要课题。

以里昂惕夫为代表的"自然绿色"派，虽然已经认识到能源、资源、环境等自然资本在GDP创造中的巨大影响，但尚未包括更加广泛的"社会绿色"，即社会资本、行政资本、管理资本等对GDP产生的直接和间接影响。本报告将综合考虑自然绿色、经济绿色、社会绿色、制度绿色等相关因素，关注的核心是不断追求理性高效、均衡持续、少用资源、少用能源、少牺牲生态环境，综合降低自然成本、社会成本、生产成本、管理成本前提下"品质好的GDP"。报告第二章以论述当前世界高成本、高代价增长与发展的不可持续性问题为切入点，开展GDP自然、社会、生产和管理成本的国际核算，并总结其空间分布规律及其变化趋势。

针对当前GDP无法真实反映各国可持续发展的真实水平，以及现有GDP将增长与发展之间割裂开来的状况，报告第三章专章论述"国家GDP质量"，并将其分为经济质量、社会质量、环境质量、生活质量和管理质量五大子系统，对各子系统概念界定、内涵演化、理论解析、实践探索等问题予以论述。鉴于此，报告从数量维、质量维和时间维代表的发展度、协调度和持续度出发，设计出能综合反映国家或地区发展质量的量化识别——GDP质量生成指标体系，对世界主要国家的经济、社会、环境、生活、管理及GDP质量予以定量评估。此外，报告还从发展动力、质量和公平的视角，提出可持续发展财富的概念，并从智力创造、资源承载、环境缓冲、社会稳定和管理调控的维度构建世界可持续财富计算函数，完善现有的世界财富表征方法。

第二章
世界 GDP 成本指数核算

第一节　世界 GDP 成本战略意义

（一）有利于破解"气候变化陷阱"

2015 年 1 月 19 日，《人类世评论》（Anthropocene Review）杂志发表了题为《人类世轨迹：大提速》（The Trajectory of the Anthropocene: The Great Acceleration）的文章，研究表明，1950 年以来人类活动进入"大提速"阶段，地球已经进入全新的地质时代——人类世。文章通过研究 24 个全球指标或"行星仪表板"，发现人类活动，主要是全球经济体系，是目前地球系统（地球的物理、化学、生物和人类过程相互作用的总和）变化的主要趋动力。地球系统在该时期发生改变，如温室气体水平、海洋酸化、砍伐森林和生物多样性均发生恶化，且变化的尺度和速度难以估计。人类已经成为行星尺度的地质营力。1950 年以后，主要的地球系统变化与全球经济系统的变化直接相关，说明人类在全球层面上对这个星球负有新的责任。

2015 年 3 月 4 日，美国人类学协会（American Anthropological Association, AAA）发布了题为《改变的大气：人类学和气候变化》（Changing the Atmosphere: Anthropology and Climate Change）的报告：研究表明，近百年人类对气候变化的作用是巨大的。人类利用煤炭、油气燃料作为主要能源，以及消费主义的盛行，大力开垦土地而破坏生态系统的恢复能力，这些都是造成气候变化的巨大驱动力。在过去的 100 年里，人类的行为和文化是造成剧烈环境变化的最重要的原因，所以也将这一时期叫作人类世（Anthropocene）。

2014 年 11 月 2 日，IPCC 在丹麦哥本哈根发布《气候变化 2014 综合报告》（Climate Change 2014 Synthesis Report），明确指出人类对气候系统的影响正日益突出，如果不加以制止的话，气候变化将会增加人类和生态系统遭受严重的、无处不在的、不可逆转的影响的可能性。

2015年1月15日,《科学》(Science)杂志发表了题为《地球界限：在变化的星球上指导人类发展》(Planetary Boundaries: Guiding Human Development on A Changing Planet)的文章,称由于人类活动,地球的9个界限目前已有4个被突破,分别为：气候变化、生物多样性损失、土地系统变迁和生物化学循环改变,其中气候变化和生物多样性是"核心界限",每一个界限的显著改变都将地球系统推入一个危险的新状态,如果这两个极限被持续严重超过,很有可能把地球变成另一个世界。

2015年3月23日世界气象日到来之际,中国气象局局长郑国光发表了题为《科学认知气候关注气候安全》的致辞,他在致辞中表示,20世纪中叶以来,中国气候发生了显著变化,气温平均每10年升高0.23摄氏度,变暖幅度几乎是全球的两倍,高温、干旱、暴雨、台风等极端天气气候事件趋多增强。21世纪以来,气象灾害造成的直接经济损失约相当于国内生产总值的1%,是同期全球平均水平的8倍。

2015年4月27日,《自然·气候变化》(Nature Climatic Change)期刊在线发表题为《全球极端降水和极端高温事件的人为贡献》(Anthropogenic Contribution to Global Occurrence of Heavy-Precipitation and High-Temperature Extremes)的文章指出,全球范围内18%的极端降水和75%的极端高温事件可归因于人类活动。研究人员指出,如果人类影响对极端事件造成的损失、成本和死亡的贡献比例能被确定,则政府能更容易对CO_2进行定价以应对全球变暖。

2015年12月,非政府组织德国观察(Germanwatch)先后发布题为《全球气候风险指数2016》(Global Climate Risk Index 2016)和《气候变化绩效指数2016》(Climate Change Performance Index 2016)两份报告。《全球气候风险指数2016》指出,1995~2014年,洪都拉斯、缅甸和海地是受极端天气事件影响最大的国家,排名前十名的国家中有九个是低收入或中低收入国家,仅有一个(泰国)是中高收入国家。1995~2014年,全球发生15 000多件极端天气事件,导致超过52.5万人直接死亡和2.97万亿美元的经济损失。《气候变化绩效指数2016》指出,与往年一样,排名第一位到第三位是空白,因为全球没有一个国家已采取足够的措施来防止气候变化的危险影响。第四位至第六位分别是丹麦(71.19分)、英国(70.13分)和瑞典(69.91分)。倒数五名是沙特阿拉伯(21.08分)、哈萨克斯坦(32.97分)、澳大利亚(36.56分)、日本(37.23分)和韩国(37.64分)。在全球碳排放量最大的十个国家中,德国和印度的气候变化绩效指数表现为"中等",美国和中国的指数为"差",俄罗斯、伊朗、加拿大、韩国、日本和沙特阿拉伯的指数为"非常差"。中国的排名从2015年的第50位上升到第47位。

2016年4月4日,PNAS期刊发表题为《中国气候和社会经济变化导致热相关的劳动成本潜在增加》(Potential Escalation of Heat-Related Working Costs with Climate and Socioeconomic Changes in China)的文章指出,研究发现,1979~2005年,中国高温补

贴总成本每年平均为 386 亿元人民币（62.2 亿美元），相当于国内生产总值的 0.2%。假设 21 世纪人口增长适中且每个炎热日员工的高温补贴率保持恒定，高温补贴成本则将在 21 世纪早期显著增加。到 2030 年和 2100 年，每年的高温补贴总成本将平均分别为 2500 亿元人民币和 1 万亿元人民币。

2016 年 4 月 4 日，《自然·气候变化》（Nature Climate Change）发表题为《面临气候风险的全球金融资产的价值》（Climate Value at Risk' of Global Financial Assets）的文章指出，到 2100 年地球平均表面温度比工业革命前水平高出 2.5 摄氏度情况下，全球价值数万亿美元的金融资产可能受到影响。气候变化会通过海平面上升等方式直接破坏资产，投资者和金融监管者正逐步意识到气候变化的风险。研究结果表明：即使实现控温 2 摄氏度的目标，处于气候风险的资产价值将会达到 1.7 万亿美元。

2016 年 4 月 28 日，国际劳工组织（International Labour Organization，ILO）、气候脆弱性论坛（Climate Vulnerable Forum）、联合国开发计划署（United Nations Development Programme，UNDP）、国际移民组织（International Organization for Migration，IOM）等机构联合发布题为《气候变化与劳动力——工作场所高温的影响》（Climate Change and Labour—Impacts of Heat in the Workplace）的报告指出，气候变化导致的工人工作场所的高温，损害了至少 10 亿名工人的身体健康，减少了工作时间，并使印度、印度尼西亚等新兴经济体损失 1/10 的 GDP 收入。

（二）有利于破解"资源诅咒陷阱"

20 世纪 60 年代，荷兰北海一带发现大量天然气，随着天然气的大量开采，该国出口急剧增加，国际收支出现顺差，经济呈现繁荣景象。同时，荷兰原本是以工业制成品出口为主的国家，此时却成为以天然气出口为主的国家，其他工业则逐步萎缩，意外的财富使荷兰的创新动力逐渐消失，最终在多方面失去了国际竞争力。到了 70 年代，荷兰遭受通货膨胀上升、制成品出口下降、收入增长率降低、失业率增加等诸多"经济病症"的困扰，经济学家把这种"因富得祸"称之为"荷兰病"。"荷兰病"是一种经济"富贵病"，其典型病症就是一个部门繁荣，而其他领域萎缩，特别是造成制造业逐渐衰落、服务业走向繁荣。由于制造业承担着技术创新和组织变革，甚至培养企业家的使命，而自然资源开采部门缺乏联动效应，以及外部性甚至对人力资本的要求也相当低下，所以一旦制造业衰落，一个国家必然身患"富贵病"，进而跌入资源"比较优势"的陷阱之中。

事实上，"荷兰病"不仅出现在荷兰，20 世纪 70~80 年代初分享了石油价格暴涨带来的横财以及后来靠开发其他自然资源发财的国家，如沙特阿拉伯、尼日利亚、苏联、墨西哥、挪威、澳大利亚、英国等都出现过类似的"经济病症"。1993 年，Auty

在研究产矿国经济发展问题时首次提出"资源诅咒"的概念，即丰裕的资源对一些国家的经济增长并不是完全有利条件，反而是一种限制。从长期经济增长状况来看，那些自然资源丰裕、经济中资源性产品占据主导地位的国家反而要比那些资源贫乏国家的增长要低得多。尽管资源丰裕的国家可能会由于资源品价格的上涨而实现短期的经济增长，但最终又会陷入停滞状态，丰裕的自然资源最终成为"赢者的诅咒"。从更广义的角度来分析"资源诅咒"现象会发现，一个国家的"自然资源丰度"往往与一系列有害于经济社会发展的现象紧紧联系在一起，与一个国家经济发展水平、国家竞争力、国家繁荣程度、国家健康等具有显著的负相关关系。

从一定意义上说，资源是弱者的"诅咒"、强者的"福音"。当今的沙特阿拉伯、尼日利亚等世界产油大国，虽然赚得大笔"石油财富"，但是深受"石油魔咒"之苦：产业凋零、贫富分化、社会腐败、人民困苦；反观挪威、澳大利亚、加拿大、美国等资源丰富的"强者"们，则对"资源诅咒"具有良好的"免疫力"，丰富的自然资源给"强者"们带来了滚滚不尽的福祉。为什么极其丰富的自然资源没有给这些"弱国"换来财富和幸福，反而普遍地遭到"资源咒诅"的惩罚？其根本原因是，弱国的经济发展路径和模式是资源依赖型、资源驱动、资本驱动的低级发展模式；而强国的经济发展模式是更加高级创新驱动型模式。

俄罗斯是世界上自然资源最丰富的国家，石油更是俄罗斯生命的血液，也是其力量和权力的源泉。但是"石油魔咒"曾让该国家遭遇了灭顶之灾。俄罗斯著名经济学家和政治活动家伊戈尔·盖达尔（Yegor Gaidar）认为，俄国不是第一个、也不是唯一一个资源丰富而遭遇经济危机的国家，但却是20世纪因为自然资源丰富而垮掉的一个帝国。苏联总统戈尔巴乔夫在反思苏联解体的教训时说："我们国家丰富的自然资源和劳动力资源把我们宠坏了，说得粗鲁一点，使我们腐化了。我国的经济在很大程度上正是由于这个原因，才能在几十年里一直以粗放方式向前发展。"近几十年间，一直没有能力跳出"资源诅咒"陷阱，先后于2008年和当前再次遭遇"资源诅咒"的惩罚，使俄罗斯经济遭遇毁灭性的打击，彻底暴露出俄罗斯经济的脆弱性。

2005年普京总统的经济顾问安德烈·伊拉里奥诺夫（Andrei Zllarionov）等警告，石油等资源财富最终可能弊大于利，担心俄经济可能因此丧失竞争力。俄罗斯议员尼古拉·伊万诺维奇·雷日科夫（Nikolai Zvannnovich Pizhkov）2005年6月7日更是发表文章指出，俄罗斯已经感染上了"石油艾滋病"。2007~2008年，俄罗斯已经感受到了油价暴涨为国民经济带来的"荷兰病"先兆：高油价将投资过分吸引到石油领域，加剧经济结构调整困难，降低加工工业发展潜力。同时，巨额的石油美元收入和因此带来的巨大贸易顺差，使本币面临巨大的升值压力，抑制出口产品的竞争力。

2014年源于"克里米亚"危机，俄罗斯遭遇美欧等西方国家的经济和金融制裁，加之新一轮的国际石油价格暴跌，引发俄罗斯卢布疯狂贬值，经济和金融濒临崩溃，俄罗斯再一次遭遇了"资源诅咒"惩罚。事实上，2009年以来，随着国际油价上涨，俄罗斯又逐渐走了经济复兴之路，但是，由于过度依赖石油等能源，既导致俄罗斯经济体系更加外向型，又牵制了俄罗斯经济中非能源产业的发展，使俄罗斯经济体系难以完全有效对冲国际油价"过山车式"暴跌暴涨。到2013年，作为"金砖国家"的俄罗斯经济内生性衰退风险"资源魔咒"就已凸显：石油和天然气约出口占俄罗斯总出口收入的2/3，对于严重依赖能源出口的俄罗斯来说，国际油价至少需要维持在每桶100美元，才能实现政府预算平衡。

2014年俄罗斯联邦储蓄银行数据显示，若维持俄财政收支平衡，原油价格需达104美元/桶，而维持在110美元/桶以上，才能对俄罗斯增长做出正的贡献。此轮石油价格暴跌，让很多俄罗斯人感到，20世纪80年代的一幕或许正在再一次上演。俄罗斯安全委员会秘书尼古拉·中日特鲁合夫（Nikolai Patrushev）表示，"为了让苏联破产，美国30年前就故意让油价下跌"。俄罗斯总统普京也表示，阴谋随时都在上演。如果油价继续维持在每桶80美元左右太长时间，全球经济可能会因此崩溃。"2015年2月1日俄罗斯财政部长安东·西卢安诺夫称，较之美欧经济制裁，对俄罗斯经济造成更为不利影响的是国际油价的下跌。据俄罗斯财政部长西卢安诺夫（Anton Situanov）估算，制裁影响和国际油价下跌带来的总损失约为2000亿美元甚至更多，其中"由制裁引起的损失约为400亿~500亿美元，经济下滑的主要原因还是在于油价的下跌"。

俄罗斯一而再、再而三地遭遇"资源诅咒"的惩罚，警示中国在"新常态"下，必须尽快摆脱依赖"要素比较优势"的发展路径，以"创新驱动"和"发展质量"的双翼，来认识、适应和引领中国可持续发展的"新常态"。与世界其他主要经济体相比，中国最突出的三大要素禀赋优势是：拥有世界上最大规模的廉价劳动力资源、生态环境资源和土地矿产资源，这三大资源优势吸引国际资本把劳动密集型、高耗能型、重污染型以及简单加工组装型等制造业迅速转移到中国。短短20年内，就塑造了中国"世界工厂"的国际地位，GDP已跃居世界第二，成为世界最大货物进出口国家、世界最大的外汇储备国家、世界第一大外资投资目的地。与此同时，中国经济发展不平衡、不协调、不可持续的问题日益突显出来，这是过去长期固守静态"比较优势"发展经济而产生的一种广义"荷兰病""资源咒诅"的病症。解决这一问题的根本之策，是抛弃静态"比较优势"观，由要素驱动转向创新驱动，实施创新驱动、绿色发展战略，围绕产业链部署创新链，围绕创新链完善资金链，以科技自主创新，支撑产业转型升级，抢占战略产业制高点，以自主创新发掘增长"元动力"，用创新提升经济的核心竞争力。

（三）有利于破解"中等收入陷阱"

根据世界银行（WB）发布的年度报告《世界发展报告》设计的人均国民生产总

值标准,将世界各个国家和地区分为三种类型:高收入国家(地区)、中等收入国家(地区)和低收入国家(地区)。2010年8月世界数据显示,低收入为年人均国民总收入995美元及以下,中等收入为996~12 195美元,高收入为12 196美元及以上。其中,在中等收入标准中,又划分为"偏下中等收入"和"偏上中等收入",偏下中等收入的标准是996~3945美元,偏上中等收入的标准是3946~12 195美元。2006年世界银行在《东亚经济发展报告》中首先提出"中等收入陷阱"(middle income trap)概念,它是指一个经济体的人均收入达到中等水平之后,由于无法顺利实现发展模式和发展方式转变,导致经济发展动力特别是内生动力衰退和不足,出现经济增长长期的停滞和徘徊,人均国民收入始终难以突破1万美元大关。其主要原因是进入这个时期,经济快速发展积累的矛盾集中爆发,原有的增长机制和发展模式无法有效应对由此形成的系统性风险,经济增长容易出现大幅波动或陷入停滞。亚洲发展银行(ADB)在《亚洲2050:实现亚洲世纪》报告中,对这一概念的定义为"无法与低收入、低工资经济体在出口制造端竞争,并与发达国家在高技术创新端竞争,这些国家无法及时从廉价的劳动力和资本的资源驱动型增长转变为生产力驱动型增长"。

从世界范围看,一国进入中等收入阶段后,是其转型升级发展的关键时期。在这一阶段,经济、社会结构深刻变化,利益格局深刻调整,经济增长要由要素驱动转向创新驱动,社会发展要由追求效率转向追求公平。一些国家就是因为没有完成好增长动力的转换,加上对社会公平公正重视不够,导致经济增长停滞,引发社会动荡,最终掉进了"陷阱"。拉美、东南亚一些国家早就属于中等收入国家,之后却陆续掉进了"陷阱",至今仍未进入高收入国家行列,有的在中等收入阶段滞留时间已长达四五十年。如,有关统计分析显示,截至2011年,拉美33个经济体中,中等收入者高达28个,拉美国家在"中等收入陷阱"已平均滞留37年,成为陷入"中等收入陷阱"的最典型、最密集的地区,其中阿根廷达49年,几乎为全球之最(郑秉文,2011)。同样,东南亚的菲律宾1980年人均国内生产总值为671美元,2006年仍停留在1123美元,考虑到通货膨胀因素,人均收入基本没有太大变化。国际经验显示,"中等收入陷阱"并非不可避免的,几十年来,世界上公认的成功跨越"中等收入陷阱"的国家和地区仅有日本和"亚洲四小龙",但就比较大规模的经济体而言,仅有日本和韩国在激烈的全球竞争中脱颖而出,成功地跨越了"中等收入陷阱",实现了向高收入国家的转型,如,韩国1987年超过3000美元,1995年达到了11 469美元。从日本、韩国等国成功的经验来看,其最根本、最核心的一条是,紧紧抓住世界新一轮技术革命带来的机遇,通过实施"技术立国""技术驱动"等创新驱动发展,成功地实现了经济发展模式转型,特别是从"模仿"到自主创新的转换。而阿根廷、巴西、墨西哥等拉美国家迟迟未能迈进高收入国家行列的最致命、最根本的原因是社会贫富悬殊,财富鸿沟拉大,引发社会动荡,甚至政权更迭,如20世纪70年代,拉美国家基尼系数高达0.44~0.66，巴西到90年代末仍高达0.64，占其人口1%的富人拥有全部社会财富的50%以上，而20%的贫困家庭仅拥有2.5%的社会财富。

2013年中国人均GDP接近7000美元，已进入中等偏上收入国家行列，如何尽快由中等收入国家迈入高收入国家行列？国际上正反两方面的经验教训告诉我们，要顺利跨越中等收入陷阱：一是经济发展动力需要尽快升级换代，及时更新"知识技术代谢"，真正做到"吐故纳新"，实现由要素驱动向创新驱动的根本转变。要坚定不移地实施创新驱动发展战略，制定国家创新驱动发展"路线图"；加快建设和完善国家创新体系、区域创新体系以及企业为主体的技术创新体系，创建开放健康的国家创新生态系统，提高国家创新效率效益，不断提高自主创新能力，用自主创新培育新兴产业，用自主创新抢占产业制高点，用自主创新发掘增长元动力，用创新提升核心竞争力。二是发展成果普惠共享，实现绿色包容增长。市场经济是一个"损不足，补有余"的"正反馈"系统，如果没有政府"有形之手"对市场"无形之手"予以干预、约束和调控，市场系统必然偏离均衡，日益失衡失调，直至崩溃毁灭。因此，要正确处理"使市场在资源配置中起决定性作用和更好发挥政府作用"，充分发挥"无形之手"和"看得见的手"的作用，坚持公平正义、共同富裕的中国特色社会主义的根本原则，排除阻碍劳动者参与发展、分享发展成果的障碍，努力让劳动者实现体面劳动、全面发展，使发展成果更多更公平惠及全体人民。

（四）有利于破解"福利透支陷阱"

"福利透支陷阱"简单地说就是一个国家（或经济体）违背了"量入为出"的基本法则，整个国家寅吃卯粮，政府靠赤字、负债支撑社会福利，为国民提供了远非政府财力能够负担的社会福利。由于这些福利大餐太多、太高，压垮了财政，只能借新债还旧债，导致窟窿越来越大，陷入恶性循环，最终酿成债务危机。在欧洲，各国社会福利保障支出一般占GDP的比重约30%，如，瑞典为38.2%、丹麦为37.9%、挪威为33.2.%、法国为34.9%、德国为33.2%。这种"从摇篮到坟墓"的保障体系大大提高了居民生活品质，但是，一旦经济增长放缓，财政收入减少，为了维持高福利而不得不举债度日，福利透支模式的生活方式可能引发主权债务危机。

当前，西方发达国家大多深陷债务泥潭、金融困境和经济危机之中难以自拔，希腊、爱尔兰、西班牙、意大利等国尤其艰难，近半世纪以来为欧洲人所骄傲的高福利制度难以为继。勿庸否认，西方发达国家长期、普遍推行的高福利分配模式和高标准社会保障体系，是造成国家长期、巨额的财政赤字的重要推手，也是引爆债务危机的"导火索"。2013年9月17日，荷兰国王威廉·亚历山大·克劳斯·乔治·费迪南德（Willem Alexander Claus George Ferdinand）通过电视向全国发表年度演讲，宣布荷兰将告别20世纪的福利国家。国王在演讲中说,荷兰20世纪下半叶的福利社会已经一去不复返,荷兰为缩小财政赤字,必须对福利制度进行大刀阔斧的改革,而这样的改革需要荷兰人拿出不屈不挠的精神才能实现。荷兰必须建设一个"参与社会",荷兰每个人都得为自己的将来承担责任,共同创建一个社会与金融的安全网,而不是一味地向财政要钱。

2013年12月18日,迈克尔·布隆伯格(Michael Bloomberg)以纽约市长身份发表"告别演说",回望他领导纽约12年的历程,也提醒继任者确保这座国际头号大都市继续繁荣下去。布隆伯格表示,虽然民众都想挣更多的钱,交更少的税,但一座城市的财政收支却必须要保证"可持续性"。他说:"飙涨的退休金和医保负担使政府财政捉襟见肘,严重影响了政府提供有效社会保障的能力。今天的福利成本无法持续至下一代,而这将对我们的市民、对下一代、下下一代都造成真正的伤害。"彭博社称,纽约的退休金财政支出从布隆伯格上任时的每年15亿美元,飙升至2013年的82亿美元。美联社称,自底特律宣布破产以来,许多城市的市长都在推动公务员退休金改革。

"金砖国家"巴西2015年通胀率高达9%,货币贬值超过50%,GDP增长萎缩3.8%,财政赤字也超过国际警戒线。从昔日"金砖明星"陷入今天的经济社会可持续发展的困局,其过度透支社会福利难辞其咎。巴西拥有世界上最庞大的社会保障体系,全民免费医疗、从小学到大学的免费公立教育以及高额救济金、养老金和退休金,可以说巴西人拿着发展中国家的工资,享受着发达国家的待遇。与巴西人的平均工资相比,退休金相当于以往税后收入的97%,远远高于OECD国家69%的这一平均水平。随着人口老龄化趋势加重,政府为支付退休金而承受的财政负担日益严重。左翼政府为了获得选票、拉拢穷人,通过"家庭补助金"计划等各种福利增加社会开支,将穷人拉到中产阶级队伍中,2012年,巴西中产阶级人口规模占比达到53%,但是,"53%的中产阶级"是有很多水分的,是依靠过度透支福利换来的"面子工程"。

目前,虽然中国已进入中等收入国家行列,但是并不算富裕,与美欧等西方发达国家比还很穷,仍须艰苦奋斗,厉行节约,勤俭建国,勤俭办一切事情,必须高度警惕"福利透支陷阱",要防止脱离经济社会发展和社会结构的实际情况,超出财政承受能力,以拔苗助长的方式来推进社会保障制度建设和提高保障待遇水平,避免重蹈陷入"高福利陷阱"的覆辙。今日美欧等西方富裕国家纷纷落入"福利透支陷阱"之中,也让这些国家患上"财富病",侵蚀了积极进取的精神和动力,逐渐变得"不会劳动"了。对于尚未富裕起来的中国,更应"如临深渊、如履薄冰""以此为鉴、引以为戒"。历史告诫我们,一个国家、一个民族乃至一个家庭,只有崇尚劳动、去奢戒贪、见素抱朴、以俭养德,才能兴旺发达。反之,以资为本,鄙视劳动,骄奢淫逸,贪婪腐化,必然是"惩罚劳动者、奖励寄生者""惩罚生产者、奖励消费者""惩罚节俭者、奖励奢侈者",其结果必然是财富挥霍远远超出财富创造,国家负债累累,最终走上衰落、破产和崩溃的不归路。今天的中国，比任何时期都更接近民族复兴的梦想，历史和现实警醒我们，越是在这个时候，越要自强不息，越要自我革新，千万不能骄奢淫逸，千万不能精神懈怠。

第二节　世界 GDP 成本理论解析

（一）概念内涵

GDP 成本就是不只考虑一定时期内生产活动所创造的最终成果，而是在计量活动的同时考虑 GDP 对自然、社会以及活动的影响，从而较为全面地反映和记录经济发展、社会进步、资源环境变化。GDP 成本是一种宏观意义上的成本，可表示为政府利用所积累的公共财富为社会发展提供的各类资源的量值。GDP 成本具有四个基本条件：一是可以统一可比的，即不同国家或地区间以及同一国家或地区间的 GDP 成本具有统一性和可比性，所涉及的基准指标体系元素口径一致，提供相互可比的成本信息；二是可以统一计算的，即可以利用同一指标体系对 GDP 成本进行量化计算；三是可以统一评估的，对 GDP 成本的评估是指通过计算和分析 GDP 成本，从深层次挖掘关键影响要素，从而有效降低成本量值。而可以统一评估是指，设立统一的 GDP 成本基本评估准则、标准或规范，把分散的制度系统化、抽象的条文具体化的行为过程；四是可以统一走势的，虽然不同国家或地区在降低 GDP 成本的道路上是迂回曲折的，但总趋势是可以统一判别的、统一归纳的。一般来说，GDP 成本包括自然成本、生产成本、社会成本和管理成本四个部分（图 2-1）。

图 2-1　GDP 成本框架图

自然成本：自然成本是指在发展过程中破坏自然本身导致的费用，一般包括自然资源的消耗、可再生资源的退化、生态系统的退化、资源开发费用以及自然灾害造成的相关经济损失。一些经济学家常常使用自然资源来表述不同地区发展的自然成本差异，认为其决定了不同区域的比较优势、产业结构和地域分工。例如，邻近可航行河流的地区往往比一般的内陆地区更容易发展工业（Smith，1776）；地势起伏度越大的国家，交通网络越落后，经济活动越不活跃（Ramcharan，2009）；一个拥有好土壤、邻近河流、地势平坦的地区有利于产业发展与经济增长（Felkner and Robert，2011）。

生产成本：生产成本是指生产活动的成本，包括能源成本、资源成本和资本成本（牛文元，2013），涉及生产产品过程中所发生的各项费用。考虑生产成本时，要从宏观上统筹成本预测、成本计划、成本决策、成本预算、成本控制、成本分析、成本考核等各个环节。生产成本的基本内涵体现了资本性、价值性和耗费性等特征。其中，资本性是指生产成本的本质是生产资本；价值性是指生产成本的资本性可以用货币作为计量尺度对其进行度量；耗费性是指生产成本可以理解为价值的消耗。

社会成本：社会成本泛指按全社会各个生产部门汇总起来的总成本，也可以指某一种产品的社会平均成本。中国学者牛文元将其定义为由经济活动而造成的对社会资本、社会健康和社会福利等因素的直接或间接损害（牛文元，2013）。社会成本的重要意义在于可以从宏观上了解一定时期内所创造的社会价值。有学者指出，在一个国家快速发展的同时，所花费社会成本的增速甚至要高出 GDP 增速（Zhang，2012）。

管理成本：管理成本这一概念是由罗纳德·哈里·科斯（Ronald H. Coase）首先提出的。定义为组织和管理生产活动发生的材料、人工、劳动资料等的耗费。随着各国经济体制的不断完善，政府行政成本逐渐引起了世人的关注，行政成本这一概念也应运而生。就其定义来说，行政成本一般被定义为政府行政活动对经济资源的消耗（Sluchynsky，2015）。也有学者认为该成本是指政府部门、政党团体、事业单位以及一切靠政府财政拨款的工作部门，在一定时期内为履行其职责、实现其行政目标的活动过程中所耗费的人力、物力、财力和其他社会资源，以及由其引发的现今和未来一段时期的政府与社会的间接性负担（牛文元，2013）。作为一个国家政府治理效用的代表性指标，行政成本是 GDP 管理成本的重要组成部分。

综合来说，GDP 成本核算剔除了价格副作用与发展的负效应，可以体现真实的经济增长率和经济规模，同时其扣除了经济活动中所付出的资源耗竭和环境污染成本，从根本上促进能耗和物耗的降低以及生态环境的修复，使经济社会发展与自然相协调。

（二）系统分类

1. 可逆成本与不可逆成本

可逆性和不可逆性问题一直是具有挑战性的问题，让人类困惑。在一个开放系统中，通过不断与外界的物质和能量进行交换，当外界条件的变化达到一定阈值时，可能从原来的无序混沌状态转变为一种在时间上与空间上有序的结构，这种结构一旦形成，其与之前的原始结构就会存在一个巨大的壁垒，这种壁垒有时候是无限的，现阶段所做的任何措施都不可能逾越它，也就意味着这种变化是不可逆的。而在成本核算的范畴，从宏观意义上讲，不可逆成本可看做是由于过去决策已经发生的、不可回收的、不能通过现在或者未来的活动来弥补的成本；而可逆成本则是可以通过现阶段活动来弥补的成本。

就GDP成本来说，地球的生态系统是有限的，同时在物质的循环上是封闭的，随着人类经济规模的不断扩张，地球生态系统入不敷出，从而构成了对发展过程的内在约束，这意味着从生态系统中取得资源，经过人类的经济亚系统又以废弃物的形式返回到生态系统中的这个过程对于整个生物圈来说是有限制的，是不可逆的。恩格斯强调人们在利用自然界的同时，不能违反自然规律，人类对自然的每一次征服，都会遭到更为严厉的报复。

2. 显性成本和隐性成本

显性成本可被定义为，利用货币额计算出的成本，反映的是实际应用成本；而隐性成本是相对于显性成本而言的，是由于主体的行为有意或无意造成的，具有一定隐蔽性的将来成本和转移成本，难以用货币额直接表现。也就是说，显性成本是可计算的、可统计的，而隐性成本则不可计算，具有不确定性。

从自然角度来看，历史上，人类往往认为可以通过努力来实现对自然的改造与控制，将自身种群的发展凌驾于自然之上，天真地对一系列非理性活动而造成的对自然的破坏赋予一定的货币价值。殊不知，该类成本是不可以用金钱来衡量的，所引发的后续影响可能是毁灭性的。日益增长的环境压力与现阶段经济发展之间的矛盾，严重阻碍了经济发展的可持续性，一味地为了经济而发展经济，以环境资源为代价，最终会背离以谋求发展为核心的终极目标。从社会角度来看，由于过度追求经济发展而造成的社会问题也都属于隐形成本的范畴，例如，失业率的增高往往对于社会稳定是一颗定时炸弹，所引发的一系列社会群体冲突事件对发展也会造成沉重的负面影响。

就GDP成本核算问题而言，传统GDP主导的发展思维模式只注重结果，一味地追求产出，追求产品和劳务总和的市场价值，它忽略了环境破坏后隐性成本的增加，只看到资源能快速换取财富这一眼前利益（贾璐宇，2014）。同时，所造成的社会范畴内的隐性成本也应予以重视，实现人与人、人与自然的和谐发展与共生。

3. 绝对成本与相对成本

"绝对成本"这一概念最早出现于经济学范畴内，是由英国经济学家亚当·斯密（Adam Smith）于1776年提出的（Smith，1776）。该"绝对成本"主要源于绝对优势理论，宏观意义上的绝对成本指各国（地区）为实现同一发展目标所需付出的固定实际成本额；相比较而言，相对成本属于变动成本，是指不同国家或地区，在设定不同时间、不同环境等参数后为达到相同目的造成的差异成本之间的比较，成本的绝对差异导致各国（地区）之间相对发展优势的不同。

就GDP成本核算问题，绝对成本与相对成本具有近乎等同的重要地位。一方面，就个别国家（或区域）或整个世界来说，发展过程中所消耗的生产成本与管理成本，以及所造成的环境问题与社会问题都应得到控制，即在完成特定发展目标的内在约束条件下，以最小化成本为目标函数，通过科学技术的创新与可持续发展思想的奠基实现人与人、人与自然之间和谐相处的发展平衡点，从长远角度谋求最优化的发展途径。另一方面，通过对比相对成本，在一个地域或一个国家甚至整个世界范围内树立模范点，作为各国（地区）在发展过程中的参照个体，从而吸取其在经济发展中的历史经验，避免类似问题的出现并有效解决已存在问题。同时，结合本国（地区）的实际情况，找到适合自身发展的最优线路。另外，从宏观角度看，为了实现人类整体的可持续发展，在全球范围内应设立参照标准限额，并根据 GDP 相对成本的量化比较结果，有依据地、针对特定个体进行鼓励或惩罚措施。

（三）相关理论

1. 资产负债理论

资产负债理论最早起源于 200 多年前的西方商业银行，发展至今大体可分为四个阶段：资产管理理论（asset management theory）、负债管理理论（liability management theory）、资产负债综合管理理论（asset-liability management theory）和资产负债比例管理理论（asset-liability ratio management Theory）（Rose and Hudgins，2012）。

资产管理理论属于最传统的商业银行管理理论。由于早期银行对负债没有决定权，是极为被动的，但就资金的运用则显得较为主动。商业银行往往通过合理安排资产结构及资产业务来获取高额利润，并同时保证资产的流动性和安全性。因此，在此阶段银行管理的关键要素在于资产，即在既定负债所决定的资产规模前提下，实现资产结构的最优化。在该理论的发展过程中先后出现了四种主要思想：商业贷款理论（commercial-loan theory）、资产转移理论（the shiftability theory）、预期收入理论（the anticipated-income theory）和超货币供给理论（super money supply theory）。其中，商业贷款理论是指银行为了吸取更多的活期存款，必须保持资产的高流动性才能避免因流动性不足而给银行带来的经营风险。因此，银行的贷款应以真实的、有商品买卖内容的票据为担保来发放，在借款人出售商品取得货款后就能按期收回贷款；资产转移理论是关于保持商业银行资产流动性的理论，认为商业银行能保持其资产的流动性，关键在于它持有的资产能不能随时在市场上变成现金。只要银行手中持有的第二准备金（政府债券和其他短期债券）能在市场上变成现金，银行资产就有较大的流动性；预期收入理论深化了对贷款清偿的认识，开辟了多种资产业务，不仅增强了商业银行自身竞争实力，而且为整个社会经济的发展扩大了资金来源；超货币供给理论是 20 世纪 60 年代末兴起的理论，该理论认为随着货币形式的多样化将导致金融竞争加剧。这要求银行不能单纯提供货币，还应该提供各方面的服务（Rose and Hudgins，2012）。

负债管理理论最早于20世纪50年代末期出现，于60年代达到鼎盛。在该时期，世界经济一片繁荣，生产不断扩大，对银行的贷款需求也不断提升。在以追求利润最大化为设定目标的状态下，银行希望通过更多渠道尽可能多地吸取外来资金，扩大自身规模。同时，欧洲货币市场的兴起，通信手段的现代化，存款保险制度的建立，大大方便了资金的融通，刺激了银行负债经营的发展，也为负债管理理论的产生创造了条件，负债管理理论应运而生。该理论是以负债为经营重点来保证流动性和盈利性的经营管理理论，它认为：银行保持流动性不需要完全靠建立多层次的流动性储备资产，一旦有资金需求就可以向外借款，只要能借款，就可通过增加贷款获利。

资产负债综合管理理论诞生于20世纪70年代中后期，市场利率的大幅度提高与负债成本及经营风险上压力的扩大加速了该理论的兴起。它是指在融资计划和决策中，银行主动地利用对净利率变化敏感的资金，协调和控制资金配置状态，使银行维持一个正的净利息差额和正的资本净值。资产负债综合管理理论既吸收了资产管理理论和负债管理理论的精华，又克服了其缺陷，从资产、负债平衡的角度去协调银行安全性、流动性、盈利性之间的矛盾，使银行经营管理更为科学。该理论具有综合性与适应性强的特点，同时涉及三条主要原则：①总量平衡原则：资产与负债规模相互对称，统一平衡；②结构对称原则：即资产和负债的偿还期及利率结构对称；③分散性原则：即资金分配运用应做到数量和种类分散。

资产负债比例管理是综合对银行的资产和负债规定一系列的比例，进而实现对银行资产控制的一种操作方式，是消除和减少风险的一种银行资产负债管理方法（Ferstl and Weissensteiner，2011）。具体来说，银行通过对资产负债比例的管理，使银行资产实现合理增长，达到稳健经营，最大程度消除和减少风险。资产负债比例不能狭义地理解为银行资产与其负债的比例，它是综合反映商业银行资产负债管理战略目标和工作策略的比例指标体系。可以说，资产负债比例管理理论比之前任何信贷控制法则都要严格，其限制了银行无限制地扩张自己的资产和负债，改变了大银行过分依赖向中央银行借入资金扩大信贷规模的做法，令商业银行在寻找资金来源上有了紧迫感，增加了银行间的竞争意识，同时在一定程度上防止了银行过度短借长用，并增强了银行以创造利润为中心的意识，改变了过去银行重发展资产规模、较少地考虑这样做是否增加盈利的局面。该理论现已成为全球各商业银行平衡其资产负债表中的各个项目、协调其资产负债业务的重要的具体操作方法和过程。

2. 成本收益理论

成本效益分析（cost-benefit analysis，CBA）是通过比较项目的全部成本和效益来评估项目价值的一种方法，其将成本费用分析法运用于政府部门的计划决策之中，以寻求在投资决策上如何以最小的成本获得最大的收益。常用于评估需要量化社会效益的公共事业项目的价值。非公共行业的管理者也可采用这种方法对某一大型项目的无形收益进行分析。在该方法中，某一项目或决策的所有成本和收益都将被一一列出，并进行量化。其基本原理是针对某项支出目标，提出若干实现该目标的方案，运用一定的技术方法，计算出每种方案的成本和收益，通过比较方法，并依据一定的原则，选择出最优的决策方案。成本收益理论最早出现于19世纪法国经济学家朱乐斯·帕帕特（Jules Dupuit）的著作中，被定义为"社会的改良"。之后，意大利经济学家维弗雷多·帕累托（Vilfredo Pareto）从资源分配的理想与公平状态为出发点对这一概念重新界定，指出：一个经济体系要达到资源分配最优，有关行动必须可以达到使一部分人的福利水平提高，而其他任何人的福利水平不会因此受损。这就是有名的"帕累托最优"（Pareto optimality）。1940年，美国经济学家尼古拉斯·卡尔德（Nicholas Karldor）和约翰·希克斯（John Hicks）对已有的理论加以提炼，形成了较为完整的成本收益理论基础——卡尔多-希克斯准则（Karldor Hicks principle）：第三者的总成本不超过交易的总收益，或者说从结果中获得的收益完全可以对所受到的损失进行补偿，这种非自愿的财富转移的具体结果就是卡尔多-希克斯效率。从经济学而言，成本或效益价值表现了不同经济主体（如生产者、消费者、政府、群体、个人等）的"偏好"（preference），从而也表现在经济主体的"支付意愿"（willingness to pay，WTP）。成本效益分析的基本理论就是要把"偏好"通过市场经济计量，把"支付愿意"成本反映在评估政策或项目过程中。同一时期，成本收益理论也开始被政府相关部门使用，例如1939年美国的洪水控制法案和田纳西州泰里克大坝的预算。而该理论在公共政策领域更为广泛的应用是从1958年奥托·埃克斯坦（Otto Eckstein）奠定了成本收益理论的福利经济学基础，同时将其用于水资源发展领域开始（Eckstein，1958）。成本效益分析方法主要是要解决外部性（externality）的问题。外部性的经济成因及内涵在经济学中已有大量研究和表述，包括早期西奇威克（Sidgwick，1883）及马歇尔（Marshall，1980）的研究也是早期福利经济学重要的核心研究课题。

在GDP成本的计算中，该理论主要应用于预测成本与效益，并分析与平衡二者之间的关系，寻求最优路径与投资点。以GDP成本中的环境成本举例，其基本概念可归纳为：由环境破坏和污染引起的影响可以用经济损失来评估，可以以市场价格直接计算，或以不同的经济计量方法来测度。同时，为了避免环境破坏和损失，社会可以采用各种手段和措施减少损失（牛文元，2013）。GDP成本可包括时间、人手、交易、资金和资产投入的各类成本，可统一以经济价格为度量单位。成本也是针对不同主体而异的，效益包括不同主体，如社会、群体、个人效益，也可以以经济价格为度量单位。以成本效益计量方法为分析工具，每一个政策或者项目不同方案的成本效益都可以系统地进行分析比较，得到一个清晰和科学立据支持的决定。

3. 边际效用理论

边际效用（marginal utility）指在一定时间内消费者增加一个单位商品或服务所带来的新增效用，即总效用的增量。也就是说，在其他条件不变的情况下，随着消费者对某种物品消费量的增加，他从该物品连续增加的每一消费单位中所得到的满足程度称为边际效用。

效用价值理论早在17~18世纪的资产阶级经济学书籍中就有了明确的表述，英国经济学家尼古拉斯·巴本（Nicholas Barbon）曾用物品的效用来说明物品的价值，认为一切物品的价值都来自于它们的效用；无用之物，便无价值；物品效用在于满足需求；一切物品能满足人类天生的肉体和精神欲望，才成为有用的东西，从而才有价值。而意大利经济学家费迪南多·加利亚尼（Ferdinando Galiani）则是最初提出主观效用价值观点的人之一，认为价值是物品同人的需求的比率，价值取决于交换当事人对商品效用的估价，或者说，由效用和物品稀少性决定。

18世纪至19世纪初，产业革命的实现和社会生产力的迅猛发展为资产阶级古典政治经济学建立劳动价值论和以其为基础的理论体系提供了客观的证据支撑，效用价值理论受到该派别的有力批判，发展停滞不前。直到19世纪30年代，在对抗古典经济学劳动价值的背景下，边际效用理论开始兴起。其中，英国经济学家威廉·福斯特·劳埃德（William Forster Lloyd）于1833年提出商品价值只表示人对商品的心理享受，取决于人的欲望和人对物品的估价，人的欲望和估价会随物品数量的变动而变动，并在被满足和不被满足的欲望之间的边际上表现出来，从而实际上区分了总效用和边际效用（Seligman，1903）。1836年，英国经济学家纳索·威廉·西尼尔（Nassau William Senior）提出"最后1小时论"：依据现行工厂法，工人每天工作的11.5小时中，前10小时生产的价值只能补偿资本家垫支的资本，余下的1.5小时生产的价值构成资本家节余的报酬——"利润"。如果把工作时间减少1个小时，那么纯利润就不能实现，如果减少1.5小时，那么总利润也不能实现。该理论意在说明资本利润的合理性，弥补了自斯密以来不讨论资本利润合理性的缺陷。1854年，德国学者赫尔曼·海因里希·戈森（Hermann Heinrich Gossen）提出人类满足需求的三条定理：①欲望或效用递减定理，即随着物品占有量的增加，人的欲望或物品的效用递减；②边际效用相等定理，即在物品有限条件下，为使人的欲望得到最大限度的满足，务必将这些物品在各种欲望间做适当分配，使人的各种欲望被满足的程度相等；③在原有欲望已被满足的条件下，要取得更多享乐量，只有发现新享乐或扩充旧享乐。这三条定理后来被称为戈森定理（于俊文，1985）。

而现代意义上的边际效用理论则出现于19世纪70年代，由英国经济学家和逻辑学家威廉姆·斯坦利·杰文斯（William Stanley Jevons）、奥地利经济学家卡尔·门格尔（Carl Menger）以及法国经济学家里昂·瓦尔拉斯（Leon Walras）提出的。其中，杰文斯认为，消费者从最后一单位产品得到的效用或者价值与他所拥有的产品数量有关，这个数量也许会有一个临界值；门格尔更看重主观评价的作用，力求说明人们的主观评价如何使竞争性的市场发现过程运转起来，把价格看做是由主观估价形成的变量，其所关注的是过程，而非数学上的均衡；而瓦尔拉斯则把边际效用称为"稀缺性"，认为商品的稀缺性随消费量的增加而递减，并同购买商品时支付的价格成比例，消费者购买商品或服务时，力求令其每一单位货币所能买到的每一种商品的效用量相等，这时，即可得到最大的效用，即处于均衡状态。

在 GDP 成本核算中，边际效用理论可解释为在衡量经济发展水平时应该注重单位 GDP 的能耗或物耗，以及单位 GDP 的环境污染负荷等指标，而不应该单纯使用 GDP 指标或人均 GDP 指标来衡量经济发展水平。人们一直以来都认为发展经济是为了给人类创造更多的幸福。但事实却出现了与人们的愿望完全相反的情况：无论是在国内还是国外，都有生活越富裕却越难幸福的现象。这就是随着经济的发展而出现的"幸福递减律"。同样，在社会管理中，一个政策出台以后，刚开始往往管理或者规范效应很明显，但随着时间的推移，这项政策的功能就越来越小了，越来越不适应社会管理的需要了，也就是说，政策的管理规范制约或者引导效应在不断减弱，这就是为什么法规部门章程等每隔一段时间要进行调整和更新的主要原因（牛文元，2013）。

（四）实践探索

1. 美国

美国在 GDP 成本核算方面的研究开展的比较早。早在 1972 年，美国学者詹姆斯·托宾（James Tobin）和威廉·诺德豪斯（William D. Nordhaus）首次将 GDP 分为好与坏两个类别，提出净经济福利指标（measure of economic welfare index，MEW Index），即扣除例如城市污染、交通堵塞等产生的社会成本，并加入休闲、家政、社会义工等一类在传统上容易被忽略的经济活动之后的"GDP"。1989 年，罗伯特·卢佩托（Robert Luperto）带领的研究团队提出国内生产净值，主张将自然资源损耗成本从 GDP 中扣除。同年，美国学者赫尔曼·戴利（Herman E. Daly）与约翰·科布（John B. Cobb）共同推出可持续经济福利指标（index of sustainable economic welfare，ISEW），二人计算了美国 1950～1986 年的 ISEW 值，通过与同期 GDP 相比较，发现美国的 GDP 虽然在 20 世纪 70 年代后仍继续增长，但普通美国人的经济福利并没有相应提高，其主要原因在于生产的外部影响（如环境恶化）和收入分配等（刘国伟，2015）。同时，英国、德国、瑞典、芬兰等国家也相继使用该指标进行统计，其中芬兰的结果证实了二人的结论。美国环境保护署（EPA）于 1992 年建立了专门的环境会计项目，并于

1995年颁布了《作为经营管理手段的环境会计：基本概念和术语》的重要报告，提出了企业环境成本的概念，并且将可能发生的环境成本分成了传统成本、潜在成本、未来可能发生的成本、形象与关系成本四大类。

2013年7月31日，美国商务部下属的经济分析局公布了最新的GDP核算方法，通过重新定义和计算文娱、研发以及养老金等项目，在全球率先实行SNA2008国民经济核算新标准体系。基于该标准，美国2012年的GDP总量增加了3.6%。该次修订最大的亮点在于能够把长期以来无法被传统GDP核算所识别的无形资产"有形化"和"资本化"，真正体现美国以创新经济为主导的新兴经济形态，以及技术密集型和服务型的新产业结构特征，凸显美国经济增长出现新源泉的现实。

2. 中国

改革开放以来，中国经济保持了30多年的高速增长，年均增长速度高达7%左右。然而，与传统经济发展模式相伴的往往是高资源投入和高污染排放，所引发的自然资源枯竭与生态环境破坏问题成为现今中国人民生存与发展的最大阻碍。

中国关注环保问题比较晚，20世纪70年代末才开始重视，而对于绿色GDP成本核算的研究始于20世纪80年代，一些学者已开始尝试进行环境资源的核算，例如王立彦（1992）早在1992年就提出了"环境—经济"核算附属账户设计方案，意在有针对性地通过环境与经济相关分析指标资料，对国家的环境与经济之间的关系进行分析；1996~1999年，北京大学基于投入产出理论提出了可持续发展下的"绿色"核算，建立了中国国际尺度上的环境经济综合核算框架（雷明，2000）。进入21世纪后，绿色GDP核算相关的研究与实践迅速发展（曹茂莲等，2014）。2001年，国家统计局首次对自然资源进行实物核算，主要涉及森林、土地、水资源、土地四种自然资源；2004年国家统计局、原国家环境保护总局、国家发展和改革委员会等联合课题组启动"绿色GDP核算体系研究"，并于同年9月完成了《中国资源环境经济核算体系框架》和《基于环境的绿色国民经济核算体系框架》两份报告，为中国推行绿色GDP核算奠定了重要理论基础；同年，中国学者牛文元从环境与社会两个角度重新审视绿色GDP核算问题，将造成社会无序和发展倒退的活动以及社会不公平现象所引发的社会问题纳入GDP成本之中（牛文元，2004）；2005年，北京市、天津市、河北省、辽宁省等10个省（自治区、直辖市）开展了以环境核算和污染经济损失调查为内容的绿色GDP试点工作；2006年，中国首次正式对外发布了第一份涉及环境损坏GDP核算官方研究报告——《中国绿色国民经济核算研究报告》，标志着中国的绿色国民经济核算研究取得了阶段性成果；2008年，中国科学院可持续发展课题研究组提出绿色GDP应是传统GDP扣除自然部分的虚数和人文部分的虚数后所剩下的量值，并指出自然虚数包括自然资源的退化与配比的不均衡、资源稀缺性所引发的成本等，而人文虚数则涉及由于犯罪所造成的损失、人口数量失控所导致的损失等；2009年10月，北京工商大学经济学院世界经济研究中心发布了《中国三百个省市区绿色GDP指数报告》，报告中称2009年中国资源效率总体水平有所提高，黑色体系的城市数量略有减少，但仍有许多城市在盲目加快工业化进程，导致了巨大的资源浪费和环境破坏，其中，北方以工业烟尘排放为主，南方地区则以污水排放为主；2015年，环保部门再度重启绿色GDP核算试点研究，与2004年的研究相比，该次研究更为注重创新，在内容上加大环境承载能力核算力度，从技术上夯实核算的数据和技术基础，利用卫星遥感等先进科技，构建绿色GDP核算的大数据平台。

3. 芬兰与挪威

GDP成本核算体系的研究仍处于探知阶段。但部分国家对森林、水、土地等自然资本的核算已经全面开展，其中芬兰和挪威是这方面的先驱。早在1985年，芬兰就已经建立了自然资源核算框架体系（刘国伟，2015）。该体系主要涵盖三个部分：一是森林资源核算，涉及森林实物量核算、森林质量指标以及森林资源价值量核算。为了实现该核算体系的运行，芬兰统计局相继编制了森林供给平衡表、森林资源使用平衡表和总量平衡表三套账户；二是环境保护费用支出的统计，涉及能源供给、废物再利用、空气污染控制等共七方面内容；三是包含环境账户的国民经济核算矩阵（national economic accounting matrix with environment accounts，NAMEA）的编制，该矩阵基于传统投入产出模型，通过对环境数据的统计与转换，测出绿色GDP值。经过芬兰政府对国家发展过程中所需自然成本科学的管理，芬兰森林覆盖率一直高达70%左右，在绿色排名中，芬兰一直是全球环境质量最好、最具有可持续发展能力的国家之一。

挪威也是开展自然资源核算研究较早和较为系统的国家之一。早在1968年，挪威政府就成立了一个旨在分析环境问题的特别委员会。该委员会决定建立资源环境统计账户和核算，用于编制包括自然资源、环境状况以及环境资源使用与保护建议等的年度报告；1974年，挪威成立了自然资源部，开发和推行自然资源核算和预算系统；1978年，挪威统计局（Central Bureau of Statistics，CBS）被指定负责建立自然资源与环境核算体系的工作，重点对象是土地资源、矿物资源、生物资源、流动性资源以及空气污染和两类水污染物（氮和磷）。为此，挪威政府建立了包括能源核算、废旧物品再生利用、环境费用支出等项目的详尽统计制度；1981年，挪威首次公布并出版"自然资源核算"数据、报告和刊物，目的是促进资源管理相关部门和经济管理相关部门之间的配合和协调，为国家制定长期自然资源开发计划和促进社会经济可持续发展提供科学的依据（訾猛，2006）。挪威政府通过对自然资源核算方面的不断研究与实践，将公众利益和社会关注重点逐步由资源问题向环境问题转移，得到广大群众的支持与响应。挪威资源核算体系强调服从和服务于可持续发展，并重视不可再生资源的定价与核算，但其所基于的主要方式仍是实物核算，只关注了部分资源和环境方面，忽略了发展过程中的社会问题等隐性成本。

4. 德国

德国学者厄恩斯特·冯·魏茨察克（Emst Von Weizsäcker）和美国科学家艾默里·B·洛文斯（Amory B. Lovins）、L·亨特·洛文斯（L. Hunter Lovins）在其1995年所著的《四倍跃进》一书中指出，GDP并没有定义成质量、财富和福利的指标，而只是用来衡量那些易于度量的经济活动的营业额。德国在发展绿色经济中采取了很多积极有效的措施。调整市场结构，降低能源消耗，政府采取多种手段降低资源成本和环境成本，普及绿色环保、绿色GDP理念等。在德国，环境国民经济核算有四项模本：物质的财产计算，即将财产以非货币单位的形式体现出来；物质流的计算，即将经济过程中的物质流量反映出来；环保和环境税，主要集中于在统计有利于环保的私人和国家的支出以及与环保相关的税费；货币估价，即制定规则和实施方式（史世伟和梁珊珊，2004）。

德国政府早在1972年就制定了"废弃物处理法"，并于20世纪90年代，开始实施低碳经济，不断提高生产技术，从根本上摒弃仅仅依靠投资刺激的粗放式传统增长方式，通过技术改良提高经济增长得到动力。1995年，德国开始执行《工业企业自愿参加环境管理和环境审核联合体系的规则》（eco-management and audit scheme，EMAS），采用生态会计模式进行环境成本的核算。也就是跟踪资源从输入企业到产品输出，一直到废弃的所有生态转换的流程，采取货币计量与实物计量相结合的方法，以物理化学单位来计量各种环境支出和损失情况，并且在此基础上分析环境成本投入的效益。按照生态转换过程，环境成本可分成环境保全预防成本，事后的环境保全成本，不含环境费用的产品成本和残余物发生成本。2000年，德国联邦众议院和参议院在世界上首次通过了《可再生能源法》，规定相对固定的电价，鼓励再生能源的使用（苑浩畅等，2015）。2010年，德国开始实施《能源方案：环保、可靠、经济的能源供应》，为了降低温室效应、保护生态气候，宣布于2022年彻底退出核电（潘孝军和潘新艳，2009）。2014年，德国政府对《可再生能源法》完成修订，于当年8月1日正式颁布实施。该次修订在发展思路和原则上有比较大的调整，不仅确定了光伏发电的年度新增规模，还将可再生能源全面引入市场机制，同时强调在能源转型的成本分摊问题上既要保护本国工业的竞争力，还要最大限度体现公平原则。

5. 日本

日本在绿色GDP核算方面走在了世界的前列。早在1973年，日本政府就提出了净国民福利指标（net national welfare，NNW），将环境污染纳入国家发展过程所需考虑的要素之中。相关部门严格制定了每一项污染的允许标准，并列出了超过标准后所需的改善经费，其涉及范围很广，包括水污染、空气污染、废物处理、自然资源损害和交通事故成本等，但没有考虑家庭劳动方面。之后的几年，日本政府创立了环保支出账户、自然资源消耗账户以及环境质量质损等保护环境的方案，并与1999年公布了第一次的绿色GDP试算结果（李伟和劳川奇，2006）。同年3月，日本环境厅发布了《关于环境保全成本的把握及公开的指南——环境会计的确立（中间报告）》，报告首次给出了环境成本的定义，表明日本环境会计框架初步确立。

自21世纪开始，日本在自然资源保护方面进入初步建设时期。2000年，日本国会通过了《推进循环型社会形成基本法》，目的是将环境保护工作变得更加具体化，从生产到废弃的全过程中，提倡和促进物资的有效利用和循环使用，减少废弃物，减轻环境负荷（朱汇，2011）。同年，《引进环境会计系统指南（2000年版）》发布，该指南对环境成本的分类、计量方法做出了进一步的说明，并对如何以货币和实物等计量单位来反映环境绩效提出了指导性意见（牛文元，2013）。2004年，日本在英国提出低碳经济的概念后开始研究构建低碳社会的可行性，并于2007年公布结果，确定有能力完成该任务。其中，强调了三个基本理念：一是在生产和生活中均实现碳的最低排放；二是实现富足而简朴的生活；三是促进人类与自然的和谐共生（金永男，2012）。2005年2月，环境省发布了最新修订的《环境会计指南（2005年版）》，其内容更加详尽具体。充分阐述了环境会计的定义、基本要素、环境保护成本、收益以及带来的经济效益，企业合并环境会计的处理方法，环境会计的信息披露及在内部管理中的应用，进行环境会计数据分析的指标和环境会计信息披露的格式。2006年，日本政府制定《新国家能源战略》，意在通过法律手段来优化能源结构，促进可再生能源的大规模应用。

经过近七年的准备，日本全民建设可持续发展经济的帷幕正式拉开。2008年7月，日本内阁提出"发展低碳经济的行动计划"，阐述了未来十年的具体行动步骤，并建立了6个"环境示范城市"，以期倡导全民低碳发展。2009年4月，日本环境省发布了一份政策草案——《绿色经济与社会变革》，提出实行碳税和碳排放交易制度等措施。同年7月，日本自民党和公明党联合汇总了《推进低碳社会建设基本法案》，提出2050年在2005年基础上减少60%~80%的二氧化碳排放量（朱汇，2011）。

近几年，日本致力于改进绿色GDP核算体系，一方面在于完善环境统计体系，为核算提供更为扎实的统计数据基础；另一方面，日本也在积极尝试根据NAMEA账户编制混合核算账户。同时，日本也开发了诸如环境效率改进指数EEII等方式来监督与促进生产企业和相关行业改进其技术与设备，以期提高资源的最终使用效率（李伟和劳川奇，2006）。

第三节 世界 GDP 成本指数构建

（一）指标体系

实现传统发展模式向可持续发展模式的有效转变，必须从根本上正确把握可持续发展的内涵及界定。而 GDP 作为现今社会衡量发展水平的重要标准，GDP 成本的全面核算，即各国（地区）发展成本的全面核算，是有效控制各国（地区）发展路径不偏离可持续发展方向的关键。根据本章第二节内容，GDP 成本应包括四个主要部分：自然成本、生产成本、社会成本和管理成本，本节构建了世界 GDP 成本指数，从上述四个维度综合表达 GDP 成本。同时，兼顾 GDP 成本四个基本条件：①GDP 成本是可以统一可比的；②GDP 成本是可以统一计算的；③GDP 成本是可以统一评估的；④GDP 成本是可以统一走势的。为了在核算 GDP 成本过程中实现这四个基本条件，并考虑涉及样本的数据可获取性，以可持续发展为出发点，结合 GDP 成本核算的相关理论，构建了一个全面的定量式大纲，依据各个指标的作用与贡献，实现分析、比较和判别各国（地区）可持续发展的状态和进程以及全球范围的总体态势。世界 GDP 成本核算指标体系如图 2-2 所示。

```
                        GDP成本指数
    ┌───────────┬───────────┬───────────┬───────────┐
 GDP自然成本指数  GDP生产成本指数  GDP社会成本指数  GDP管理成本指数
    │             │             │             │
  温室效应        能源成本       社会公平       生产支出
 •人均二氧化碳   •单位GDP能耗   •贫富差距     •中央政府支出占
   排放量                       (基尼系数)     GDP百分比
    │             │             │             │
  结构失调        人力成本       社会稳定       消费支出
 •化石能源占比   •单位GDP人耗   •失业率       •一般政府最终消
                                               费占GDP百分比
    │             │             │             │
  资源短缺        生产效率       社会发展       军费支出
 •自然资源租金总 •科研支出占     •贫困人口比例 •军费支出占GDP
   和占GDP百分比   GDP百分比                    百分比
```

图 2-2 世界 GDP 成本核算指标体系

数据来源：人均二氧化碳排放量，http://data.worldbank.org.cn/；化石能源占比，http://data.worldbank.org.cn/；自然资源租金总和占 GDP 百分比，http://data.worldbank.org.cn/；单位 GDP 能耗，http://data.worldbank.org.cn/；单位 GDP 人耗，http://data.worldbank.org.cn/；科研支出占 GDP 百分比，http://data.worldbank.org.cn/；贫富差距（基尼系数），http://data.worldbank.org.cn/，http://stats.oecd.org/；失业率，http://data.worldbank.org.cn/；贫困人口比例，http://data.worldbank.org.cn/，http://stats.oecd.org/；中央政府支出占 GDP 百分比，http://data.worldbank.org.cn/；一般政府最终消费占 GDP 百分比，http://stats.oecd.org/；军费支出占 GDP 百分比，http://data.worldbank.org.cn/。

1. GDP 自然成本

（1）温室效应：温室效应是对大气保温效应的统称。工业革命以来，人类向大气中排入的以二氧化碳为主的吸热性温室气体，随着二氧化碳浓度的增加，地球热量散失困难，地球可感受到的气温随之增高，最终将打破全球生态平衡，导致不可估计的毁灭性灾难。2015 年 7 月，美国国家航空航天局、日本气象厅和美国海洋暨大气总署联合发表了一项气象监测结论：2015 年 6 月是有记录以来地球最热的月份，这为人类再一次敲响了沉重的警钟。为了未来的生存与延续，解决温室效应问题刻不容缓。

（2）结构失调：目前全球能源发展面临的重大问题之一就是传统化石能源产能过剩、可再生能源发展遭遇瓶颈制约。据相关数据显示，截至 2013 年，全球煤炭、石油和天然气分别可开采 113 年、53 年和 55 年。同时，化石能源作为一种碳氢化合物或其衍生物，如果不完全燃烧会散发出有毒气体，从而引发一系列环境问题，例如温室效应和酸雨等，威胁全球生态。近些年，各国（地区）都为此做出了努力，大力开展再生能源的开发与应用，其中，丹麦、德国、马来西亚已经发布了 2050 年目标，分别是 100%、80%、24%。总体来看，未来可再生能源发电量占比将进一步提高。

（3）资源短缺：在地球和人类相对有限的存在空间与时间内，地球上某种资源的绝对值储量是一定的和有限的，无节制的开采与使用不可再生资源意味着人类未来的灭亡。据相关数据显示，目前世界范围内人类可利用的资源正在日益锐减，大部分资源已经开始呈现严重的短缺状态，例如，自 20 世纪 90 年代开始，世界淡水资源日渐短缺，污染日益严重，非洲目前 1/3 人口缺乏饮用水，而有近半数的非洲人因饮用不洁净水而染病。水旱灾害愈演愈烈，使地球生态系统的平衡和稳定遭到破坏，并直接威胁着人类的生存和发展。资源短缺问题需要国际社会的高度重视并赋予实际有效行动。

2. GDP 生产成本

（1）能源成本：能源成本即对各国（地区）发展过程中所消耗的能源量的统称。随着资源日益短缺，环境日益恶劣，能源安全和气候变化所带来的压力愈发凸显，对能源需求的不断增长和环境保护意识的日益加强，谋求到一条有效降低能源成本的发展之路已成必然趋势。以核电、水电、风电、光伏为代表的清洁能源将在人类未来的社会生活和经济发展中发挥越来越重要的作用。

（2）人力成本：从企业管理角度讲，人力成本是指企业在一定的时期内，在生产、经营和提供劳务活动中，因使用劳动者而支付的所有直接费用与间接费用的总和。但从宏观角度来看，单纯的货币费用并不能对一个国家（地区）在发展过程中的人力成本进行准确、全面的度量。当今世界，人才资源才是一个国家（地区）最宝贵的财富，才是发展的第一资源，离开人才的培养，国家与社会都不会进步。因此，充分实现每个个体的最大创造价值，利用最少人力创造最大发展效益才是现阶段世界发展的理性目标。

（3）生产效率：生产效率的增长是世界繁荣发展最重要的推动因素，也是人类生活水平的决定性影响因素。同时，生产效率的提高在很大程度上将减缓资源的消耗以及污染的排放，有利于可持续发展的稳步实现，而科技创新则是实现生产效率革命的必要条件。

3. GDP 社会成本

（1）社会公平：自西方古希腊柏拉图的《理想国》开始，人类就开始追求社会公平。社会公平体现的是人与人之间的一种平等关系，体现在生存公平、发展公平等一系列方面。社会公平要求社会各方的利益关系得到妥善协调，社会内部矛盾得到正确处理，同时通过法律与道德双方面切实维护和实现。从可持续发展的角度来理解，全面解决社会公平问题是最基本的要求和目标之一。其中，贫富差距则是社会公平最为直接、凸显的表现方式之一。

（2）社会稳定：稳定是发展的前提。社会的稳定为人类的生存与延续、国家的发展和建设提供一个良好的环境。大量研究表明，当一个社会的混乱程度超过大众所能承受的限度时候，就会在很大程度上阻碍社会的整体发展，甚至引发经济与文化的倒退。其中，就业是民生之本，劳动乃天赋人权，失业率过高将会造成少数家庭的基本生活失去依托，并使一些失业者心理遭受严重打击，引起社会恐慌，严重冲击全社会稳定。

（3）社会发展：社会发展是指构成社会的各种要素前进的、上升的变迁过程。涉及以个人为基础的社会关系出现从个人到社会总体的自由延伸，包括物质及精神的双重进步。从可持续发展角度来说，社会发展是其思想内涵的关键载体，是提高发展效率的动力源泉。而贫困，从狭义上来讲则是物质匮乏的表现，是在社会发展中日益突显出来的一个重大问题。

4. GDP 管理成本

（1）生产支出：宏观层面上管理成本中的生产支出是指政府提供货物和服务的运营活动的资本支付。政府生产性支出作为公共支出的一部分，在引导私人资本投资、提高劳动供给水平、促进经济长期增长方面具有重要作用（石淦，2011）。同时，领导阶层也应提高政府生产性支出的利用效率，最大限度地促进可持续发展进程。

（2）消费支出：宏观层面上管理成本中的消费支出是指政府以购买者的身份在市场上采购所需的商品和劳务，用于满足社会公共需要。政府对公共财富的分配问题是影响国家综合发展、群众民生利益的重要因素。相关经验表明，政府在教育、医疗卫生、社会保障等公共服务方面支出的增加，可以减少居民对未来不确定性的担心，有利于社会稳定，促进社会健康发展。

（3）军费支出：军费是指国家用于军事方面的经费，主要涉及军事建设及武器装配研发及制造和战争等方面。从当前经济形势来看，大部分国家的经济都处于转型的关键时期，这对于各国是否可以全面实现可持续发展具有重要意义。国家经济、社会的稳定才是发展的基础，没有扎实的基础，即使军事力量再强大，也无法保证国家综合竞争力的提升，也无法保证人类的生存与发展。

（二）模型方法

根据数据的可获取性，本报告选择人均二氧化碳排放量、化石能源占比、自然资源租金综合占 GDP 百分比；单位 GDP 能耗、单位 GDP 人耗、科研支出占 GDP 百分比；贫富差距（基尼系数）、失业率、贫困人口比例；中央政府支出产出率、一般政府最终消费产出率、军费支出占 GDP 百分比来分别表示 GDP 成本中的自然成本、生产成本、社会成本和管理成本。其中，单位 GDP 能耗是指创造 1 美元 GDP 所需要的劳动力人数。同时，设定科研支出占 GDP 百分比为逆向指标（量值越大，成本越小），其余指标均为正向指标（量值越大，成本越大）。

根据 GDP 成本指数评价的特点，首先对收集到的数据进行无量纲化处理。量纲有赖于基本量的原则，是外加的有关量的度量方法。因此，第一步就是对数据的无量纲化处理，使用无量纲数据来进行客观比较与评价。综合评价的最终目的是对一组被评对象进行等级排序，以便分出优劣，于是无量纲方法的合理性取决于运用该方法对被评对象进行等级排序的合理性（张卫华和赵铭军，2005）。鉴于此，本章采用阈值法进行指标无量纲化，转化为处于区间 [0，1] 的标准值。

正向指标转化公式：$x'_{it} = (x_{it} - \min_i)/(\max_i - \min_i)$

逆向指标转化公式：$x'_{it} = (\max_i - x_{it})/(\max_i - \min_i)$

式中，x'_{it} 为无量纲化后的第 t 年第 i 个指标数值；x_{it} 为无量纲化前的第 t 年第 i 个指标数值；$\max_i$ 为第 i 个指标系列中的最大值；$\min_i$ 为第 i 个指标系列中的最小值。另外，综合成本采用计算自然成本、生产成本、社会成本和管理成本平均数的方法来获得。

实证部分均采用转换后的数据进行分析，虽然转化后结果不一定理想，但可以满足对各个国家 GDP 成本之间、各国与世界之间进行相对比较的要求。

（三）样本选取

筛选出世界 50 个代表性国家（地区）进行了详细的 GDP 成本核算分析，筛选过程中，综合考虑了国家综合发展水平（发达、中等发达、发展中）和地域分布（洲际分布）情况，具体国家如表 2-1 所示。

表 2-1 50 个样本国家

序号	国家名称	所属洲	序号	国家名称	所属洲
1	奥地利	欧洲	26	肯尼亚	非洲
2	德国		27	利比亚	
3	俄罗斯		28	毛里求斯	
4	法国		29	摩洛哥	
5	芬兰		30	莫桑比克	
6	挪威		31	南非	
7	瑞士		32	尼日利亚	
8	意大利		33	苏丹	
9	英国		34	中非	
10	阿富汗	亚洲	35	洪都拉斯	北美洲
11	不丹		36	加拿大	
12	菲律宾		37	美国	
13	韩国		38	墨西哥	
14	马尔代夫		39	牙买加	
15	孟加拉国		40	阿根廷	南美洲
16	日本		41	巴西	
17	土耳其		42	哥伦比亚	
18	伊朗		43	秘鲁	
19	印度		44	委内瑞拉	
20	印度尼西亚		45	智利	
21	中国		46	澳大利亚	大洋洲
22	阿尔及利亚	非洲	47	斐济	
23	埃及		48	萨摩亚	
24	埃塞俄比亚		49	汤加	
25	喀麦隆		50	新西兰	

注：洲际内部国家按拼音字母顺序排序

第四节 世界 GDP 成本实证分析

（一）GDP 成本核算差异分析

为了充分比较各国在 GDP 自然成本、GDP 生产成本、GDP 社会成本、GDP 管理成本和 GDP 综合成本五个方面之间的差异，本报告计算出每个国家之间在每个成本指数的差异系数矩阵表，GDP 自然成本指数比较系数如附表 1 所示，GDP 生产成本指数比较系数如附表 2 所示，GDP 社会成本指数比较系数如附表 3 所示，GDP 管理成本指数比较系数如附表 4 所示，GDP 综合成本指数比较系数如附表 5 所示。差异系数 r_{ij} 为第 j 列与第 i 行的国家 GDP 成本之间的比值，其中 i, $j=1, 2, \cdots, 50$。r_{ij} 越大，第 j 列国家相对于第 i 行国家的 GDP 成本劣势越明显。

(二) GDP 成本核算总体分析

以下从自然成本、生产成本、社会成本、管理成本、综合成本五个方面来综合分析世界 50 个代表性国家 2014 年 GDP 成本核算的具体情况。

1. GDP 自然成本指数

在自然成本方面，位居前五名的国家分别为汤加、斐济、法国、马尔代夫和摩洛哥，自然成本指数分别为 0.111，0.113，0.118，0.119 和 0.133（图 2-3）。

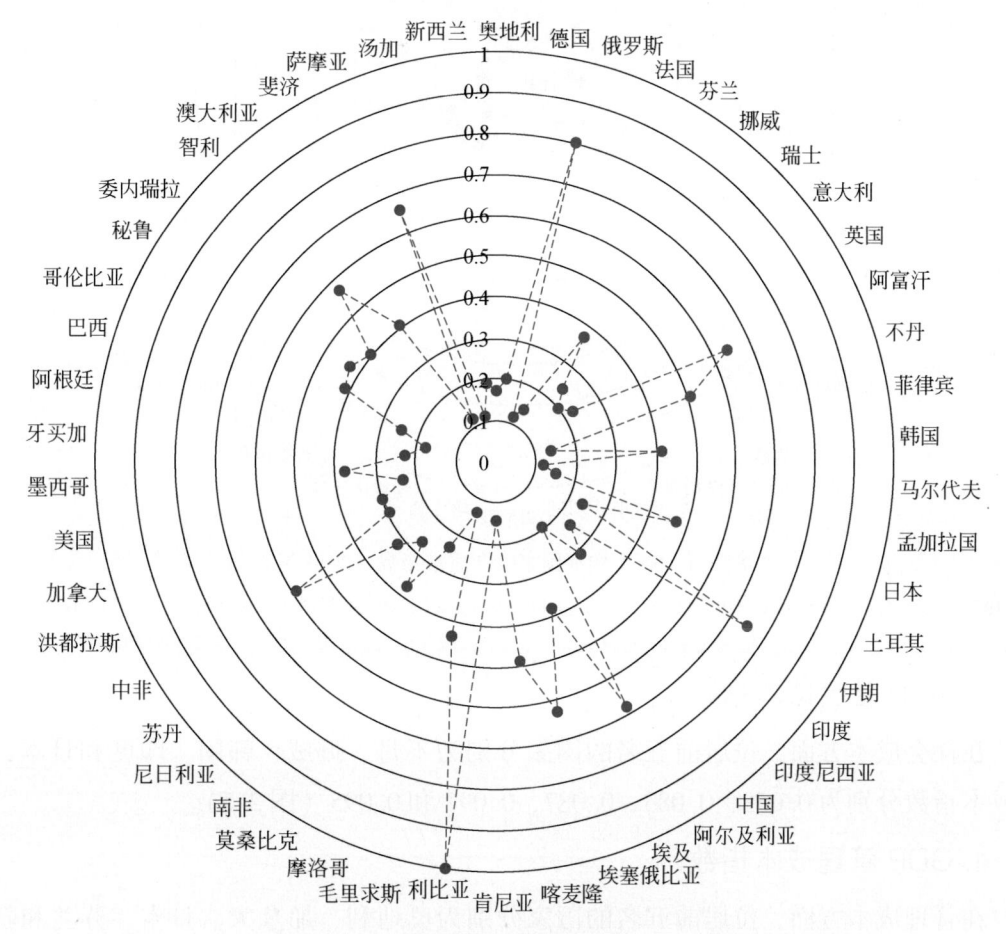

图 2-3　50 个样本国家自然成本指数（2014 年）

资料来源：世界银行数据库. 2014. http://data.worldbank.org.cn.；OECD 数据库. 2014. https://data.oecd.org.

2. GDP 生产成本指数

在生产成本方面，位居前五名的国家分别为加拿大、芬兰、德国、新西兰和美国，生产成本指数分别为 0.053，0.057，0.066，0.067 和 0.69（图 2-4）。

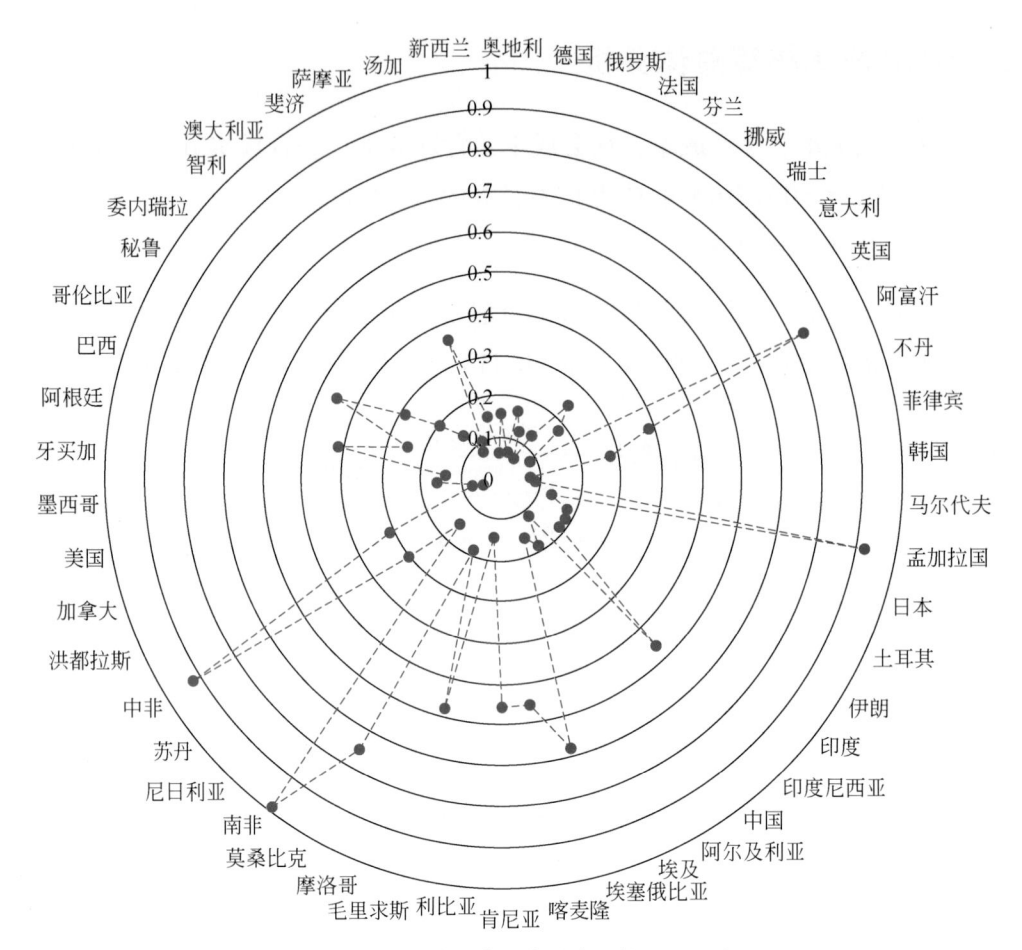

图 2-4 50 个样本国家生产成本指数（2014 年）

资料来源：世界银行数据库. 2014. http：//data. worldbank. org. cn.；OECD 数据库. 2014. https：//data. oecd. org.

3. GDP 社会成本指数

在社会成本方面，位居前五名的国家分别为不丹、挪威、韩国、印度和日本，社会成本指数分别为 0.058，0.083，0.087，0.091 和 0.095（图 2-5）。

4. GDP 管理成本指数

在管理成本方面，位居前五名的国家分别为奥地利、加拿大、日本、芬兰和新西兰，管理成本指数分别为 0.174，0.191，0.197，0.206 和 0.233（图 2-6）。

5. GDP 综合成本指数

在综合成本方面，位居前五名的国家分别为芬兰、奥地利、德国、新西兰和澳大利亚，综合成本指数分别为 0.135，0.164，0.165，0.166 和 0.121（图 2-7）。

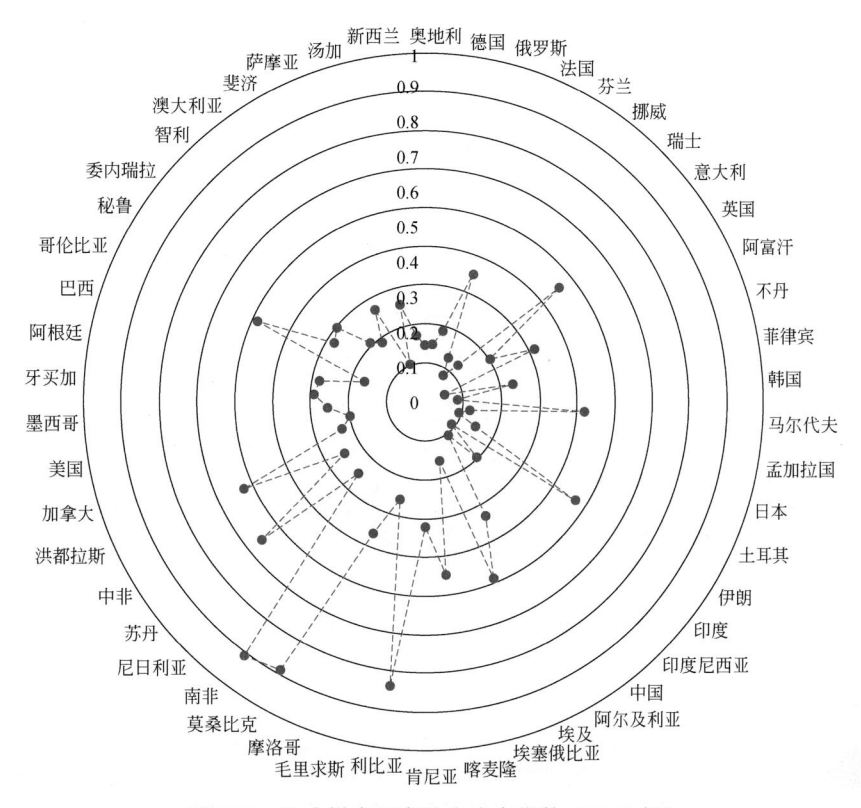

图 2-5　50 个样本国家社会成本指数（2014 年）

资料来源：世界银行数据库.2014. http：//data.worldbank.org.cn.；OECD 数据库.2014. https：//data.oecd.org.

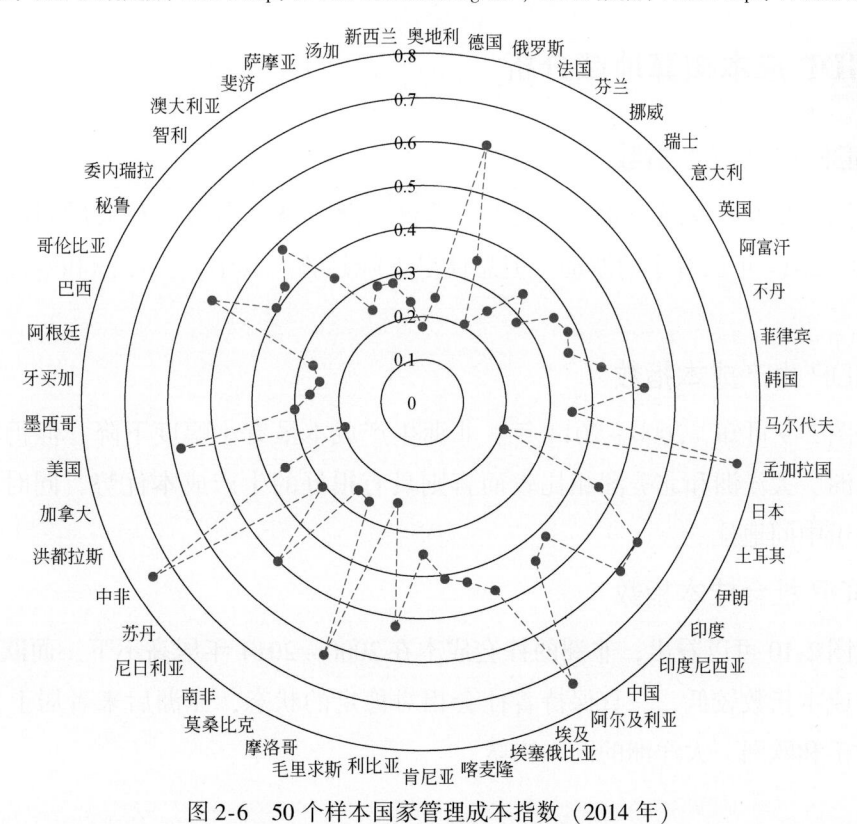

图 2-6　50 个样本国家管理成本指数（2014 年）

资料来源：世界银行数据库.2014. http：//data.worldbank.org.cn. OECD 数据库.2014. https：//data.oecd.org.

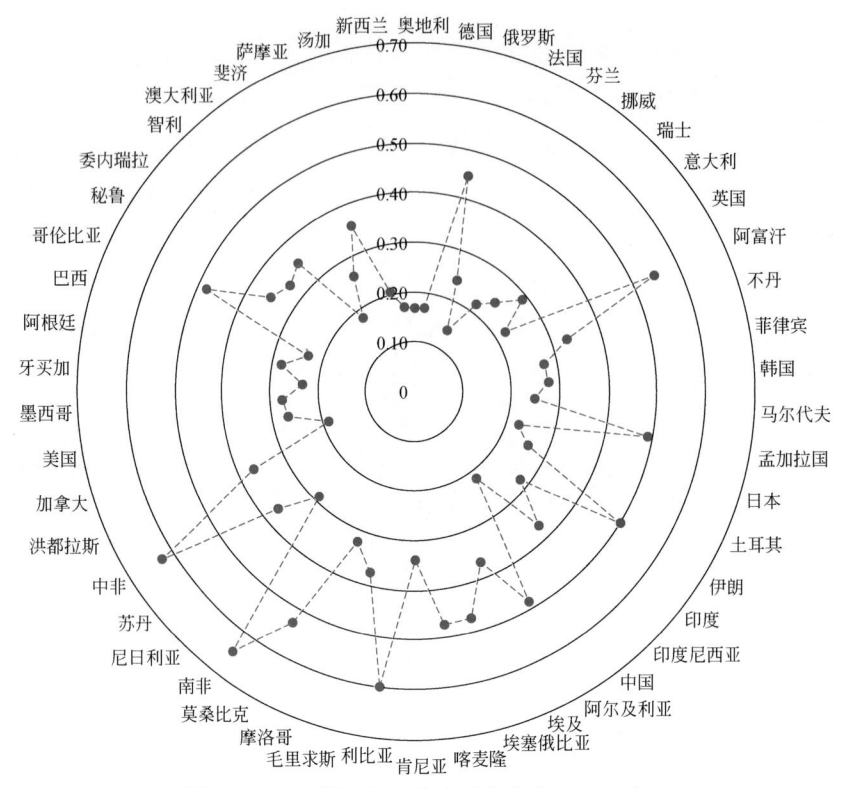

图 2-7　50 个样本国家综合成本指数（2014 年）

资料来源：世界银行数据库. 2014. http://data.worldbank.org.cn.；OECD 数据库. 2014. https://data.oecd.org.

（三）GDP 成本核算地域分析

1. GDP 自然成本指数

通过图 2-8 可以发现，欧洲、亚洲、非洲、北美洲、南美洲和大洋洲的自然成本指数 2000～2014 年虽有小的波动，但总体呈下降趋势。其中，大洋洲和欧洲占据优势地位。

2. GDP 生产成本指数

根据图 2-9 可知，2000～2014 年，非洲生产成本虽有小幅度下降，但仍然处于劣势，而欧洲、大洋洲和北美洲相比较而言则具有很好的生产成本优势，同时，亚洲和南美洲处于中间地位。

3. GDP 社会成本指数

通过图 2-10 可以看出，非洲的社会成本在 2000～2014 年居高不下，而欧洲和大洋洲的社会成本指数较低，一直保持着社会相对稳定的状态，亚洲后来者居上，在 2013 年已经处于和欧洲、大洋洲的同一梯队。

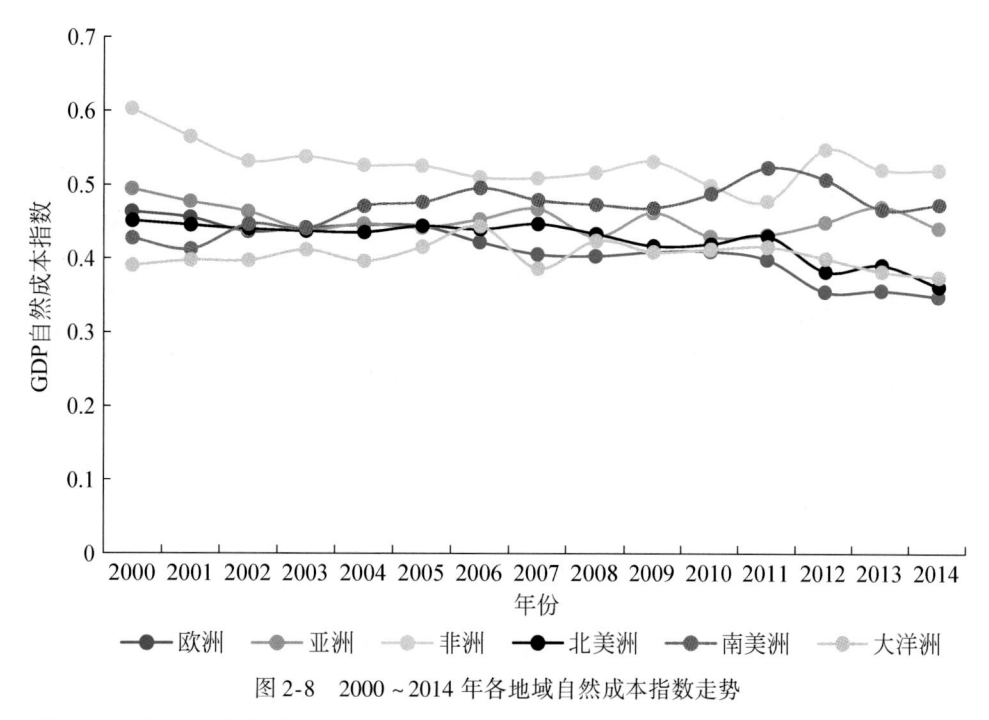

第二章 世界GDP成本指数核算

图 2-8　2000~2014年各地域自然成本指数走势

资料来源：世界银行数据库.2000~2014. http：//data. worldbank. org. cn.；OECD 数据库.2000~2014. https：//data. oecd. org.

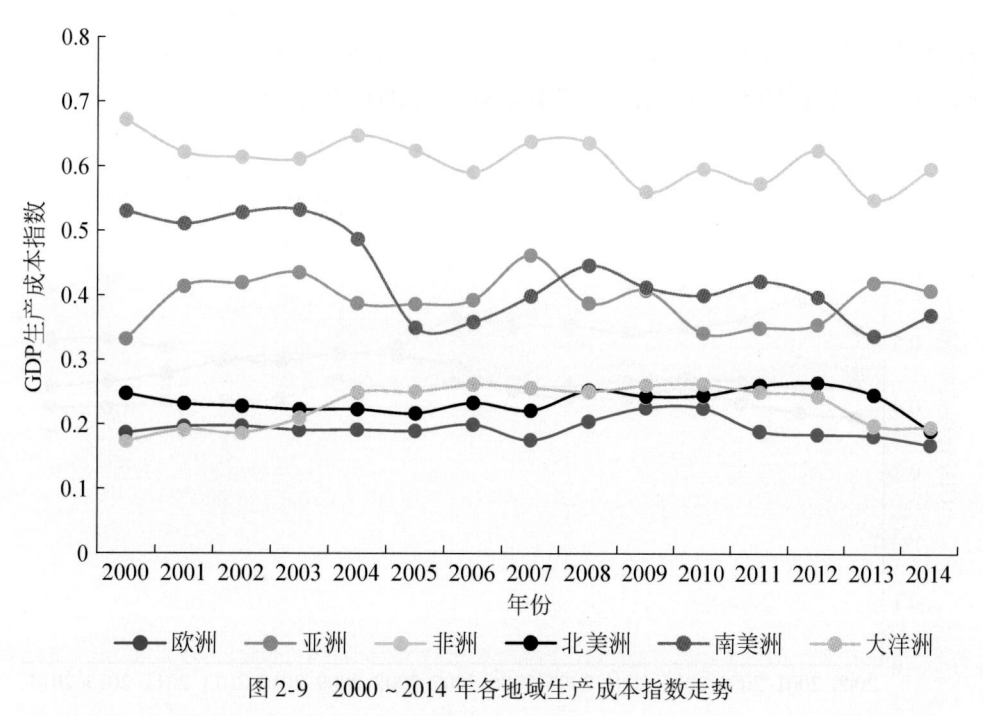

图 2-9　2000~2014年各地域生产成本指数走势

资料来源：世界银行数据库.2000~2014. http：//data. worldbank. org. cn.；OECD 数据库.2000~2014. https：//data. oecd. org.

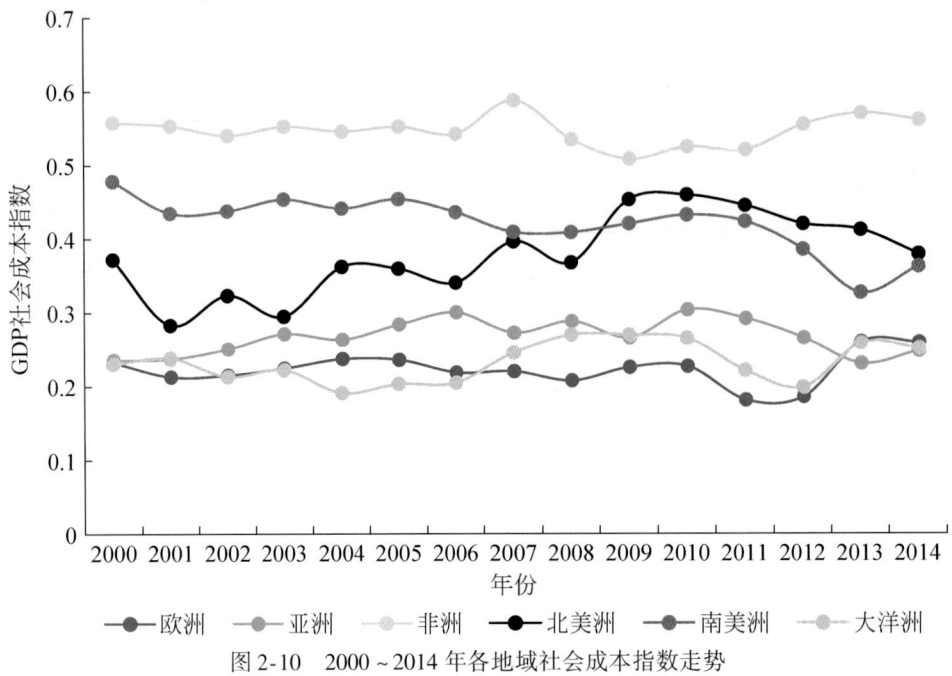

图 2-10　2000～2014 年各地域社会成本指数走势

资料来源：世界银行数据库.2000～2014.http：//data.worldbank.org.cn.；OECD 数据库.2000～2014. https：//data.oecd.org.

4. GDP 管理成本指数

从图 2-11 可以看出，欧洲、大洋洲和北美洲的管理成本指数相对较低，其中，大洋洲占绝对优势。而亚洲、非洲和南美洲的管理成本指数则相对较高，其中，南美洲自 2006 年开始逐步下降，到 2014 年已和亚洲、非洲拉开差距。

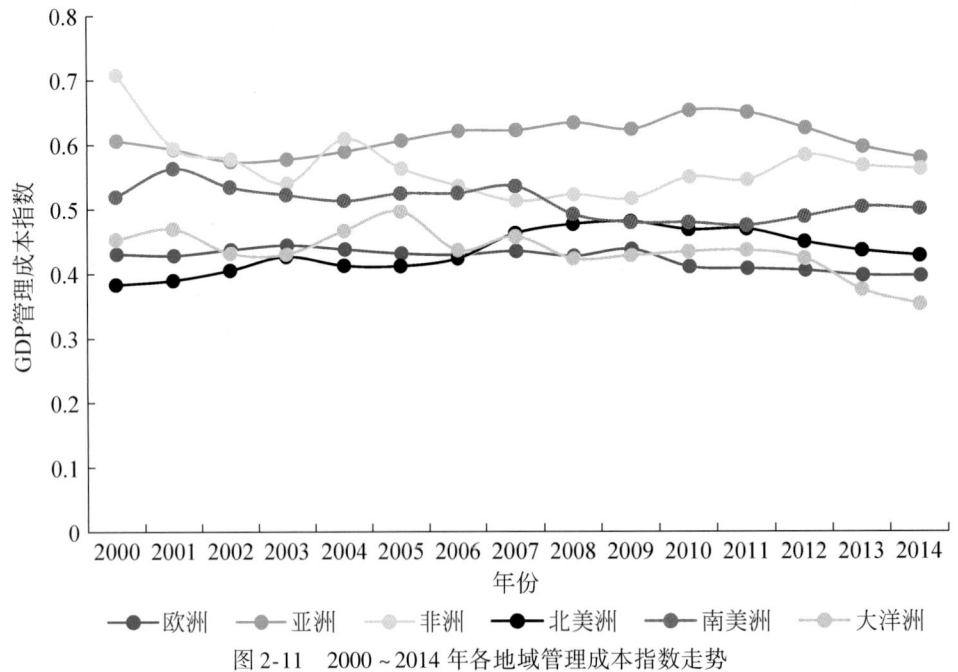

图 2-11　2000～2014 年各地域管理成本指数走势

资料来源：世界银行数据库.2000～2014.http：//data.worldbank.org.cn.；OECD 数据库.2000～2014. https：//data.oecd.org.

5. GDP 综合成本指数

由图 2-12 可知，非洲的综合成本指数最高，但在 2000~2014 年处于下降趋势。欧洲和大洋洲的综合成本相对较低，其中欧洲呈下降波动态势，而大洋洲则相对平稳。亚洲、北美洲和南美洲的综合成本指数在 2007~2008 年趋于相同。

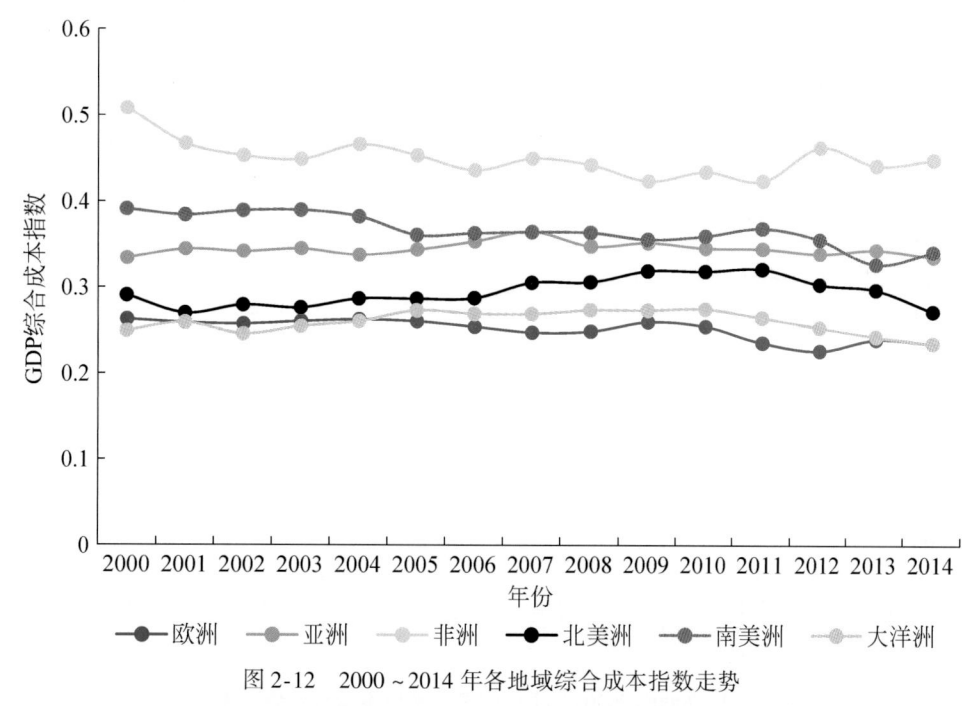

图 2-12 2000~2014 年各地域综合成本指数走势

资料来源：世界银行数据库.2000~2014. http://data.worldbank.org.cn.；OECD 数据库.2000~2014. https://data.oecd.org.

第五节 世界 GDP 成本指数预测

为了更直观地审视世界 GDP 成本指数的变化趋势，分两种情景分别对自然成本指数、生产成本指数、社会成本指数、管理成本指数和综合成本指数 2015~2030 年的相对数据值进行预测。其中，第一种情景为基准情景，即各个国家按照目前发展模式，成本下降速率为 2000~2014 年的平均速率；第二种情景为优化情景，假设在该情景下各个国家充分认识到可持续发展的科学内涵，发展模式从整体上发生重大变革，成本下降速率采用 2000~2014 年的历史最高速率，即在可以实现前提下的最大下降速率。

（一）GDP 自然成本指数

以世界 GDP 自然成本指数 2000~2014 年 0.68% 的下降速率，到 2030 年，世界 GDP 自然成本指数可达到 0.38（图 2-13）。如果发展模式发生重大变革，以 2000~

2014年最大下降速率2.71%进行预测，GDP自然成本指数可达0.27，较2014年降低约35.6%。需要各个国家从根本上回归理性发展模式，把握可持续发展的核心理念，不断通过科技进步追求低耗高效，综合降低自然成本。具体来说，将低碳与发展有机结合，在大力实现经济社会发展的同时降低二氧化碳排放，推进可持续竞争力的培育进程。同时，尽快对现有的能源结构进行优化，降低化石能源占比的同时提高可再生能源的利用率，从而减少人类活动对地球生态系统的污染排放，并有效抑制非可再生能源的迅速流失，有效降低生态压力。按照本报告的预测方法，如果要达到2030年世界GDP自然成本指数的目标值0.27，就需要将化石能源占比降低到44.98%以下。

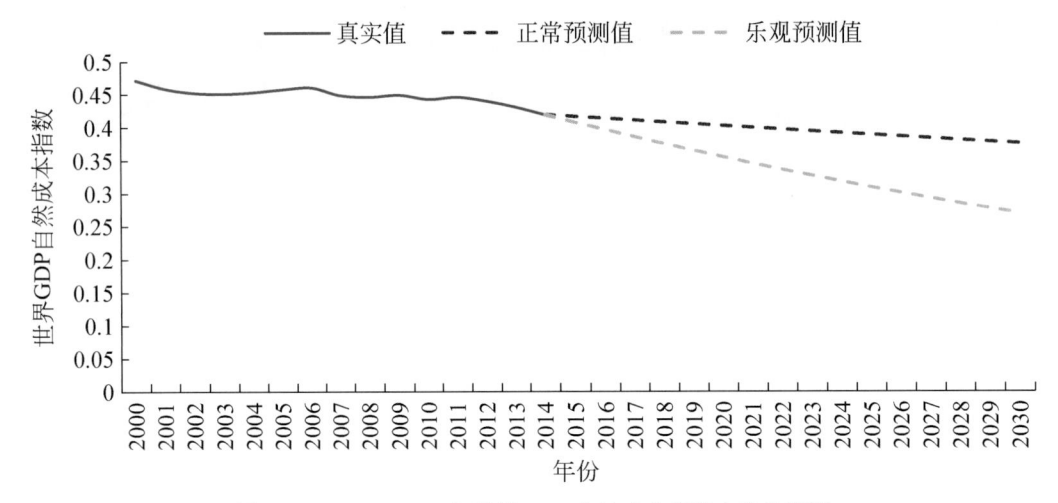

图 2-13　2000～2030年世界GDP自然成本指数走势及预测

资料来源：世界银行数据库. 2000～2014. http://data.worldbank.org.cn.；OECD数据库. 2000～2014. https://data.oecd.org.

（二）GDP 生产成本指数

2000～2014年世界GDP生产成本指数平均下降速率为0.72%，到2030年，世界GDP生产成本指数可达到0.29（图2-14）。如果由于技术等因素的重大变革，生产力极大提高，生产成本指数以2000～2014年历史最大速率3.41%下降，2030年可达0.19，较2014年的0.32减少约42.6%。要达成这一目标，各个国家就必须大力发展知识创新与技术创新，加大科研支出比例，重视人才教育，健全世界科技体系，加强各国之间交流，从根本上革新生产力，同时将其与现实生产关系和经济基础有机联系，从而实现在减少生产成本的同时创造更多的有质量财富，最终推动全球可持续发展进程。具体来说，根据本报告所提出的预测方法，只有世界平均的单位GDP能耗降低到5.51（2011年不变价购买力平价美元/千克石油当量），2030年的世界GDP生产成本指数的0.19目标值才有可能实现。

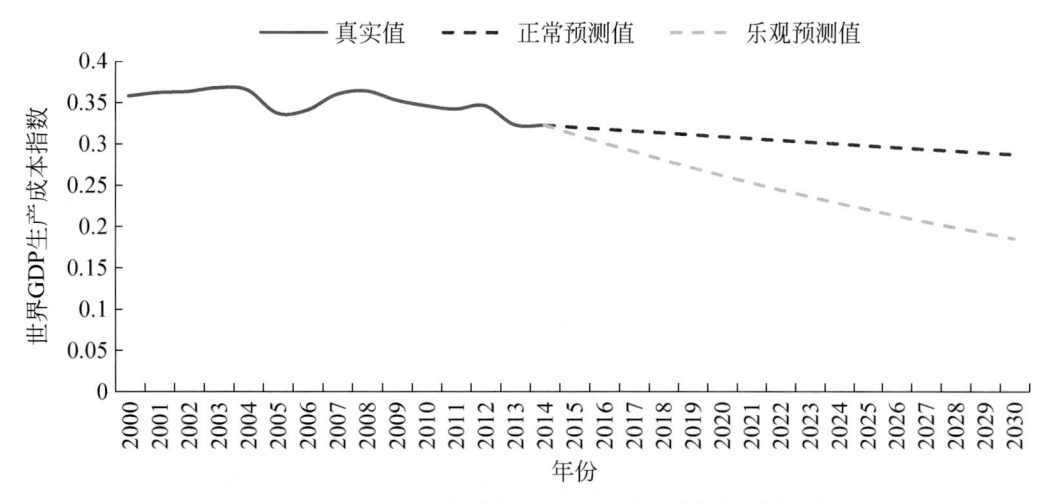

图 2-14　2000~2030 年世界 GDP 生产成本指数走势及预测

资料来源：世界银行数据库. 2000~2014. http：//data. worldbank. org. cn. ；OECD 数据库. 2000~2014. https：//data. oecd. org.

（三）GDP 社会成本指数

从基准情况来看，按照 2000~2014 年世界 GDP 社会成本指数平均下降速率 0.11% 计算，世界 GDP 社会成本指数可于 2030 年达到 0.31（图 2-15）。如果发生优化情景，世界 GDP 社会成本按照 2.68% 的速率下降，2030 年，可达到 0.22，相对于 2014 年来说，下降约 35.3%。要实现这一目标，社会各方的利益关系必须得到妥善协调，社会内部矛盾必须得到正确处理，并保证法律与道德两方面的双重维护。同时，

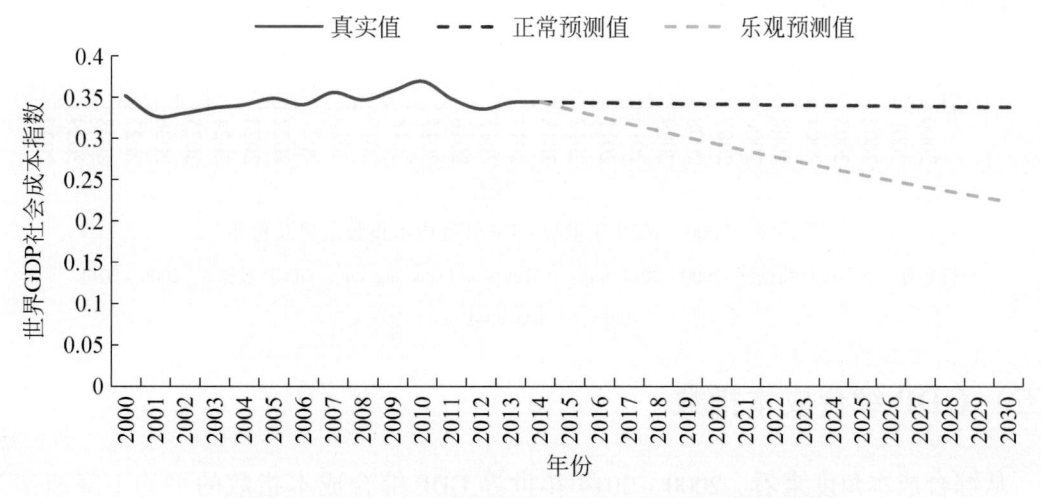

图 2-15　2000~2030 年世界 GDP 社会成本指数走势及预测

资料来源：世界银行数据库. 2000~2014. http：//data. worldbank. org. cn. ；OECD 数据库. 2000~2014. https：//data. oecd. org.

稳定是发展的必要前提条件，因此，要从根本上缩小世界范围内的贫富差距，综合提高物质与精神两个层面的生活质量，实现共同富裕与共同进步。据测算，为了实现 GDP 社会成本指数下降到 0.22 这一目标，世界平均贫富差距（基尼系数）必须减小到约 0.31。

（四）GDP 管理成本指数

以 2000~2014 年世界 GDP 管理成本指数 0.56% 的下降速度，到 2030 年，世界 GDP 管理成本指数可达到 0.43（图 2-16）。如果 GDP 管理成本指数按照最大速率 3.33% 下降，到 2030 年，世界 GDP 管理成本指数将达到 0.27，较 2014 年降低约 41.8%。为了实现这一目标，应将管理成本规模控制在合理的范围之内，适应于整个国家经济基础的要求和社会发展的需要。同时，建设廉价高效的节约型政府是当今世界各国政府管理追求的目标，因此，必须保证能满足政府应有职能的前提下，以增进社会福利为目标的理念下，使 GDP 管理成本最小化。例如，规范行政成本的收入与支出管理，建立节约约束机制，提高行政效率，在行政管理实践中充分发挥行政成本的功效，高效地利用行政成本，减少浪费，增进全社会的福利水平。

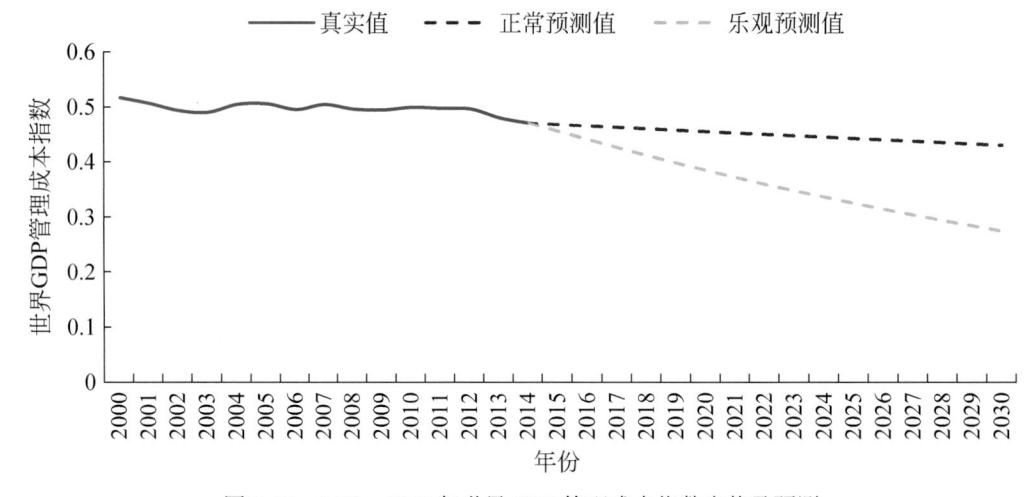

图 2-16 2000~2030 年世界 GDP 管理成本指数走势及预测

资料来源：世界银行数据库. 2000~2014. http://data.worldbank.org.cn.；OECD 数据库. 2000~2014. https://data.oecd.org.

（五）GDP 综合成本指数

从综合成本角度来看，2000~2014 年世界 GDP 综合成本指数的平均下降速率为 0.56%，按照该速率，世界 GDP 综合成本指数可于 2030 年达到 0.28（图 2-17）。如果发展模式发生重大革命，各个国家充分遵循可持续发展规律，按照最大下降速率 2.56% 计算，到 2030 年，世界 GDP 综合成本可达 0.21，较 2014 年的 0.31 降低约

34.0%。为了综合降低全球 GDP 成本，需要兼顾统筹自然成本、生产成本、社会成本和管理成本四个主要方面。具体来说，要在发展的同时注意提高能源、矿产、水、土地等自然资源的利用效率，优化能源结构，大力发展绿色经济、低碳经济和循环经济，彻底变革现有的经济增长模式，使全球从总体上形成一个有利于资源节约和环境保护的产业体系，做到低成本的增长。同时，加大低成本创新的扶持力度，建立全球科技评估和交互系统，扩大各国之间的交流规模，加快新型科学技术到实际生产力的转化，推动未来生产力的革命。另外，只有在和平与稳定的环境下，才谈得上发展。稳定是一个国家乃至全球经济社会发展的必要前提。没有稳定，发展就不会稳固，也不会持久。因此，全球各国应坚持包容性发展原则，即在发展进程中保持利益结构的有序状态，保证稳定就业机会，减小贫富差距，在公平而充分参与的条件下实现发展。就一个国家管理层来说，实现低成本高效率的行政管理模式，在保证公民福利的前提下精简政府冗余机构和人员，彻底消除官僚主义和腐败现象，建立协调、高效、精干、廉洁的政府系统，从根本上降低管理成本。

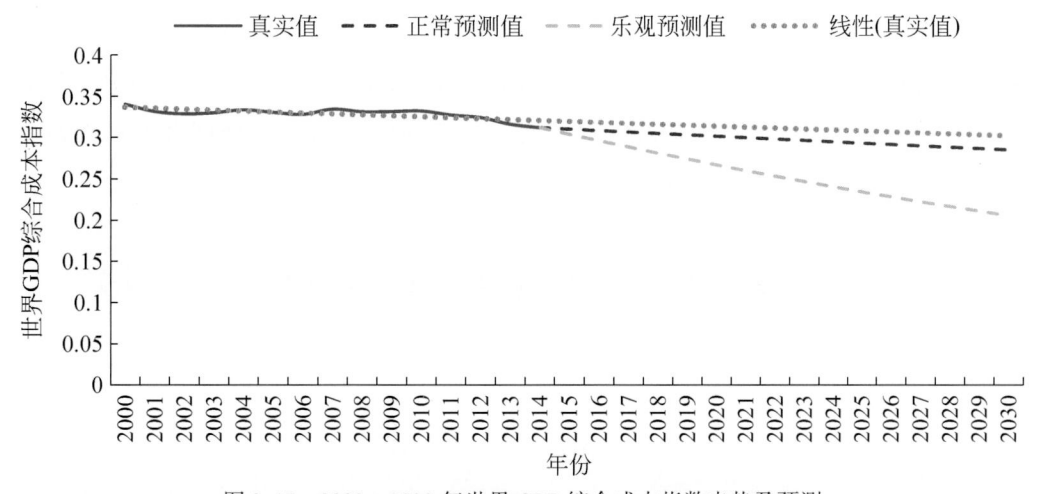

图 2-17　2000～2030 年世界 GDP 综合成本指数走势及预测

资料来源：世界银行数据库. 2000～2014. http://data.worldbank.org.cn.；OECD 数据库. 2000～2014. https://data.oecd.org.

2015 年 9 月 25 日，联合国 193 个成员国在日内瓦通过了《2030 年可持续发展议程》（SDGs），其中共涉及 17 项可持续发展目标和 169 项具体目标，致力于消除不平等、减少贫困、保护地球资源与环境等，覆盖全球可持续发展的三个重大层面：环境、社会、经济。究其根源，SDGs 的目标是人与自然的共生、人与人的和谐相处、可持续的经济发展；而本报告所倡导的降低 GDP 成本则是从自然、发展、社会与管理四个领域综合实现传统发展模式向可持续发展模式的有效转变，涉及环境保护、扶贫、就业、生产力等多个需要优先解决的基础性问题，与 SDGs 的目标高度一致。因此，推进 GDP 成本核算体系建设，为降低 GDP 成本提供理论与实践依据，就是推动落实 2030 年可持续发展议程。

第三章
世界 GDP 质量指数生成

我们不盲目崇拜 GDP，我们也不盲目抛弃 GDP。GDP 质量关注的核心是不断创新与理性高效、均衡持续、少用资源、少用能源、少牺牲生态环境、综合降低自然成本、生产成本、社会成本、管理成本前提下的"品质好的 GDP"。

GDP 质量系统包含经济质量、社会质量、环境质量、生活质量和管理质量五大子系统。经济质量表明 GDP 生成过程中资源占用量和对于物质能量的消耗水平；社会质量表明 GDP 生成过程中对社会进步贡献的能力表达以及社会和谐对于 GDP 生成的反馈效应；环境质量表明 GDP 生成过程中生态环境的代价及其成本外部化效应；生活质量表明 GDP 生成过程中民众心理或意愿的幸福感和安全感；管理质量表明 GDP 生成过程中决策水平与管理水平的学习能力、调控能力、选择能力以及这种把握宏观经济走向的精准性、流畅性和前瞻性。

第一节 经济质量是 GDP 质量的动力支持

一、概念界定

（一）经济

"economy"一词，来源于希腊文的"oikonomia"，意思是家务管理、家庭经营。"经济"一词，在西方文化中的意思是"家庭收入的来源和管理"；在东方古汉语中则来源于"经邦济民""经国济民"。

亚里士多德认为经济就是一种谋生术，是取得生活所必要的并且对家庭和国家有用的具有使用价值的物品（亚里士多德，1983）。保罗·萨缪尔森（Paul A. Samuelson）在《经济学》中提出经济活动是由一系列活动所组成的复杂的集合，包括购买、销售、讨价还价、投资、劝说和威胁等。

西方经济学对"经济"没有明确的定义，总体来看，其认为经济就是用较少的人力、物力、财力、时间和空间获取较大的成果或收益。传统政治经济学哲学层面认为，经济是人们在物质资料生产过程中结成的，与一定的社会生产力相适应的生产关系的总和或社会经济制度，是政治、法律、哲学、宗教、文学、艺术等上层建筑赖以建立的基础。经济层面则认为经济是一个国家国民经济的总称，包括一国全部物质资料生产部门及其活动和部分非物质资料生产部门及其活动。

（二）经济质量

提到经济质量，从哲学层面上讲，"质"和"量"是经济自身的规定性，它遵守"质—量—形式—规律"的一般规律；学术界常从"经济发展"和"经济增长"着手分析。在《不列颠百科全书》中，经济增长是指国家财富随时间增加的过程，经济发展是指简单而收入低下的国民经济转变为现代工业经济的过程（美国不列颠百科全书公司，2007）。鲁迪格·多恩布什（Rudiger Dornbusch）和斯坦利·费希尔（Stanley Fischer）在《宏观经济学》一书中指出，经济增长过程"是生产要素积累和资源利用的改进或要素生产率增加的结果"。王积业（2000）基于多恩布什和费希尔对经济增长过程的定义，诠释了经济增长质量的内涵，即所谓生产要素积累，指的是资本和劳动力在数量上的不断增加，是经济增长实现数量扩张的主要源泉。所谓资源利用的改进或要素生产率增加，指的是资本和劳动力的更有效使用和科学技术在生产中的应用，它们构成经济增长质量的重要源泉。决定经济增长的这两组因素，既紧密交织，又互相区别，共生于经济增长过程当中。伴随着当今信息技术的发展，信息和技术作为新的生产要素投入，经济的"质"和"量"有别于传统的界定。在经济增长过程中，传统生产要素诸如劳动力、土地、资源和能源等的积累，属于经济"量"的积累。这些要素数量投入的增长，体现在经济数量的增长和规模的扩张，与粗放型的增长形态相对。新型生产要素包括信息和技术的投入，可以提高生产效率，引起资源利用的改进和要素生产率的增加，反映的是经济"质"的方面的情况。

本报告认为，经济增长的数量并不等同于经济增长的质量，经济增长的最优目标是数量、质量和效益的有机统一。经济质量是剔除经济增长数量表面虚高之后，对真实经济财富状态的理性认知和恰当度量。经济质量即要实现GDP增长的"动力、质量、公平"的有机统一。GDP质量观下的经济质量指GDP生成过程中创新的驱动力、资源占用量和对物质能量的消耗水平，是GDP质量的动力支持。

二、内涵演化

人类社会形态从生产力的角度看，可以分为农业社会、工业社会和信息社会。经济质量在社会发展的不同阶段,其表现形式有所不同,对经济"质"和"量"两个方面各有侧重。

(一) 农业社会——量少质差阶段

17世纪末蒸汽动力诞生以前,长达1万年的时间里,人类一直处于农业社会。在此阶段,以家庭为基本生产单位,以手工为主要生产方式,以体力劳动为主要生产力,社会分工不发达,社会分化程度低下,生产呈现分散化特点。经济增长主要依靠土地扩张和劳动力的投入,虽然追求"量"的增长,但由于生产技术发展缓慢,科学尚处于孕育期,科学对技术的促进作用尚未显现,经济增长缓慢,数量较少。农业社会中,人的思想观念陈旧,迷信权威,人与自然之间保持着一种顺应关系,加之生产力和技术条件限制,生态环境保持良好,但缺乏质量观念与意识,经济发展基本处于无质量状态。因此,这一时期的经济质量的特点为数量少、质量差。

(二) 工业社会——量多质差阶段

17世纪末,蒸汽动力的发明引发了第一次工业革命,人类进入工业社会。工业社会以工业生产为经济主导成分,以工厂为主要生产单位,机器取代了人的体力劳动,社会分化剧烈,社会分工精细,生产呈现集中化特点。在此阶段,由于科学技术高度发达,生产效率全面提高,在劳动力和资本要素投入增加的同时,经济以农业社会难以想象的速度快速增长,经济数量得到很大的增加。人的思想观念充分更新,竞争意识和时间观念加强,崇尚科学、信服真理、追求变革成为人们基本的行为或价值取向,质量观念和意识开始出现。虽然经济"质""量"并进,但由于20世纪70年代以前以经济增长为轴心,工业化导致了生态环境恶化、社会关系紧张等弊端,经济质量特点为数量多、质量差。

(三) 信息社会——量多质好阶段

信息社会始于20世纪中叶,源于信息生产、处理手段的高度发展而导致的社会生产力、生产关系的变革,以互联网全球化普及为重要标志,于七八十年代真正进入信息社会。信息社会是以信息经济、知识经济为主导的经济,生产呈现网络化特点。1972年,可持续发展和增长的极限被提出,其指出要兼顾经济发展与环境保护,兼顾速度与质量,兼顾公平。90年代以来,工业化的弊病日益加剧,西方的现代化方式日益失色,"回归自然"和"走可持续发展道路"的口号日益高昂。2000年,世界银行行长詹姆斯·沃尔芬森(James Wolfensohn)在该行发布的最新报告《增长的质量》中指出,如果各国将促进经济增长的政策与普及教育、加强环保、增加公民自由、强化反腐败措施相结合，就能使人民生活水平得到显著提高。他认为，经济增长不仅需要速度，还要质量。至此，人类生活不断趋向和谐，社会朝向可持续发展努力。人类步入信息社会以后，信息、技术作为相对独立的要素投入，其贡献率逐渐升高，经济增长逐渐转变为开始追求"质"的过程，反映在经济质量方面的特点为数量多、质量好。

通过以上分析可以看出，在社会发展的初期，人口急速增长，土地大规模开垦，经济增长主要为数量的增长，忽视质量的增长。然而，根据边际收益递减规律，随着人口增加土地边际收益递减，数量增速降低，经济增长开始转向通过质量的提升来达到增长的目的，通过技术改革和资本要素的投入，经济的数量缓慢增长，质量逐步提升。当经济的数量增长到一定的程度时，达到生态环境承载力的临界，数量增长出现瓶颈，依靠信息和技术要素的投入，质量的增长加速，成为经济增长的主要方面。

三、理论解析

经济学发展的早期，经济学家不断探索经济增长的原因、内在机制和增长途径等诸多方面，致力于以促进经济数量增长为目的的研究。20世纪以来，由于生态环境问题的加剧，可持续发展、循环经济和低碳经济等理论开始主导经济增长研究的方向，经济学家开始普遍关注经济增长的质量。经济质量的理论来源主要涉及投入产出理论、技术进步理论、物质循环理论、经济周期理论。

(一) 投入产出理论

投入产出分析是应用数学方法和电子计算机辅助处理，计算国民经济各部门间投入原材料和产出产品的平衡关系，是用来研究经济系统中各个产业部门之间相互依存关系的一种数量分析方法，1936年由美国经济学家华西里·列昂惕夫（Wassily Leontief）最早提出。投入产出核算以GDP为基础，是国民经济核算的重要组成部分。由于传统GDP核算没有考虑资源和环境因素，主要反映经济数量的增长，因此现行的投入产出理论是建立在纯经济系统分析基础上的，存在两个方面缺陷：其一，投入产出核算及其基本核算表达式设计没有考虑资源环境因素，仅仅是一种纯经济系统分析；其二，投入产出核算及其基本核算表达式对与流量密切相关的存量与流量之间相互关系核算问题并未涉及，而仅仅考虑限于纯流量核算分析的范围。因此，运用投入产出核算的基本理论，应在传统的资源经济投入产出核算基础上，综合考虑环境资产的损耗和破坏以及污染导致的环境质量下降，设置科学的环境生态指标体系，建立资源环境经济投入产出的基本核算框架，对经济质量进行比较全面的反映。

(二)技术进步理论

所谓技术进步,通常应包括技术发明、技术开发、技术推广和技术应用,有广义和狭义两种理解。广义技术进步,是指一种存在于一切社会经济活动中有目的的发展过程,它不仅包括了狭义技术进步所指的生产技术水平的变化,而且包括了管理技术、服务技术以及智力投资的变化。目前来看,关于技术进步及其测定的文献非常多,以至于20世纪70年代中期以来,无人能够对技术进步的研究写出一份比较完整的综述。在迄今为止的20多位诺贝尔经济学奖得主中,至少有一半以上的人对技术进步或其测定做过较深入的研究。但直到目前,全世界经济学界对科技进步测算的理论与方法,仍存在许多争议,还难以形成一套公认的测度模型。这主要是由于科技进步具有难以量化的特征,精确地度量科技进步与经济增长的关系十分困难。在现有的研究中,科技进步贡献率是科技进步增长对经济增长的贡献份额,它是衡量区域科技竞争实力和科技转化为现实生产力的综合性指标。因此,科技进步贡献率是反映经济自身质量的一个重要方面。

(三)物质循环理论

物质循环理论最初来自于生态学,表示的是地球表面物质在自然力和生物活动作用下,在生态系统内部或其间进行储存、转化、迁移的往返流动。在社会生产和再生产中,人类劳动实现了人与自然间的物质变换,这是经济系统不断地向生态系统输入经济物质和经济能量,与生态系统的自然物质和自然能量相互交换的结果。循环经济中强调的是能量和物质的循环利用,其目的是提高资源和能源的利用效率,提升经济质量(世界银行,2010)。资源和能源的利用成本随着利用率的升高而增加,存在经济率和循环率的矛盾。因此,只有实现物质流的循环率和经济率的最佳优化配置,才能在循环经济过程中真正实现既循环又经济,提升经济质量水平。

(四)经济周期理论

1936年,英国经济学家约翰·梅纳德·凯恩斯(John Maynard Keynes)在《就业、利息和货币通论》一书中提出经济周期理论。他认为,经济发展必然会出现一种始向上、继向下、再重新向上的周期性运动,即经济周期,繁荣、恐慌、萧条、复苏是经济周期的四个阶段,"繁荣"和"恐慌"是其中两个最重要的阶段。随后美籍经济学家约瑟夫·熊彼特在《经济发展理论》一书中提出了以技术创新为基础研究经济周期运动的理论。熊彼特认为分析经济周期可分为"纯模式"或"二阶段模式"分析和"四阶段模式"分析两个步骤,前者是排除了外来因素干扰的纯理论分析,后者的分析以现实资本主义经济生活为基础。分析经济周期对研究和把握经济质量具有重要意义。

四、实 践 探 索

(一) 全球创新指数

1. 全球创新指数总体概况

全球创新指数（global innovation index，GII）作为一个展现国家或地区对创新挑战回应程度的标准模型，最初是由欧洲工商管理学院（INSEAD）于2007年在全球创新指数报告中提出的，后由康奈尔大学、世界知识产权组织等联合出版，旨在对经济体的创新能力进行综合评估（2011年，GII分值区间由1~7改为百分制，为保证数据统一性和可比性，以下分析从2011年开始），其评估国家由2007年的107个扩展至2014年的144个，现已成为决策者开展创新行动的重要参考。

全球创新指数，2007年包含投入和产出两个支柱，投入由五个支持组成，产出由三个支持组成，每个分项支持都由一些具体指标构成，共包含84项指标；2011年，由创新投入分指数（innovation input sub-index）和创新产出分指数（innovation output sub-index）构成，又包含制度环境、人力资本和研究等七个第二层分指数（图3-1），每个又进一步细分为三个第三层分指数，每个第三层分指数又细化为3~5个具体指标，共包含70个具体指标。创新是在激烈的市场竞争中实现经济可持续增长的关键，在经济发展中加速经济增长和促进发展方面发挥着增长作用。

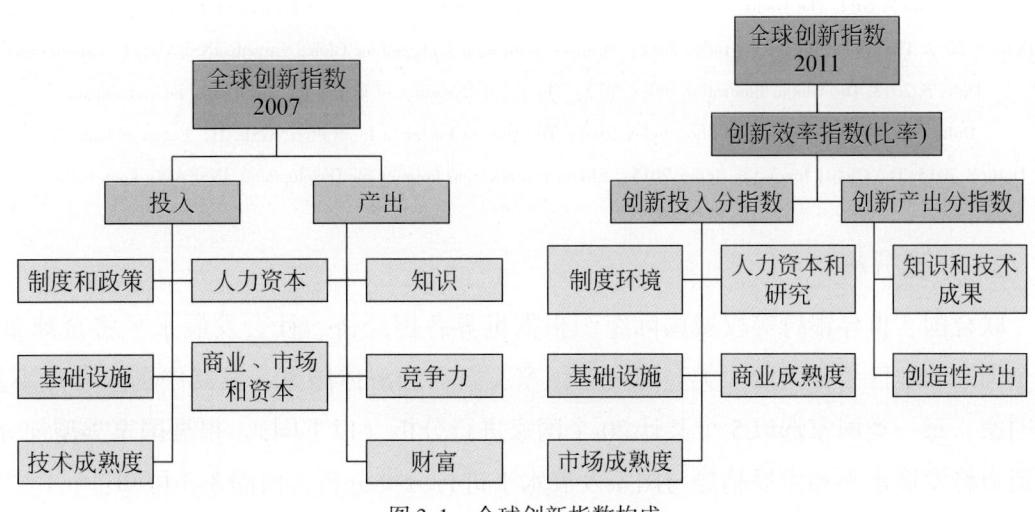

图3-1 全球创新指数构成

2. 整体分析

2011~2015年，瑞士位居全球第一，创新力突出，苏丹于2012年、2014年、2015年处于全球最差水平，创新力堪忧。由图3-2可知：

（1）依据现有创新指数数据，对创新力状况进行划分，0~30为创新力差；30~40为创新力一般；40~50为创新力良好；50以上为创新力强；基于此，全球创新力一般。

（2）全球创新力略有增强，总体基本稳定；整体发展缓慢，有待进一步提高。

（3）最大差距逐年拉大，上升较快，年均增速约为4.9%，表明全球创新力差距不断拉大，马太效应增强，创新力分化严重。

（4）平均差距逐年有增加，上升较快，年均增速约为3.6%，表明全球创新力总体差距扩大，平均水平较低且发展缓慢，国家间创新力发展不协调。

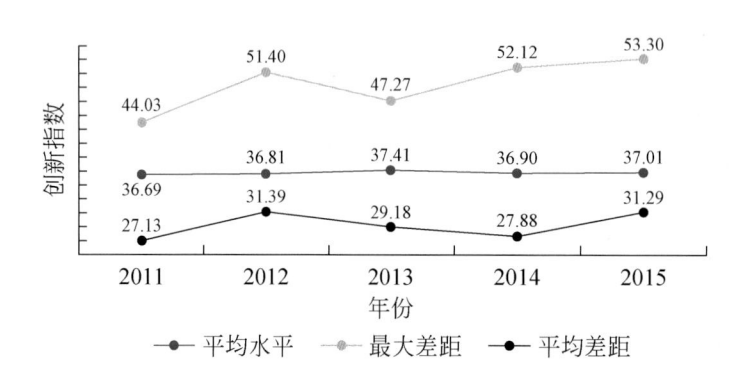

图3-2 全球创新力平均水平、最大差距和平均差距

注：平均水平指每年所统计的国家创新力平均值，最大差距指每年创新力最好与最差国家之间的差值，平均差距指每年创新力最好国家与平均值之间的差距。

资料来源：Dutta S. 2011. The Global Innovation Index 2011：Accelerating Growth and Development. INSEAD，Fontainebleau.
Dutta S. 2012. The Global Innovation Index 2012：Stronger Innovation Linkages for Global Growth. INSEAD，Fontainebleau.
Dutta S. 2013. The Global Innovation Index 2013：The Local Dynamics of Innovation. INSEAD，Fontainebleau.
Dutta S. 2014. The Global Innovation Index 2014：The Human Factor in Innovation. INSEAD，Fontainebleau.
Dutta S. 2015. The Global Innovation Index 2015：Effective Innovation Policies for Development. INSEAD，Fontainebleau.

3. 分类分析

联合国、世界银行等权威国际组织根据世界各国经济、社会发展水平将全球200多个国家和地区划分为四大类，即发达国家、新兴经济体国家、发展中国家和最不发达国家，每一类国家选取5个共计20个国家进行分析（以下同）。根据国家类型划分，创新力将发展水平和发展趋势与国家发展水平进行分类分析，由图3-3可知：

（1）创新力与国家发展水平严格正相关，不同类型国家创新力呈阶梯状分布。发达国家创新指数处于50~60时，创新力强；新兴经济体国家创新指数处于30~50时，创新能力较强；发展中国家创新指数处于20~30梯度，创新力一般，最不发达国家创新指数处于10~30时，创新力弱。

（2）创新力发展趋势与国家发展水平一般正相关，发达国家和新兴经济体国家创新能力基本处于增强阶段；发展中国家和最不发达国家创新能力处于减弱阶段。具体来说，发达国家总体上升，新型经济体国家各具特点，中国先减后增，巴西、印度下降、俄罗斯和南非上升，发展中国家总体下降，最不发达国家有升有降，但下降态势明显。

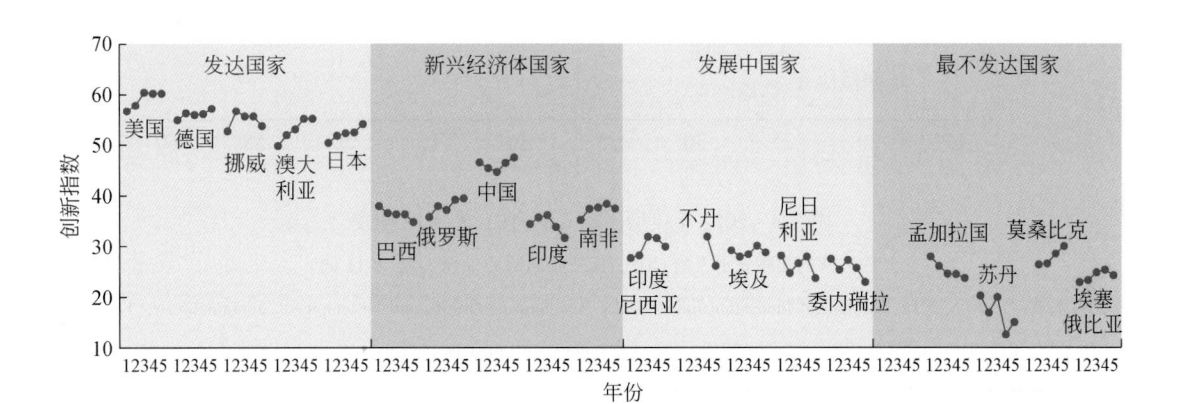

图 3-3 2011~2015 年典型国家 GII 水平

注：横轴 1~5 表示 2011~2015 年

资料来源：Dutta S. 2011. The Global Innovation Index 2011：Accelerating Growth and Development. Fontainebleau, France.
Dutta S. 2012. The Global Innovation Index 2012：Stronger Innovation Linkages for Global Growth. Fontainebleau, France.
Dutta S. 2013. The Global Innovation Index 2013：The Local Dynamics of Innovation. Fontainebleau, France.
Dutta S. 2014. The Global Innovation Index 2014：The Human Factor in Innovation. Fontainebleau, France.
Dutta S. 2015. The Global Innovation Index 2015：Effective Innovation Policies for Development. Fontainebleau, France.

将 GII 与国家人类发展指数和人均 GDP 分别进行相关性分析，由图 3-4 可知：

（1）GII 与国家人类发展指数（HDI）明显正相关，相关系数达 0.871，尤以发达国家最为明显。最不发达国家以苏丹、发展中国家以委内瑞拉为例外，其人类发展指数与国家创新力发展不协调，国家创新力滞后于人类发展水平。而新兴经济体国家以中国为例外，其国家创新力发展水平明显高于人类发展水平。

（2）GII 与人均 GDP 明显正相关，相关系数达 0.821，尤以发达国家最为明显。最不发达国家以苏丹、发展中国家以委内瑞拉为例外，其人均 GDP 与国家创新力发展水平不一致，国家创新力发展水平滞后于人均 GDP 水平，而新兴经济体国家以印度和中国为例外，其国家创新力水平明显高于人均 GDP 水平。

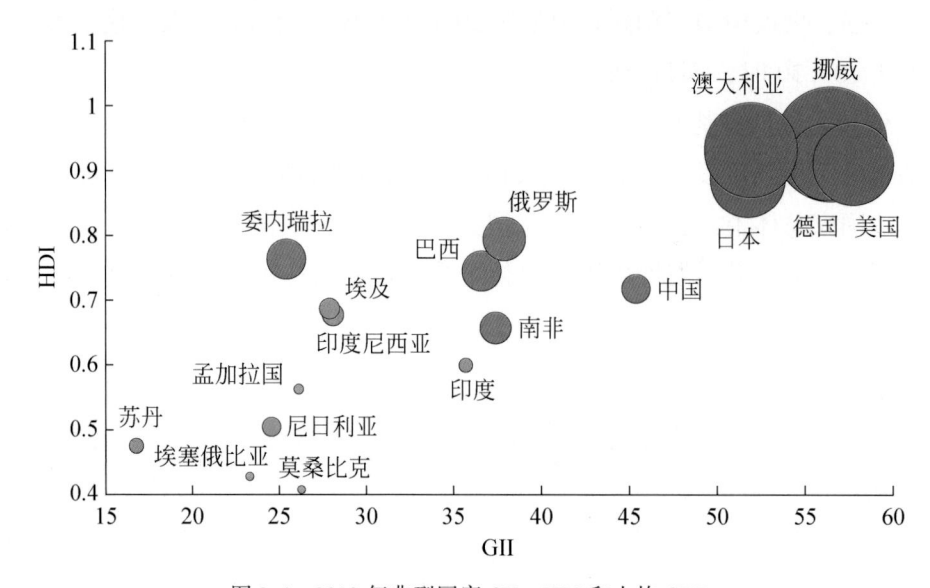

图 3-4　2012 年典型国家 GII、HDI 和人均 GDP

注：圆的面积表示人均 GDP，标注指向圆心（图 3-7，3-11 同）

资料来源：Dutta S. 2011. The Global Innovation Index 2011：Accelerating Growth and Development. Fontainebleau，France.

Dutta S. 2012. The Global Innovation Index 2012：Stronger Innovation Linkages for Global Growth. Fontainebleau，France.

Dutta S. 2013. The Global Innovation Index 2013：The Local Dynamics of Innovation. Fontainebleau，France.

Dutta S. 2014. The Global Innovation Index 2014：The Human Factor in Innovation. Fontainebleau，France.

Dutta S. 2015. The Global Innovation Index 2015：Effective Innovation Policies for Development. Fontainebleau，France.

（二）全球竞争力指数

1. 全球竞争力指数总体概况

全球竞争力指数（global competitiveness index，GCI）由哥伦比亚大学经济学教授泽维尔·马丁（Xavier Martin）于 2004 年为世界经济论坛设计，旨在衡量一国在中长期取得经济持续增长的能力。世界经济论坛每年发布的《全球竞争力报告》（The Global Competitiveness Report）中，将国际竞争力定义为"决定一国生产力水平从而决定一国经济所能达到的繁荣程度的因素、政策和制度的集合"（Schwab，2013）。世界经济论坛认为竞争力强的经济是能在中长期可以更快发展的经济。其关于影响和决定经济增长的要素主要从四个方面展开：一是经济增长的能力；二是当前经济发展的能力；三是经济创造力；四是环境管理制度竞争力。

GCI（得分 1~7）通过对全球各主要国家和地区的人均 GDP 进行考查后，依照人均国内生产总值将不同国家归于相应的发展阶段，这种划分也是基于对全球各国和地区经济发展水平处于不同阶段时，其经济增长所采取的主要方式考察后得出的普遍结论。全球竞争力指数由基础条件、效率推进、创新与成熟性三大因素决定；三大因素又被具化为12项一级指标来衡量一国综合竞争力状况。竞争力指数的总分就是这些指标的综合计分结果，从而以此来衡量一国取得中长期经济增长的能力，并测评当前的发展水平。

2. 整体分析

2006～2008年，美国的全球竞争力位居全球第一，2009～2015年，瑞士的全球竞争力位居全球第一，两国竞争力极强。10年间，乍得有4年处于全球最差水平，布隆迪有3年处于全球最差水平，几内亚有2年处于全球最差水平。由图3-5可知：

（1）依据现有竞争力数据，对竞争力状况进行划分，0～2为竞争力差；2～4为竞争力一般；4～5为竞争力良好；5以上为竞争力强；基于此，全球竞争力良好。

（2）全球竞争力略有增强，总体基本稳定；整体发展缓慢，有待进一步提高。

（3）最大差距逐年在缩小，降低较慢，年均降速约为0.7%，表明全球竞争力差距不断缩小，竞争力分化现状有所改善，国家竞争力朝协调方向发展。

（4）平均差距逐年缩小，降低缓慢，年均降速约为0.4%，表明全球创新力总体差距缩小，平均水平较好但发展缓慢，国家间竞争力发展趋向协调。

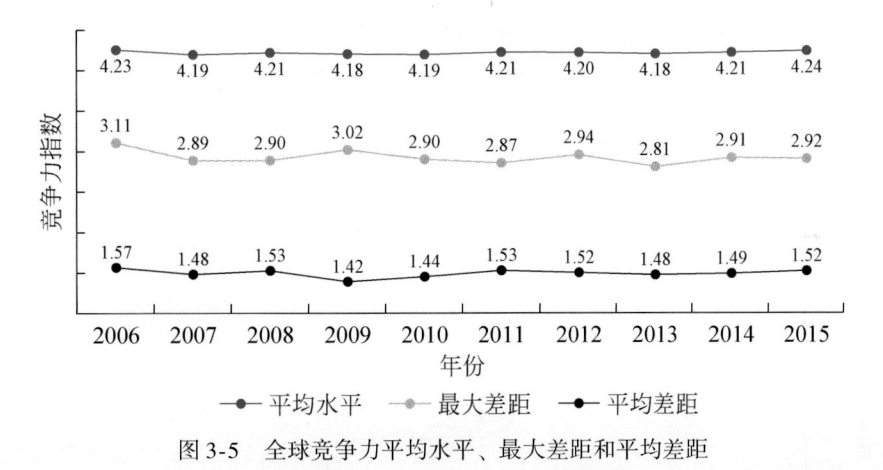

图3-5 全球竞争力平均水平、最大差距和平均差距

注：平均水平指每年所统计的国家竞争力平均值，最大差距指每年竞争力最好与最差国家之间的差值，平均差距指每年竞争力最好国家与平均值之间的差距。

资料来源：WEF. 2016. http://reports.weforum.org/global-competitiveness-report-2015-2016/downloads/.

3. 分类分析

根据国家类型划分，竞争力发展水平和发展趋势与国家发展水平进行分类分析由图3-6可知：

（1）竞争力与国家发展水平紧密正相关，不同类型国家竞争力呈阶梯状分布。发达国家处于5～6为第一梯度，竞争力强；新兴经济体国家处于4～5为第二梯度，竞争力较强；发展中国家处于3.5～4.5为第三梯度，竞争力一般，最不发达国家处于3～3.8梯度级，创新力较弱。

（2）竞争力发展趋势与国家发展水平无明显相关关系，不同类型国家均有升有降，难以统一概括。具体来说，发达国家中的挪威，新型经济体国家中的中国和俄罗斯，发展中国家中的印度尼西亚，最不发达国家中埃塞俄比亚竞争力逐年增强，上升明显。

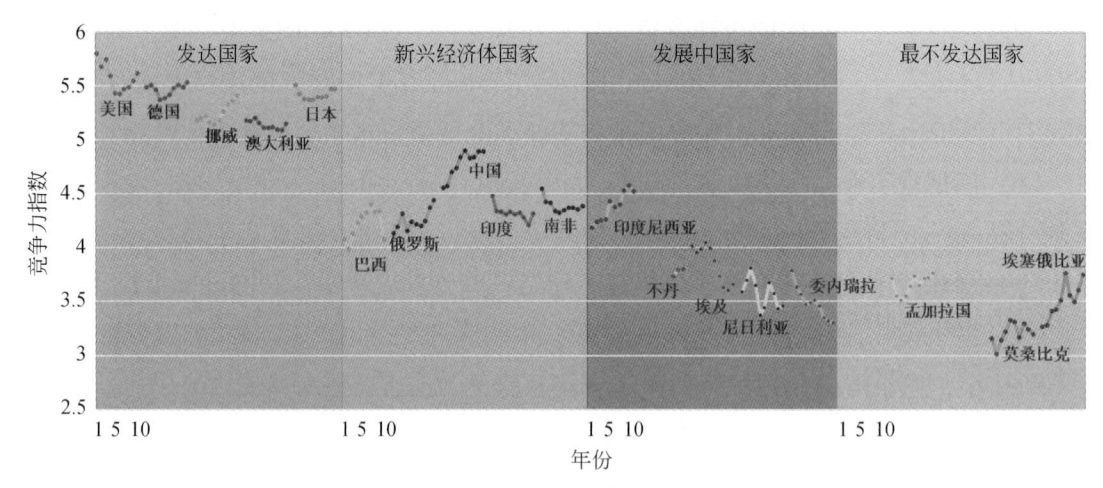

图 3-6　2006～2015 年典型国家 GCI

注：横轴 1～10 表示 2006～2015 年（因显示原因，未标全，每个国家在 2006～2015 年的 CGI）

资料来源：WEF. 2016. http：//reports. weforum. org/global- competitiveness- report-2015-2016/downloads/.

将 GCI 与国家人类发展指数和人均 GDP 进行相关性分析，由图 3-7 可知：

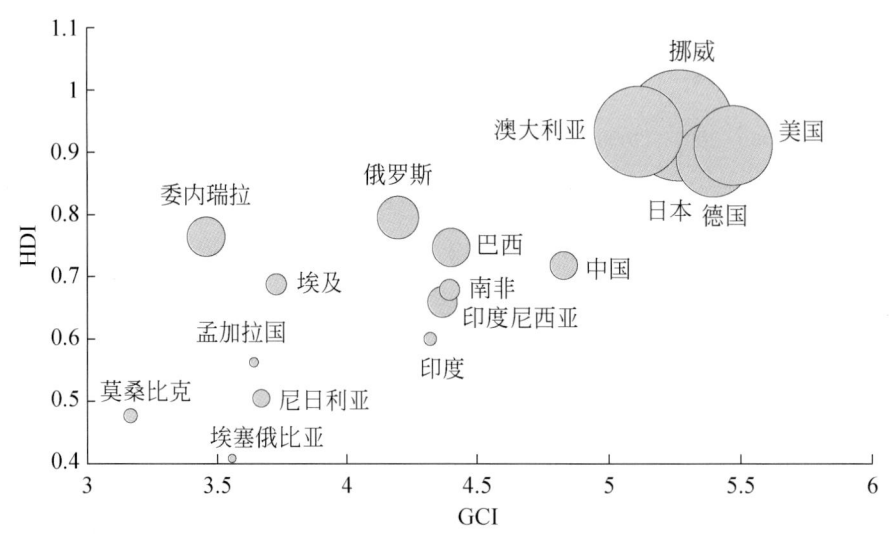

图 3-7　2012 年典型国家 GCI、HDI、人均 GDP

资料来源：WEF. 2016. http：//reports. weforum. org/global- competitiveness- report-2015-2016/downloads/.

（1）GCI 与国家人类发展指数（HDI）明显正相关，相关系数达 0.870，尤以发达国家最为明显。发展中国家以委内瑞拉、埃及为例外，其人类发展指数与国家竞争力发展不协调，国家竞争力滞后于人类发展水平。最不发达国家以埃塞俄比亚、新兴经济体国家以中国为例外，其国家竞争力发展水平明显高于人类发展水平。

（2）GCI 与人均 GDP 正相关，相关系数达 0.753，尤以发达国家最为明显。最不发达国家以莫桑比克、发展中国家以委内瑞拉为例外，其人均 GDP 与国家竞争力发展水平不一致，国家竞争力发展水平滞后于人均 GDP 水平，而发展中国家以印度尼西亚、新兴经济体国家以印度和中国为例外，其国家竞争力水平明显高于人均 GDP 水平。

第二节　社会质量是 GDP 质量的公平表达

一、概 念 界 定

（一）社会

"society" 一词来源于拉丁文 "societas"，现代通常意义上的 "社会" 一词来自于日本。《现代汉语词典》中对 "社会" 一词的解释：一是指由一定的经济基础和上层建筑构成的整体，二是泛指由于共同物质条件，而互相联系起来的人群。

社会是共同生活的个体通过各种各样社会关系联合起来的集合。狭义的社会，也叫 "社群"，指群体人类活动和聚居的范围。广义的社会，则指一个国家、一个大范围地区或一个文化圈。最广义的社会，不仅包括人类社会，也包括其他生物的社会。

社会学中，社会指的是由有一定联系、相互依存的人们组成的超乎个人的、有机的整体，它是人们的社会生活体系。马克思主义社会观认为，社会是以特定的物质资料生产活动为基础、以一定数量和质量的人口为主体而建立的相互交往和运动发展的社会关系体系。

（二）社会质量

社会质量是起源于欧洲的一种较新的概念，其开创者沃尔夫冈·贝克（Wolfgang Beck）认为，社会质量是人们能够在多大程度上参与其共同体的社会与经济生活，并且这种生活能够提升其福祉和潜能。根据这个定义，社会质量包含四方面内容：一是社会经济保障，指人们获取可用来提升个人作为社会人进行互动所需的物质资源和环境资源的可能性。为了使个体在社会上免于贫困和被剥夺，制度和组织系统要为社会成员提供各种形式的社会经济保障，保障人们在面对各种社会风险的情况下获得所需资源的权利。二是社会凝聚，指以团结为基础的集体认同，揭示的是基于共享的价值和规范基础上的社会关系的本质，考察一个社会的社会关系在何种程度上能保有整体性并维系基本的价值规范。三是社会包容，指人们接近那些构成日常生活的多样化制度和社会关系的可能性，人们在何种程度上可以获得来自制度和社会关系的支持。社会成员在社会生活中如何通过各种制度融入其中，社会中的某个人或者某些群体是否因为具有某些方面的特征而遭受来自正式或非正式制度的系统性排斥，从而导致社会关系的紧张。四是社会赋权，指个人的力量和能力在何种程度上通过社会结构发挥出来，社会关系能在何种程度上提高个人的行动能力。人们必须在一定程度上自主并被赋予一定的权能，以便在社会经济的急剧变迁面前有能力全面参与。

本报告认为，社会质量的最终目的是通过使社会政策和经济政策服从于社会质量这一目标，彻底改变社会政策和经济政策之间的不平等关系。社会质量是国家发展的皮肤，体现了社会整体运行状态。GDP质量观下的社会质量表明GDP生成过程中对社会进步贡献的能力表达以及社会和谐对于GDP生成的反馈效应。强调公平对于效率的反哺能力以及社会环境对于GDP生成的基础作用，是GDP质量的公平表达。

二、内涵演化

若从生产关系的角度看，人类社会的历史发展，则分为原始社会、奴隶社会、封建社会、资本主义社会、共产主义社会。社会质量随着生产力的进步，生产关系的变更、价值观念和生活方式的改变，其内涵不断演化与丰富。

（一）以政治目标为导向的社会观

在奴隶社会和封建社会阶段，社会矛盾单一且尖锐，生产力水平低下，土地是最重要的生产资料，奴隶主、地主和封建君主的根本目的是占有土地，以维护其统治和地位。由于生产力和生产关系的限制，农业是社会最基础产业，也是生存发展之本，资本主义萌芽之前，甚至普遍存在重农抑商统治观。纵观这一时期所实行的社会政策和社会管理方法，无论是中国奴隶社会内部富国强兵的改革，还是地主阶级封建化政治改革，亦或是封建社会内部调整统治政策的改革，以及雅典梭伦改革，连同俄国沙皇为挽救统计危机而进行的自上而下的改革，根本服务对象是地主阶级和统治者，首要目标是更好地统治人民。总体来说，是为达到某一政治目的，即以政治目标为导向的社会观。

（二）片面追求经济增长的社会观

资本主义生产关系的萌芽出现之后，16世纪开始进入资本主义时代。资本主义生产关系产生于封建社会内部。封建社会经济结构的解体使资本主义的要素得到解放。

工业革命创造了巨大生产力，使社会面貌发生了翻天覆地的变化，工厂统一化大生产代替了家庭手工业，追求经济增长和财富增加成为了社会主要价值标准，甚至把社会发展单纯等同于经济发展，以至于罗伯特·欧文（Robert Owen）提出英国主要的社会问题与工业化直接相关。片面追求经济增长，以牺牲生态资源、破坏自然环境、破坏社会和谐甚至损坏生命健康为代价，忽视了政治上层建筑对于经济社会发展的强大作用，经济增长方式粗放，导致经济增长高成本、低效益特征显著。

（三）追求可持续发展的福利社会

20世纪60年代起，人们开始反思经济增长的含义以及追求高速增长的代价。1972年提出了可持续发展，既满足当代人的需求，又不损害后代人满足其需求。早期认为可持续发展是一种注重长远发展的经济增长模式，随着发展问题的进一步暴露以及认识的加深，人们对其认识已经不再局限于经济的发展。提出可持续发展的四大支柱是经济、社会、环境和文化，只有四个方面协调发展，才能实现可持续发展。社会福利是西方资本主义国家为缓解快速发展过程中的社会问题而实行的，随着可持续发展理论的深入与发展，人们开始重新审视社会福利，将可持续发展与社会福利结合起来，形成了追求可持续发展的福利社会观，即将资源和福利在当代人和几代人之间实现最优分配，以便实现当代人一生效用最大化和几代人效用最大化。

（四）各方面协调发展的和谐社会

和谐是以事物的矛盾和差异为前提的，不仅体现在人与自然关系的和谐、人与人关系的和谐、而且体现在国家与国家关系的和谐上。和谐是中国特色社会主义的本质属性，是国家治理体系和治理能力现代化的特征向量和本质属性，是对国家运行状态的一种理想的描述和表述。社会主义和谐社会，是中国共产党2004年提出的一种社会发展战略目标，指的是一种和睦、融洽并且各阶层齐心协力的社会状态，内容是"民主法治、公平正义、诚信有爱、充满活力、安定有序、人与自然和谐相处的社会"。目前，社会和谐红利是中国改革最大的制度红利，著名经济学家厉以宁教授说，社会和谐红利的取得要依靠信用体系建设，要使人成为有道德、有信念、有信仰的个体。中国目前所坚守的社会观念是各方面协调发展的和谐社会观。

三、理论解析

社会质量起源于欧洲，并得到了良好的实践和发展，同时也带动了其他地区对社会质量的研究与探索，尤其是亚洲国家的学者，也积极参与到社会质量的研究中，并与欧洲社会质量研究进行融合。学者们希望通过这一理论的引入,为社会政策的制定和区域发展的研究提供有效手段,为亚洲社会的发展提供理念和指导(Lin and Ward,2009)。社会质量的理论基础主要是社会矛盾理论、社会福利理论、社会融合理论和赋权理论。

(一)社会矛盾理论

哲学意义上的矛盾是指事物内部的对立统一关系,这是对矛盾关系的最普遍的概括。马克思认为生产力和生产关系的矛盾、经济基础和上层建筑的矛盾,这两对基本矛盾存在于一切社会形态之中,规定社会的性质和基本结构,贯穿于人类社会发展的始终,推动着人类社会由低级向高级发展(马克思,1971)。矛盾既是人类生存发展的必然结果,又是人类文明得以前进的根本动力。每个社会都存在着各种不同的社会矛盾,从对社会这一概念的理解出发,社会矛盾也有广义和狭义之分。广义的社会矛盾是指人类在征服世界与征服自己的过程中形成的各种关系的内在矛盾,它往往表现为政治、经济、文化、社会等领域的各种危机和困难。历史上不同社会的基本矛盾都是生产力和生产关系、经济基础和上层建筑之间的矛盾。狭义的社会矛盾是指人们在生产活动和社会生活中形成的各种关系的内在矛盾,它往往表现为各种冲突和纠纷。因此,社会矛盾理论阐述了社会质量的内在决定性因素,从某种意义上来说,把握好了社会矛盾的基本关系就把握住了社会质量的本质。

(二)社会福利理论

社会福利理论起源于西方资本主义国家,起初是解决资本主义在供求关系方面的问题,后逐渐成为一项基本制度,以保障人民基本生活和稳定社会秩序。在广义上来说,社会福利是指一切改善和提高人民物质生活和精神生活的社会措施,不仅包括社会保障的内容,也包括就业政策、公共文化、免费教育、公共卫生和家庭津贴等等。其覆盖对象是全体国民,包含着物质生活和精神生活两方面。在《大不列颠百科全书——国际中文版》中,社会福利条目下包括两个主要的子项目:一是社会福利事业,主要涵义是社会工作,即个人社会服务;二是社会福利计划,主要涵义是社会保障,即政府的福利项目。在中观意义上,社会福利基本上是社会保障的同义语,是西方普遍用来替代社会保障的一个概念,涵盖了政府和社会为国民提供的各种服务设施和社会保障的各项内容。狭义上的社会福利是社会保障体系中的一个组成部分。阿弗里德·马歇尔(Alfred Marshall)以边际效用理论和消费者剩余的概念作为分析工具,论证了在不同情况下如何选择可以增加社会福利的问题。社会福利是社会矛盾的调节器,代表着国家的公正与良好运作。同时它也是社会质量的物质保障,是提高社会质量的有效途径。高福利国家面临着财政赤字、入不敷出的危机,低福利或无福利国家则存在社会压力巨大、社会动荡的风险，把握社会福利的适度和有效性，将会极大地提高社会质量。

(三) 社会融合理论

20世纪50年代，埃米尔·涂尔干（Emile Durkheim）首次提出"社会融合"概念，他认为较好的社会融合水平可以防止因社会原因而导致的自杀（Durkheim, 1951）。到90年代，"社会融合"概念逐渐成为社会政策研究中的核心概念之一，在世界范围内得到广泛应用。社会学家认为社会融合是社会群体的凝聚力，包括社会心理融合和结构融合；是个体在社会或群体中的社会参与和互动，及在社会互动中产生的一些认同情感（Landecker, 1951）。社会心理学家认为社会融合是某个群体如何较好地保持或者黏着在一起（Gross and Martin, 1952）。社会融合的理论基础包括脆弱性群体理论、社会分化理论、社会排斥理论和社会距离理论。社会脆弱理论认为脆弱性源于自身的某种障碍，是不可控的，脆弱性群体若得不到保护，便会被社会抛弃、排斥和隔离，启发我们将保护脆弱群体作为社会的基本伦理；社会分化理论揭示了社会的阶级或阶层差异会导致社会排斥和分裂，启发我们关注阶层之间的社会融合；社会距离理论强调了不同群体之间的客观差异，启发我们从客观实际出发，包容性对待不同群体；社会排斥理论指个人或群体被全部或部分排除在充分的社会参与之外，启发我们重新审视现今社会关系和促进社会融合。社会融合理论和方法的不断发展与完善，为社会质量内涵之凝聚和包容维度提供了坚实的理论基础和可操作的实证方法。

(四) 赋权理论

20世纪70年代，所罗门·阿希（Solomon Asch）提出"赋权"概念，认为"赋权"通过发掘"无权的一群"的权力障碍，协助他们消除非直接权力障碍的效果与直接权力障碍的运作，是一个"减少无权感"的过程。"赋权"已成为现代社会工作理论的一个重要概念，指赋予或充实个人或群体的权力，挖掘与激发案主潜能的一种过程、介入方式和实践活动。在现实生活中，由于社会利益的分化和制度安排等原因，处于社会底层或社会边缘的弱势群体总是缺乏维权和实现自我利益主张的权力和能力。如要改变这种状况，就必须对权力进行再分配，走赋权的途径（Gutierrez et al., 1995）。赋权的对象应当是那些失权的个人或群体，即在经济、文化、体能、智能、社会处境等方面处于相对不利的地位，资源获取能力匮乏，经济贫困和生活质量低下以及承受能力脆弱的那部分人或群体，也即弱势群体。赋权分为三个层次，个人层面的赋权，发展一个更加积极的更有影响力的自我意识；社区层面的赋权，获得知识，提高能力，以便对个人周围的社会政治环境有更加具有批判性的理解。社会层面的赋权，获得更多的能力和资源，以实现个人和集体的目标。赋权意味着被赋权的人有很大程度的自主权和独立性，能够充分调动主观能动性，对社会质量内涵的社会赋权维度奠定了理论基础。

四、实践探索

(一) 全球和平指数

1. 全球和平指数总体概况

全球和平指数（Global Peace Index，GPI）由澳大利亚慈善家史蒂夫·基莱里亚（Steve Killelea）于2007年创立，由经济和和平研究所（Institute for Economics and Peace）和英国经济学人信息社（Economist Intelligence Unit）的专家小组维持和公布，指数数据每年统计一次，旨在评估国家的和平程度及生活稳定程度。

全球和平指数（负向指标），是从国内和国际冲突、社会安全、军事化程度三个角度进行衡量，每个层面包含5~10个具体指标，最初包含24项指标，后逐渐变为23项（图3-8），通过指标加权后，综合分析计算得出的一项数据，评估范围由2007年的121个国家和地区扩展至2011年的153个国家和地区。国家的和平与其经济繁荣有一定的关联，对社会稳定起着至关重要的作用，同时也从宏观上决定了社会质量状态。

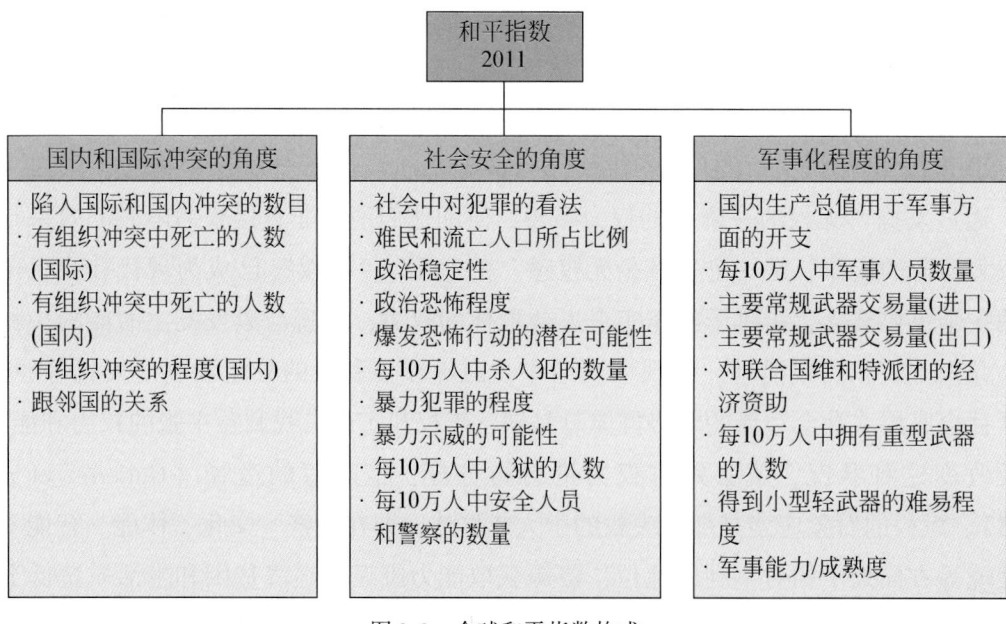

图3-8 全球和平指数构成

2. 整体分析

2007~2011年，挪威和平指数于2007年位居世界第一，2007年后冰岛位居世界第一,新西兰连续两年蝉联第一。从2007年开始,伊拉克连续四年处于全球最差水平。

由图3~9可知:

(1) 依据现有和平指数数据,对和平状况进行划分,0~2为和平状态好;2~3为和平状态一般;3以上为和平状态差;基于此,全球和平状态一般。

(2) 全球和平指数略有增大,总体基本平稳;全球和平状态略有下降,有待进一步维护世界和平稳定。

(3) 最大差距逐年增加,但上升缓慢,年均增速为1.8%,表明和平状态最好国家与最差国家间差距在增大。

(4) 平均差距逐年在拉大,上升较快,年均增速为8%,表明全球和平状体总体差距在拉大,全球和平状态差异增大。

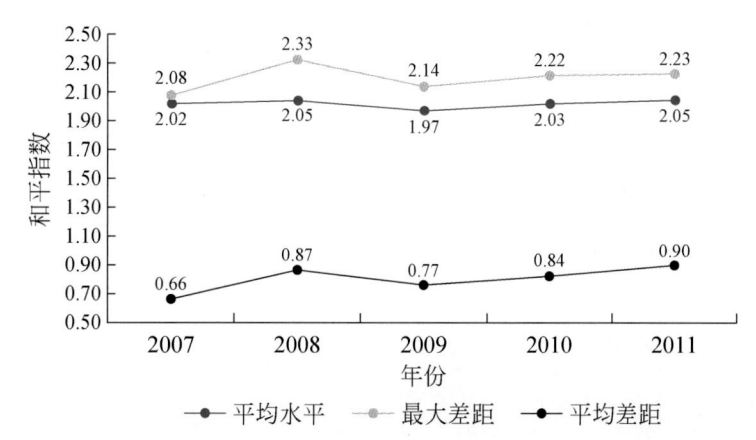

图3-9 全球和平程度平均水平、最大差距和平均差距

资料来源:Institute for Economics & Peace. 2011.
https://www.theguardian.com/news/datablog/2011/may/25/global-peace-index-2011.

3. 分类分析

根据国家类型划分将和平状态水平和发展趋势与国家发展水平进行分类分析,由图3-10可知:

(1) 和平状态与国家发展水平无明显相关关系,发达国家除美国外,相对较好,最不发达国家除莫桑比克和孟加拉外,相对较差,浮动大;新兴经济体国家和发展中国家状态较一致,浮动较大。

(2) 和平状态发展趋势与国家发展水平无明显相关关系,除个别国家,基本处于先减后增,即和平状态先变好后变差阶段,并于2009年处于最优状态。

将GPI与国家人类发展指数和人均GDP进行相关性分析,由图3-11可知:

(1) GPI与国家人类发展指数(HDI)负相关不明显,相关系数为-0.602,发达国家除美国外,GPI与HDI明显负相关,和平稳定状态较好,发达国家以美国、新兴经济体国家以俄罗斯、发展中国家以委内瑞拉为例外,其和平稳定状态滞后于人类发

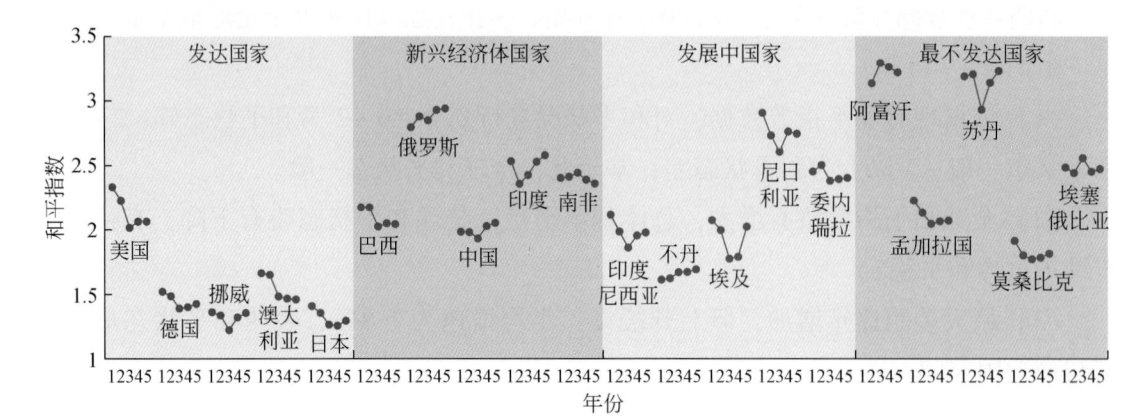

图 3-10　2007~2011 年典型国家 GPI

注：横轴 1~5 表示 2007~2011 年

资料来源：Institute for Economics & Peace. 2011.

https://www.theguardian.com/news/datablog/2011/may/25/global-peace-index-2011.

展水平，新兴经济体国家中国、发展中国家不丹、最不发达国家莫桑比克，国家和平稳定状态相比于同类型国家较好。

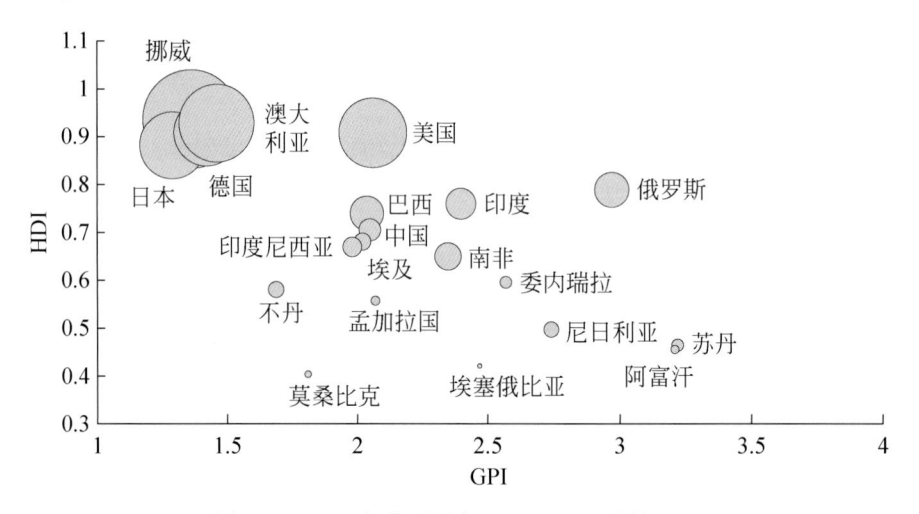

图 3-11　2011 年典型国家 GPI、HDI、人均 GDP

资料来源：Institute for Economics & Peace. 2011.

https://www.theguardian.com/news/datablog/2011/may/25/global-peace-index-2011.

（2）GPI 与人均 GDP 负相关不明显，相关系数为 -0.617，发达国家除美国外，GPI 与 HDI 负相关明显，和平稳定状态较好，发达国家以美国、新兴经济体国家以俄罗斯、发展中国家以委内瑞拉为例外，其和平稳定状态滞后于人均 GDP 水平，新兴经济体国家中国、发展中国家不丹、最不发达国家莫桑比克，国家和平稳定状态相比于同类型国家较好。

（二）世界社会状况报告

1. 世界社会状况报告总体概况

《世界社会状况报告》（Report on the World Social Situation）始于1952年，由联合国经济和社会事务部（The United Nations Department of Economic and Social Affairs，DESA）发表，自创刊以来，一直是政府间讨论社会问题并进行有关问题分析的基础。该系列报告有助于把握社会新趋势，分析国家、区域和国家各级主要发展问题间的关系。1997年发表的《1997世界社会状况报告：社会发展》（1997 Report on the World Social Situation: Social Development）是第15本该系列报告。20世纪90年代，人们日益关注经济与社会发展之间的密切关系，事实表明，当代许多社会问题是全球性问题，需要全球的合作共识。该系列报告围绕社会质量发展的核心问题：消除贫困，扩大生产性就业和社会融合，并于2001~2013年分别围绕社会和人权、社会脆弱性、不平等困境、就业规则、反思贫困、全球危机、不平等问题主题，分析全球范围内的社会发展状况。

2. 不平等是破碎社会的体现

公平是高质量社会的基本特征，社会不平等影响整个社会的福利状况，1975年以后，经济增长速度下降最多的国家均为社会分化现象严重的国家。《2013世界社会状况报告》运用大量的数据指出社会存在的不平等现象：从国家与国家之间来看，虽然全球范围内平均收入的差距在减少，但绝对的差距还是相当大的。从平均收入来看，如一个阿尔巴尼亚的居民，其收入低于瑞典最底层的10%人口的平均收入，而瑞典最底层的10%人口收入则是一个生活在刚果民主共和国最底层的10%人口收入的200倍；从国家内部来看，全世界70%的人口生活在内部不平等现象正不断扩大的国家当中。其中，教育和健康方面的不平等影响最为明显，无论人均寿命还是妇女由于怀孕和生育而导致的死亡率，富裕的国家和贫穷的国家之间差别非常大。如在撒哈拉以南非洲地区，社会差距主要来自于人均收入（最高收入与最低收入之比为70.1）和平均受教育年限（最高值与最低值之比为7.8），如果某个孩子的家庭经济收入是处于上层的话，孩子上小学的可能性是最底层孩子上小学的机会的两倍。报告指出，促进平等，尤其是不同国家之间以及国家内部的平等已成为必然趋势。一些必要的政策措施包括：政府提供基本社会服务、高质量教育、高质量医疗卫生服务，完善劳动力市场制度，减少与经济活动和社会流动性相关的官僚制度和社会约束，让社会各界参与决定财政预算优先事项和预算划拨等。其中，教育是促进平等最为有效的手段之一，它不仅可提高人们的自信，还可帮助人们找到更好的工作、参与公共辩论以及向政府提出医疗卫生、社会保障和其他方面权利的要求。

3. 促进充分就业和体面工作

2007年《世界社会状况报告》曾指出处在全球化进程的现阶段，劳动力市场一直在朝着经济安全更差、多数不平等现象更严重的方向发展，这不利于人们体面工作、满意就业。全球就业面临的严峻挑战主要体现在，一是与健全人相比，残疾人更有可能失业或就业不足；二是原住民占社会最贫穷人口的比例极大，在多数国家，原住民的失业率都远远高于国家平均水平；三是世界各地的政府和雇主为了维持或创造经济竞争力，采取了大量措施，以增加劳动力市场的灵活性，使大多数职工群体变得更加没有保障；四是非正式就业和短期合同在全球范围内日益普遍，工人应享待遇随之减少，而且少就业安全感；五是金融市场的全球化和全球性劳动力供应的出现进一步破坏了劳动保障；六是法定监管正在被伴随全球化发生的自由化的一部分——自我监管所取代，这使工作更加没有安全保障（The United Nations Department of Economic and Social Affairs，2007）。在非正式经济活动占主导地位的经济体中，作为社会保护制度组成部分的社会保险原则越发薄弱。因此，为促进充分就业和体面工作而制定的政策和战略也应解决收入和社会政治不平等的问题，同时制定各种政策以促进就业和体面工作时，也必须反映社会中的人口和社会变革，以促进各族裔群体、文化、性别和年龄组之间更平等、保护移民的工作场所权利和公民权利的政治改革和法律规定为主旨。总而言之，我们应当把人人享有体面工作而非经济增长本身、甚或单纯地创造工作机会，作为经济和社会决策的中心。

第三节 环境质量是 GDP 质量的外在约束

一、概 念 界 定

（一）环境

环境（environment）一词，在《牛津英文词典》中的定义为"The natural world in which people, animals and plants live"，即"人类、动物和植物所生存的自然世界"。它包括大气、水、土壤、森林、草原、动植物及微生物等各类自然因素。人类生活的自然环境主要包括大气圈、水圈、土圈、岩石圈和生物圈，其中生物圈和人类生活关系最为密切。原始人类和其他生物一样依靠生物圈来获取食物，随着畜牧业和农业的迅速发展，人类开始改造生物圈，创造围绕人类的人工生态环境。

随着工农业的蓬勃发展，人类及其他生物赖以生存的自然环境发生重大变化。水资源大量开采，化石燃料过量使用，废水废气大量排放，造成大气圈和水圈的环境质量恶化，引起全世界的关注。因此，在这种变化与影响日益严重的情况下，解决环境质量问题成为人们改善生态环境恶化的突破口。

(二) 环境质量

环境质量是生态环境系统中客观存在的本质属性，能够用定性和定量方法加以描述的环境系统所处的状态（陆雍森，1990）。在《中国大百科全书》中的定义为，"环境质量一般是指在某个具体的环境中，环境的总体或环境的某些要素对人类生存和繁衍以及社会经济发展的适宜程度，是反映人类的具体要求而形成的对环境评定的概念"（解振华，2002）。环境质量是由组成环境系统的各要素的综合质量决定的，每种环境要素可由多种参数（或因子）加以描述。

环境质量是环境科学中出现频率较高的重要概念，关于环境质量存在两种解释，一是《环境科学大辞典》（1991）中的阐述，环境质量是描述环境系统物质和能量平衡的表述，它以近代物理学中的"熵""场"理论为基础，认为人类得以生存和发展，需要不断从周围环境摄取能量和物质，同时也向周围环境排出能量和物质，如果这一过程能使生态系统进入正常的循环，即大自然能够向人类提供所需的负熵，同时又能分解处理人类排出的熵，则人类的生存环境将会处于某种稳定的状态之中；二是从"功能观"出发，站在人体（及生物）健康的角度，认为它是环境状态品质的表示，反映人类的具体要求而形成的对环境的有效度量。

本报告认为，环境质量是一种对环境要素优劣状况的量化表达，而环境要素的优劣反映了人们在经济社会活动中对整个生态环境的综合性影响。GDP 质量旨在表达发展的质量，优质的环境质量是人类在可持续发展过程中的基本保障，以牺牲环境质量为代价去攫取财富必然有悖于 GDP 质量的发展理念。因此，环境质量是 GDP 质量健康发展的重要标志，表明 GDP 生成过程中生态环境的代价及其成本外部化效应。

二、内涵演化

(一) 打破春天的沉寂 (1962～1972 年)

春秋战国时期著名的思想家老子在《道德经》中说，"道生一，一生二，二生三，三生万物"。也就是说，天地万物与人类是同一本源。然而，随着人类社会一次又一次地取得巨大进步，人们不再崇拜自然，而是一度认为自己已经强大到足以征服自然的程度（刘东生，2004）。当人们沉浸于征服自然的乐趣之中时，各种环境问题也悄然而至。随着工业现代化的发展，在经济利益的驱使下，人类不理性和无序的生产活动使环境质量极度恶化，这种变化对生态环境以及人类自身的生活和健康造成了深远的影响。

在"征服大自然"的口号依然流行于世界时，人们对于环境质量的概念还很陌生。1962年，美国海洋生物学家蕾切尔·卡逊（Rachel Carson）出版了《寂静的春天》（*Silent Spring*），以大量的事实论证了工业污染对地球上的生命包括人类自身的损害，陈述了工业技术革命的生态破坏后果，从而提出了人类如何同自然和谐相处的问题，给人类敲响了生态危机的警钟，打破了春天的沉寂。随着环境问题引发的人类关于发展观念的思考，英国经济学家巴巴拉·沃德（Barbara Ward）和美国微生物学家雷内·杜博斯（Rene Dubos）在1968年出版了《只有一个地球》，这本书从地球的发展前景出发，评述了经济发展和环境污染对不同国家产生的影响，呼吁各国人民重视维持人类赖以生存的地球。

（二）全球环境问题引发认同与关注（1972~1992年）

随着环境问题在全球范围内引发强烈思考和关注，1972年6月16日联合国人类环境会议又称斯德哥尔摩人类环境会议通过了《联合国人类环境会议宣言》。提出了26项基本原则，其中包括人的环境权利和保护环境的义务以及合理使用各种资源等。联合国人类环境大会的召开，标志着国际社会对已存在的全球环境问题的认同与关注，凝结了全球对环境问题的共识。

随后，联合国于1983年12月成立了由挪威首相布伦特兰夫人为主席的"世界环境与发展委员会"（WCED），并于1987年发表了题为《我们共同的未来》（*Our Common Future*）的报告。报告提出了"可持续发展"的概念，并指出：在过去，我们关心的是经济发展对生态环境带来的影响，而现在，我们迫切地感到生态的压力给经济发展带来的重大影响。因此，我们需要有一条新的发展道路。

（三）明确人类可持续发展理念（1992~2000年）

与20世纪七八十年代相比，90年代以后人类已经进入维护共同家园的全球时代，凝结一切智慧来解决环境问题。1992年，联合国环境与发展大会在巴西里约热内卢召开，102个国家首脑参加了会议。此次大会将可持续发展的概念提升为"世界范围内可持续发展行动计划"，形成了一系列的可持续发展目标框架。会议通过了《里约环境与发展宣言》和《21世纪议程》两个纲领性文件，将可持续发展目标框架定在可持续发展战略、社会可持续发展、经济可持续发展、资源的合理利用与环境保护四个部分，明确了人类可持续发展理念。

同时，可持续发展的理念促使人类关于环境问题的深入思考，形成了《联合国气候变化框架公约》《关于森林问题的原则声明》《联合国生物多样性公约》等共识文件。

（四）构建 21 世纪千年发展蓝图（2000~2015 年）

21 世纪，人类可持续发展进入了新的里程。2000 年 9 月，在联合国首脑会议上 189 个国家和地区一致通过并签署《联合国千年宣言》。这一阶段的主要特征表现为：①形成了量化的目标体系，千年发展目标量化了人类福祉和发展的关键方面。②从环境问题出发，深刻认识到其形成的根源是贫穷、疾病等社会问题。③环境目标取得进一步的共识，《联合国防治沙漠化公约》《约翰内斯堡可持续发展承诺》《京东议定书》等推动了环境目标进一步的深入。这些文件明确了未来 10~20 年人类拯救地球、保护环境、消除贫困、促进繁荣的世界可持续发展行动蓝图。

（五）2030 可持续发展议程目标（2015 年至今）

2000 年联合国千年首脑会议通过《联合国千年宣言》，据此制定的千年发展目标成为国际社会最全面、权威、系统的发展目标体系。16 年来，通过各国不懈努力，许多具体目标已完成。因此，为了进一步推进全球可持续发展进程，国际社会在总结千年发展目标经验的基础上，决定携手制定一个公平、包容、可持续的 2030 年可持续发展议程。议程包括 17 个可持续发展目标和 169 个具体目标，各国承诺努力使新议程到 2030 年得到全面执行。17 个可持续发展目标涵盖消除贫困与饥饿、健康、教育、性别平等、水与环境卫生、能源、气候变化等。其中加强生态文明建设，促进可持续发展是可持续发展目标涵盖的重点之一。优良的环境质量是保证生态平衡的有效途径，也为人类的可持续发展提供条件。

三、理论解析

环境是以人类为主体的整个外部世界的总和，是人类赖以生存和发展的物质能量基础、生存空间基础和社会经济活动基础的综合体。对于发展中国家而言，经济增长仍是发展基础，是人们摆脱贫困和增进福利的根本手段，而收入的增长并不必然导致环境的退化，正确的经济政策和环境政策以及有利于提高资源利用效率和减少污染物排放的技术进步都有助于减轻发展过程的环境压力，维护和改善环境质量。在处理环境与发展的关系问题上，环境库兹涅茨曲线、生态平衡理论、生态足迹理论、公地悲剧等共同构成环境质量的理论基础。

(一) 环境库兹涅茨曲线

环境库兹涅茨曲线（environmental Kuznets curve，EKC）是描述一个国家或地区经济发展水平与环境污染程度的倒"U"形曲线。美国经济学家桑福德·格鲁斯曼（Sanford Grossman）和艾伦·克鲁格（Alan Krueger）（1992）针对北美自由贸易区谈判中，美国人担心自由贸易会恶化墨西哥环境进而影响美国本土环境的问题，首次实证研究了环境质量与人均收入之间的关系，研究发现，当经济发展水平较低时，环境污染的程度较轻，但是随着人均收入增加，环境污染由低趋高，环境恶化程度随之加剧；当经济发展到一定水平后，也就是说达到某个临界点之后，随着人均收入的进一步增加，环境污染和环境压力呈现由高到低的发展趋势，环境逐步改善和恢复。然而，现实中经济与环境的关系极其复杂，随着实证研究不断深入，认为EKC理论存在以下局限：其一，根据实证分析，环境与收入理论关系具有七种形态，EKC仅是其中的一种，不适用于所有的环境—收入关系；其二，EKC无法揭示存量污染的影响；其三，EKC在考察时间段或较短时期内成立，长期的经济发展过程中，环境—收入关系呈现"N"形曲线。虽然EKC存在理论局限性，但是未深入触及EKC的理论基础，显示EKC有其可取之处，其倒"U"形曲线体现了经济增长对环境改善的正面影响，并且在考察流量污染物的短期变动轨迹方面更有效。因此，可以借助EKC理论度量经济发展对环境质量的影响。

(二) 生态平衡理论

所谓生态平衡（ecological equilibrium，EE）是指，生态系统的各个组成成分之间在相互作用和能量物质输入输出过程中始终保持一种动态的平衡，生态系统的结构和功能在较长时间内处于相对稳定状态，在系统受到外来干扰时能通过自我调节恢复到初始的稳定状态（胡昌秋和胡冰，2010）。生态系统的平衡，是一种相对的、动态的平衡，如果自然因素，尤其是人为因素的影响力超过系统本身所具有的调节能力，则原有的生态平衡体系会被打破，并由此形成暂时性或永久性的灾难。一般来说，自然因素对生态系统的破坏出现的频率不高，在地域分布上也存在一定局限性。但是人为因素，特别是农业向土壤喷洒的大量农药以及工业生产过程中排放的有毒物质，将对生态系统造成较大破坏性，造成环境质量下降，甚至带来生态危机。

(三) 生态足迹理论

生态足迹（ecological footprint，EF）指能够持续地提供资源或消纳废物的、具有生物生产力的地域空间，是一种度量可持续发展程度的方法。由马蒂斯·瓦克纳格尔

(Wackernagel, 1999) 等首先提出，生态足迹指标使用生态赤字和生态盈余两个指标来度量某个国家和地区的可持续发展状况，将每个人所消耗的资源能源折合成全球具有统一标准的地域面积，通过计算区域生态足迹总供给与总需求之间的差值来反映不同地区对于全球生态环境现状的贡献。瓦克纳格尔等曾对世界上 52 个国家和地区 1997 年的生态足迹进行了实证研究，结果表明，全球范围而言人类的生态足迹已超过了全球生态承载力的 35%，人类现今的消费量已超出自然系统的再生产能力，即人类正在耗尽全球的自然资产存量。然而人类的生存和发展无法离开各类自然资源，可持续发展的能力水平对于环境质量的提高具有重要意义，因此，利用生态足迹理论将人类生产生活对自然损耗程度控制在一定的范围之内，是环境质量建设的应有之义。

（四）公地悲剧

公地悲剧 (tragedy of the commons)，也称公共资源的悲剧，最早是由英国加雷特·哈丁 (Gerrett Hadin) 于 1968 年在《科学》杂志上发表的《公地悲剧》(*The Tragedy of the Commons*) 一文中提出。哈丁的基本观点是，人口增长将不可避免地导致公共所属的自然资源的滥用，其根源在于追求最大限度占有资源的个人利益与谋求实现资源可持续利用的公共利益之间，必然要发生冲突。自此，"公地悲剧"成为描述资源与环境退化的代名词，任何时候只要多人共同使用一种稀缺资源，将会发生资源的过度使用和环境的退化。公地悲剧在现实生活中是普遍存在的，比如公共渔场的过度捕捞、森林的过度砍伐、野生动物的毁灭性猎杀等，都是公地悲剧的具体表现。因此，摆脱公地悲剧是环境质量建设必须要考虑的重点问题。

四、实 践 探 索

（一）环境绩效指数

1. 环境绩效指数总体概况

环境绩效指数 (environmental performance index, EPI) 是由世界经济论坛 (World Economic Forum, WEF) "明日全球领导者环境工作组" (Global Leaders of Tomorrow Environment Task Force) 与美国耶鲁大学环境法律与政策中心 (Yale Center for Environmental Law & Policy)、哥伦比亚大学国际地球科学信息网络中心 (Center for International Earth Science Information Network) 于 2006 年创制的，每两年发布一次。该指数强调政策目标导向和定量绩效测评，并以此衡量各国的指数与目标值之间的差距。环境绩效指数主要围绕两个基本的环境保护目标展开：①减少环境对人类健康造成的压力；②提升生态系统活力，推动对自然资源的良好管理。围绕环境健康和生态系统活力这两个目标，在 2016 年 EPI 报告中，研究者选择了 19 项指标，涉及 9 个完备的政策范畴体系（图 3-12）。以两年一次的频率对 178 个国家的中央政府层面上与设立环境政策目标之间联系的紧密程度进行综合衡量。

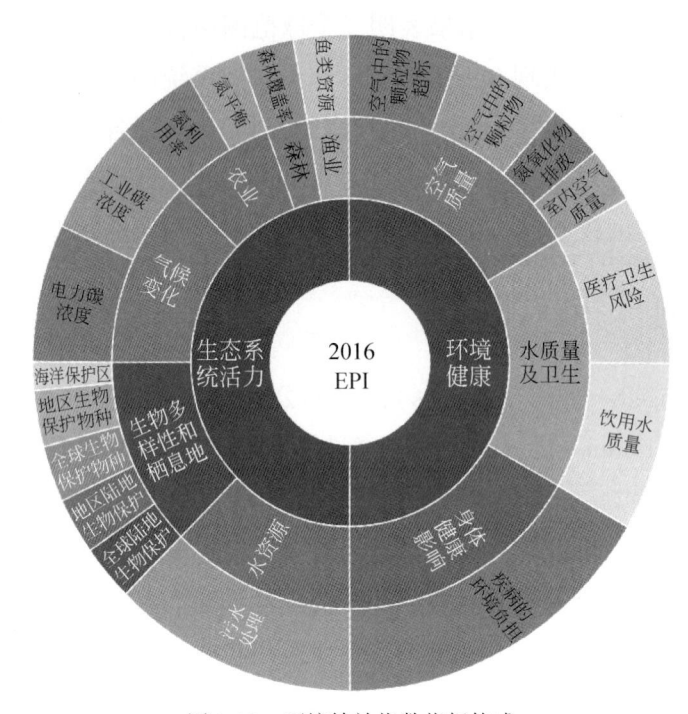

图 3-12　环境绩效指数指标构成

2. 全球环保绩效成绩一般，各国间差距增大

2006~2016 年，EPI 指数报告共发布了 6 期，其中，瑞士在 2008 年、2012 年和 2014 年均位居世界第一，环境可持续性表现突出；2006 年、2010 年以及 2016 年摘得 EPI 排名榜首的分别为新西兰、冰岛和芬兰。

依据当前 EPI 指数对各国政策中环保绩效成绩进行划分，0~45 为较差；45~65 为一般；65~85 为良好；85~100 为解决环境问题的能力突出。根据此标准，世界各国解决环境问题的能力处于一般水平。根据图 3-13 可知：全球环境绩效水平整体趋于平稳，2008 年之后，环境问题进一步突显，世界各国环境治理能力有待进一步提升。最大差距呈现逐年拉大的趋势，表明各个国家环境治理水平参差不齐，需要加大有关环境问题的全球治理措施。2012 年以来平均差距逐年上升，年均增速为 11.1%，说明全球环境治理水平差距扩大，国家间解决问题能力不协调。

3. 欧洲地区独揽榜单前十名，卓越管理贡献环保成就

2016 年 EPI 指数报告对 178 个国家按照指标得分进行了排名，从排名的表现来看，前十名均为欧洲国家，芬兰、冰岛、瑞典分列榜单前三名；排名靠后的均来自撒哈拉

◎ 第三章 世界 GDP 质量指数生成

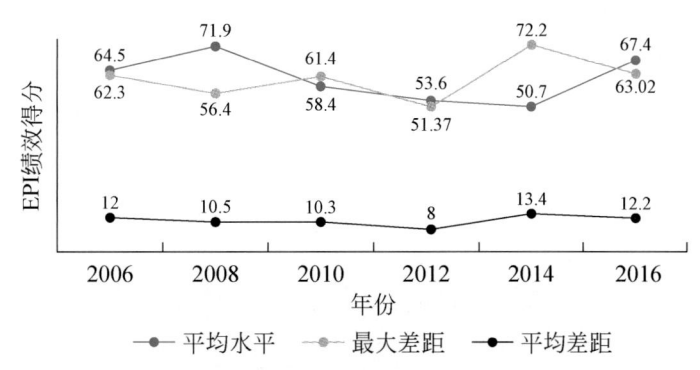

图 3-13 环境绩效得分平均水平、最大差距和平均差距

资料来源：YCELP．（2006~2016）Environmental Performance Index Report（2006~2016）．
http：//epi．yale．edu/downloads．

沙漠以南的非洲国家。

根据 2016 年全球 EPI 指数分地区统计结果（表 3-1）可知：

（1）欧洲地区包揽了 EPI 排名前 50 个国家中的 62%，环保工作成绩突出。

（2）榜单后 50 名中撒哈拉沙漠以南非洲地区占 64%，由于自然条件恶劣，经济相对落后等原因，这些国家的环保问题治理能力较差。

表 3-1 2016 年全球 EPI 指数分地区统计

统计\地区	东亚和太平洋地区	东欧和中亚地区	欧洲地区	南亚地区	北美地区	拉丁美洲和加勒比地区	中东和北非地区	撒哈拉以南非洲地区
国家总数	24	16	31	9	2	30	19	45
前 50 名	4	8	31	0	2	4	1	0
后 50 名	7	0	0	7	0	2	2	32

资料来源：YCELP．2016．Environmental Performance Index Repor 2016．

4. 2016 全球关注空气质量，国家发展水平影响环保政策制定

从环境绩效指数总体水平（图 3-14）可以看出：

（1）国家对环保政策制定以及治理能力和国家发展水平呈现正相关，即在不同类型国家之间发展水平越高，环境绩效得分越高，呈阶梯状分布，发达国家处于 60~90 梯度，环保贡献突出；新兴经济体国家处于 40~80 梯度，环保贡献一般；发展中国家处于 40~70 梯度，环保贡献一般；最不发达国家处于 20~60 梯度，环保贡献较差。

（2）在同一类型国家中，发展水平相近，EPI 得分反映了各国环境保护的投入程度，相对而言，欧洲小国表现较好，而美国、中国等国家相对投入较少。

（3）各国环境绩效指数在 2008 年有所下降，到 2012 年达到最低点，究其原因在

于 EPI 指数对其指标进行不断的调整。2016 年，EPI 测算中加大了空气质量方面的比重，根据 2016 年 EPI 报告中空气质量的排名，中国仍为 $PM_{2.5}$ 的重灾区。

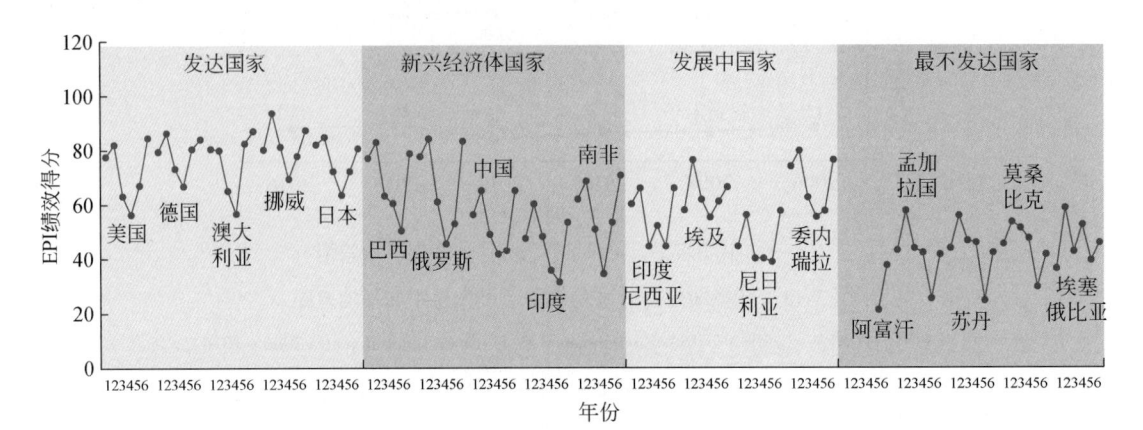

图 3-14　2006~2016 年典型国家 EPI 水平

注：横轴 1~6 分别表示 2006 年、2008 年、2010 年、2012 年、2014 年和 2016 年

资料来源：YCELP. 2016. Environmental Performance Index Repor 2016.

http：//epi. yale. edu/.

（二）气候变化绩效指数

1. 气候变化绩效指数总体概况

"德国观察组织"（German Watch）自 2007 年 12 月开始每一年发布气候变化绩效指数（the climate change performance index，CCPI）报告。气候变化绩效指数基于规范的标准，就全球信息较充足、应对气候变化行动较明确的国家的气候保护绩效进行评比，这些国家负责超过全球 90% 的能源相关的 CO_2 排放。报告中 80% 的评价是基于排放趋势和排放水平的客观指标，20% 的评价是由来自于多个国家的 200 多名专家进行的国家和国际气候政策评估。气候变化绩效指数具体包括碳排放水平（30%）、碳排放趋势（30%）、效能（10%）、可再生能源（10%）和气候变化相关政策（20%）共计 15 项指标，如图 3-15 所示。

2. 气候变化治理能力平稳上升，排名前三甲依旧留空

由 2009~2016 年气候变化绩效指数整体分析（图 3-16）可知：

（1）气候变化绩效指数的平均水平呈逐步上升趋势，说明各国在应对气候变化方面做出了一定的努力。

（2）按照气候变化绩效指数数据，将应对气候变化的能力分为 4 个等级，0~45 为较差；45~65 为一般；65~85 为良好；85~100 应对气候变化能力强。基于此，全球应对气候变化的平均水平为一般。

图 3-15 气候变化绩效指数构成

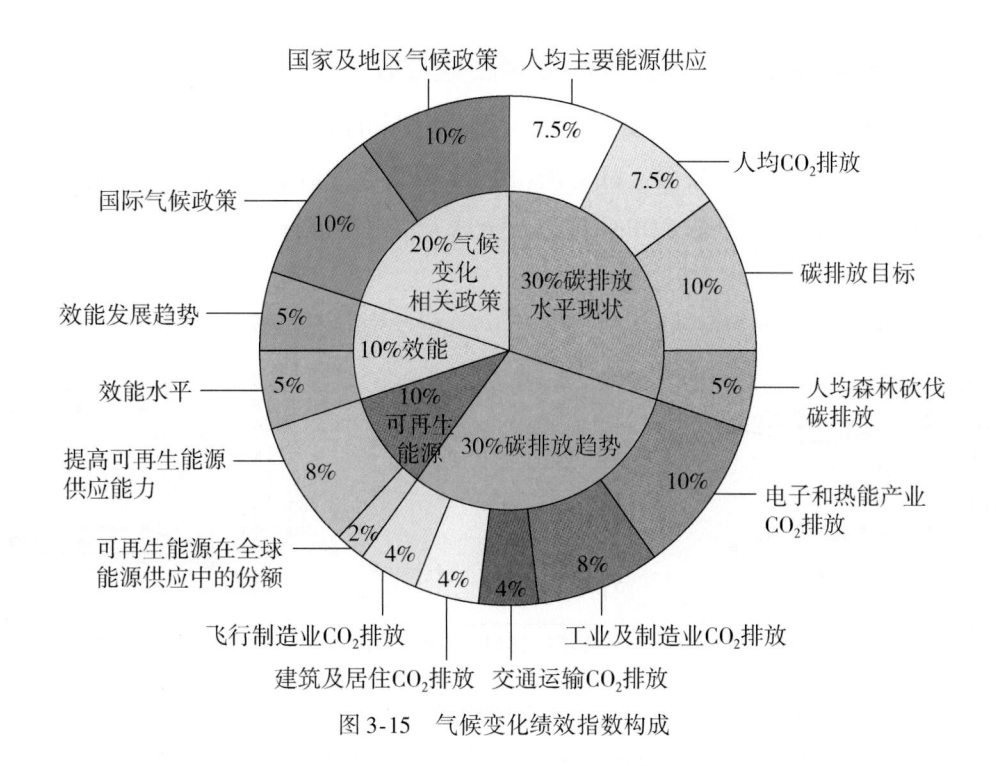

（3）最大差距整体上逐年上升，年均增速为 5.8%，表明全球各国应对气候变化能力差距不断增大，分化严重。

（4）从 2010 年起，平均差距逐年增加，年均增速约为 4.5%，进一步说明各国应对气候变化能力不协调。

（5）CCPI 指数报告排名将 58 个国家和地区分为 5 个梯级，分别是"非常好""好""一般""差""非常差"。其中第一档"非常好"有三个名额。但遗憾的是，2009~2016 年排名的前三甲一直留空，说明没有任何一个国家或地区在控制气候变化方面做出足够努力。

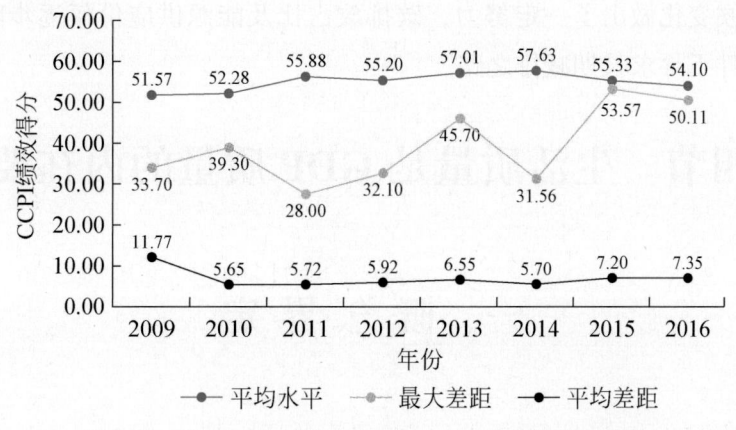

图 3-16 气候变化绩效平均水平、最大差距和平均差距

资料来源：German Watch. （2013~2016）The Climate Change Performance Index（2013~2016）. http://germanwatch.org/en/climate-change.

3. 碳排放大国排名上升，气候应对凸显成效

2016 年碳排放量前三位的国家分别为中国、美国和印度，合计超过全球碳排放总量的 50%。根据 CCPI 提供的数据，对美国、中国及印度的 CCPI 的排名、全球碳排放占比、全球能源供给份额、全球 GDP 占比以及全球人口占比进行分析，如图 3-17 所示。

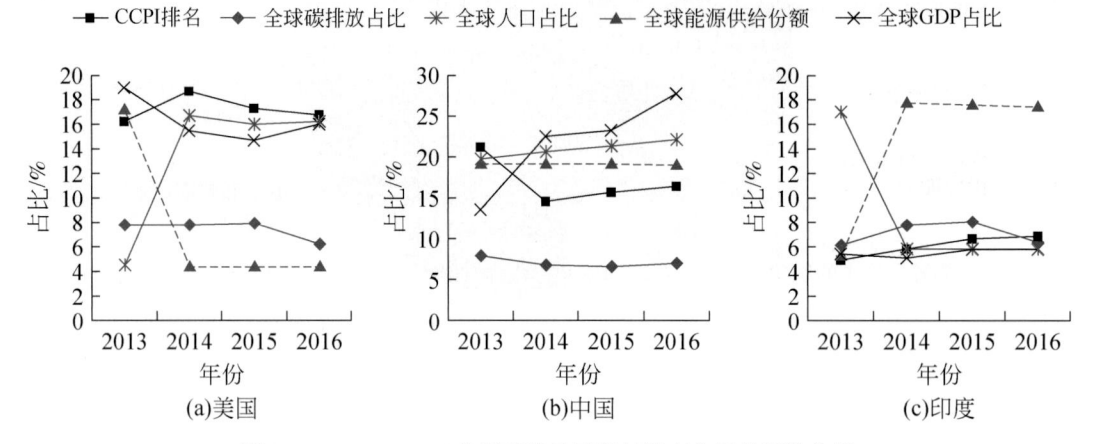

图 3-17　2013~2016 典型碳排放国家气候变化相关指数分析

注：CCPI 排名数据标准化为 0~8% 的数据。

资料来源：German Watch.（2013~2016）The Climate Change Performance Index（2013~2016）. http://german watch.org/en/climate-change.

在 2016 CCPI 排名中，美国位列第 34 名，中国和印度分别为第 47 和第 25 名。作为发达国家，美国 GDP 占比呈下降趋势，同时，碳排放量占比减少，使其 CCPI 排名小幅度上升。中国、印度作为新兴经济体国家，由于人口基数大、经济发展迅速、能源结构尚处低端、碳排放量占比均在全球前列。2013~2016 年 CCPI 排名中中国排名稳定，印度自 2015 年后排名小幅上升。从整体上来看，中国和美国作为两大碳排放主体，为应对气候变化做出了一定努力，碳排放占比及能源供应份额逐步降低，在不同的经济发展条件下寻求长期减排之路。

第四节　生活质量是 GDP 质量的内在要求

一、概念界定

（一）生活

《辞海》对"生活"一词的释义是：①指人或生物的各种活动；②进行各种活动；

③活着，保存生命；④生计，衣食住行等方面的情况；⑤方言。因此，生活在本质上是比生存层面更高的一种状态，是指人类生存过程中的各项活动的总和，是对人生旅途的考验与经历，范畴较广。中国生活学首倡者黄现璠给生活的定义和分类是：生活，狭义上是指人于生存期间为了维生和繁衍所必需从事的不可或缺的生计活动。它的基本内容即为衣食住行生活；广义上指人的各种活动，包括日常生活行动、工作、休闲、社交等职业生活、个人生活、家庭生活和社会生活。

随着经济的发展，生存条件作为生活的物质基础不断改善，满足了人类基本需求。然而，人类发现生活的意义并不完全在于物质的积累，还需要考虑精神的满足感、幸福感。因此，人类利用生活质量的概念来表达自身对生活的感受。

（二）生活质量

生活质量，亦称生活素质、生命质量、生存质量等，是一个多层面的概念。反映了经济发展到一定阶段人口生活条件的综合状况。一般来说，生活质量是指一定经济发展水平上人类生活条件的综合状况。它包括诸如生活环境、教育、供给、卫生保健、社会服务、文化娱乐、社会风尚、社会治安、社会福利等许多方面的生活条件。世界卫生组织（WHO）（1993）提出的生活质量概念是指不同文化和价值体系中的个体对他们的目标、期望、标准以及所关心的事情相关的生活状况的体验，这是对生活质量较为公认的定义。WHO认为生活质量应该包含六个方面：身体机能、心理状况、独立能力、社会关系、生活环境、宗教信仰与精神寄托。

生活质量具有重要的研究意义，在不同的领域及专业对生活质量的理解不尽相同，因而也就出现了不同的对生活质量的理解（易松国，1998）。主要包括三方面：①从物质生活及精神生活的客观条件方面进行理解，认为生活条件的改善意味着生活质量的提高。主要从物质生活质量指数方面对生活质量进行测量和评价。②从生活舒适度、便利程度的主观感受方面来理解，概念更为广泛，既有感情、心理健康的研究，也包括对认知层次满意程度的研究。③将主、客观两方面结合起来理解。把生活质量定义为，"社会是建立在一定的物质条件基础上，社会提高国民生活的充分程度和国民生活需求的满足程度"，个体对自身及其社会环境的认同感。

本报告认为，生活质量反映了社会成员满足生存与发展需要的各方面情况特征，其建立在一定物质条件基础上，反映了社会个体对自身及其社会环境的认同感。GDP质量强调人类对于幸福感的认同，发展GDP质量旨在使人类的眼光转向生活富裕且健康幸福上来。因此，生活质量是GDP质量发展的内在要求，表明GDP生成过程中民众心理或者意愿的幸福感和安全感，以经济的发展程度为根本性前提。

二、内涵演化

(一) 生活质量是经济发展的必然要求

对生活质量问题的研究主要是从西方国家开始的，伴随着经济的发展生活质量的内涵和外延也在不断地发生变化。英国剑桥学派福利经济学家亚瑟·塞西尔·庇古（Arthur Cecil Pigou）于1920年在《福利经济学》中首次明确使用了生活质量的概念来描述福利的非经济方面。不过，庇古的提法在当时并没有引起广泛关注。直到1958年，美国著名经济学家约翰·肯尼思·加尔布雷斯（John Kenneth Galbraith）在《丰裕社会》一书中提出生活质量的概念，才真正开启了生活质量领域的研究。第二次世界大战之后的西方国家，人们一扫对大萧条卷土重来的恐慌，经济呈现一派繁荣之势，人们生活的基本需求已经得到了满足，这为生活质量的提出提供了有利的条件。加尔布雷斯认为，生活质量的本质是一种主观体验，主要包括个人对其人生际遇的满意程度以及在社会中实现自我价值的体验等。

收入的增长和供给的增加，满足人们基本的物质文化需要的同时，也为追求社会福利最大化、提高生活质量提供坚实的基础。因此，生活质量的优劣是以经济发展程度为根本性前提的，是受到物质资料的丰裕状况影响的。只有在经济发展、物质丰富的基础上，才能提出和实现提高生活质量。

(二) 生活质量是消费理念的全新诠释

伴随着现代科学技术的迅猛发展，人们的消费水平明显提高，消费结构明显改善，消费方式日益多样。消费作为社会再生产的重要环节，是社会可持续发展必不可少的动力，尽管如此，消费却并不单单是一种经济行为，它是以人类作为发展主体，提高和改善人类生活质量的体现。提高生活质量是消费文化、消费理念的进步，是现代社会的基本价值取向，这是消费文化、消费理念更新的结果。

传统消费文化和消费理念，是以节欲主义为中心的，强调节制欲望、限制消费。在现实社会中往往"重生产、轻生活"，或者是"先生产、后生活"。显然，这破坏了生产与生活的和谐，极大地抑制了社会的活力。提高生活质量就是要实现消费文化和消费理念的变革，以扩大消费作为经济发展的内在动力，把提高生活质量作为社会的价值取向，从经济发展的本原上构筑和谐。

(三) 生活质量是国民幸福的检验标尺

生活质量无论从物质和精神生活的客观层面还是追求满足感和舒适度的主观层面

上来说本质是衡量国民幸福的标准。

20世纪70年代初，不丹国王吉格梅·辛格·旺楚克（Jigme Singye Wangchuck）提出："人生基本的问题是如何在物质生活和精神生活之间保持平衡，社会发展的目标应该是如何提高国民幸福。"随着"不丹模式"在实践中的良好效果，世界上越来越多的国家将目光投向这个南亚小国，并加强了质量发展观的研究。在人类发展的历史长河中，经济的繁荣以及生产方式的变革影响人类对于自身幸福感的认知，生活质量以发展的视角诠释了国民对于幸福的理解，提供了不同社会文化背景下人类对于生活的满足感和安全感。

（四）生活质量是人类文明的重要标志

随着人类文明的进步，建设和谐社会是当今世界的发展目标，生活质量的内涵随着社会的进步在不断地完善和发展。人类一直为了提高自身的生活质量而努力奋斗着、追寻着，这其中的内涵是广阔而复杂的，不但涉及物质上的消费水平，还涵盖着对人类更高层次精神文化和所处生存环境状态的评估。

在21世纪的可持续发展社会中，生活质量作为人类认识自我以及社会和谐发展的重要指标赋予了生存与发展的新内涵。可以说，生活质量是人类文明发展历程最为直接的见证者，目睹了从混乱到有序、从贫困到富裕、从偏见到公平的转变。过去，人们单纯地将生活质量看成是物质欲的膨胀，一味地对大自然索取而不知回报，一味地为了金钱而引发战争，目光仅仅局限于短期的微薄利益，却忽视了人类这个种族的延续。这个时期的生活质量是残缺的生活质量，是畸形的生活质量；现在，人们开始意识到自身的健康、职业以及所受到的教育、公共安全保障都是影响生活质量的关键因素，发展的途径也逐渐变得越来越侧重社会的和谐与环境的保护，这标志着人类文明的重大进步。

三、理论解析

生活质量是现代社会成员消费水平的重要标志，也是衡量社会发展程度和水平的基本内容。提升生活质量能够直接提升GDP质量，提升GDP质量又能够直接或间接地提升生活质量。一般来说，生活质量理论主要包括需求层次理论、双因素理论、幸福感理论、平行世界理论等。

（一）马斯洛需求层次理论

马斯洛需求层次理论（Maslow's needs-hierarchy theory）是由美国著名心理学家亚

伯拉罕·哈罗德·马斯洛（Abraham Harold Maslow）于1943年在《人类激励理论》论文中提出的。他将人类的需求按照从低到高分为五个层次：第一层是生理上的需要，也是级别最低、最具优势的需求；第二层是安全需求，包括人身安全、生活稳定以及免遭威胁或疾病等；第三层是社会交往的需要，属于较高层次的需求，如友情、爱情等情感需求；第四层是尊重需求，包括对成就或者自我价值的个人感觉等；第五层是自我实现的需求，是最高层次的需求，包括对真善美的人生境界获得的需求。只有当低层次得以满足的时候，高层次的需求方能产生，在一定程度上反映了人类行为和心理活动的共同规律。马斯洛的需求层次理论指出了人在每一个时期，都有一种需求占主导地位，因此，每种需求得以满足的程度是反映其生活质量优劣的重要方面。

（二）双因素理论

期望理论（expectancy theory）是由北美著名心理学家和行为科学家维克托·弗鲁姆（Victor Vroom）于1964年在《工作与激励》中提出来的激励理论。弗鲁姆认为，人总是渴求满足一定的需要并设法达到一定的目标。这个目标在尚未实现时，表现为一种期望，这时目标反过来对个人的动机又是一种激发的力量，而这个激发力量的大小，取决于目标价值（效价）和期望概率（期望值）的乘积。假如一个人把某种目标的价值看得很大，估计能实现的概率也很高，那么这个目标激发动机的力量越强烈。生活质量的本质是一种主观体验，包括人类在社会中自我实现的体会，期望理论描述了工作目标对人类产生激励的规律，以此来衡量在社会中自我实现的程度。因此，期望理论是生活质量建设不可或缺的理论基础。

（三）幸福五元素理论

幸福五元素理论，也称为PERMA理论，是由"积极心理学之父"马丁·塞利格曼（Martin Seligman）在《持续的幸福》一书中提出的。塞利格曼专注于如何建立人们的幸福感，并让幸福持续下去。他认为，实现幸福人生应具有五个元素：积极情绪（positive emotion）、投入（engagement）、人际关系（relationship）、意义（meaning）和成就（accomplishment）。幸福是五个元素的集合，丰富的积极情绪、高度的沉浸体验、满意的社会关系、有意义的生活和工作，以及不断涌现的成就感，都是我们幸福的源泉，是生活的必需品。因此，幸福是每个人的追求，也是创造富裕安康生活质量的核心要义。

(四) 伊斯特林悖论

伊斯特林悖论（Easterlin paradox），又称为"幸福悖论"，是由美国南加州大学经济学教授理查德·伊斯特林（Richard Easterlin）在1974年的著作《经济增长可以在多大程度上提高人们的快乐》中提出的。他认为，收入增加并不一定导致快乐的增加。首先，国家之间的比较研究以及长期的动态研究表明，人均收入的高低同平均快乐水平之间没有明显的关系。其次，在收入达到某一点以前，快乐随收入增长而增长，但超过那一点后，这种关系却并不明显。最后，物质生活和其他非物质条件都会对幸福产生影响，而家庭和健康状况恶化会对幸福产生长久而负面的影响。在伊斯特林悖论的解释中衍生出两类理论：一类是"忽视变量"理论。这些理论认为，经济学仅仅关注收入、财富和消费，忽略了影响人们幸福的其他许多重要因素，从而出现了"幸福悖论"；另一类注重的是"比较视角"，认为个人效用与本人的收入水平正相关，但与社会的平均收入水平（攀比水平）负相关；当社会变得更富裕时，攀比水平随之提高，导致收入—幸福曲线下移。经济与幸福感都是人类发展不可或缺的重要因素，因此，寻找影响幸福的根本因素正是当下经济学发展的一种趋势，"追求幸福"的经济发展是构建生活质量的最终目的。

四、实践探索

（一）更好生活指数

1. 生活质量指数总体概况

2013年，经济合作与发展组织（Organization for Economic Cooperation and Development，OECD）发布了《更好生活指数报告》（*Better Life Index* 3.0版），对加入该组织成员国家民众的生活品质做出评估。2016年OECD发布新的一期生活质量指数报告，评估对象为35个经合组织成员国以及俄罗斯、巴西和南非共和国，根据指标的性质分为生活条件指标和生活品质指标，包括11个方面，即住房、收入、工作、社区、教育、环境、政府管理、健康、生活满意度、安全、工作生活平衡度，共24个二级指标（表3-2）。

2. 挪威破澳大利亚三连冠，美国高收入却无缘前三甲

自2013年更好生活指数发布以来，澳大利亚连续三年成为生活品质最好的国家。2016年发布的报告中对成员国进行排名，如表3-3所示，新排名中，挪威打破澳大利亚三连冠，夺得榜首，澳大利亚位居第二。

表 3-2　OECD 生活质量指数指标分类

指数及分类			指标
生活质量指数	生活条件指数	住房	人均房间数量
			无基本设施的居住场所比例
			住房建设开支
		收入	调整后的住户可支配净收入
			住户金融财富
	生活品质指数	工作	工作保障
			个人收入
			就业率
			长期失业率
		社区	社会救助网络质量
		教育	教育年限
			教育程度
			学生阅读技能
		环境	水质量
			空气污染度
		政府管理	投票率
			政策制订过程的参与度
		健康	预期寿命
			体检健康状况评估
		生活满意度	生活满意度
		安全	谋杀率
			夜晚单独行走安全感受
		工作生活平衡度	超时工作的员工比率
			用于休闲和个人护理的时间

表 3-3　2016 OECD 生活质量指数排名

排名	国家	排名	国家
1	挪威	20	斯洛文尼亚
2	澳大利亚	21	捷克
3	丹麦	22	爱沙尼亚
4	瑞士	23	日本
5	加拿大	24	斯洛伐克共和国
6	瑞典	25	意大利
7	新西兰	26	以色列
8	芬兰	27	波兰
9	美国	28	韩国
10	冰岛	29	葡萄牙
11	荷兰	30	拉脱维亚
12	德国	31	希腊
13	卢森堡公国	32	匈牙利
14	比利时	33	俄罗斯
15	奥地利	34	智利
16	英国	35	巴西
17	爱尔兰	36	土耳其
18	法国	37	墨西哥
19	西班牙	38	南非共和国

资料来源：OECD. 2016. Better Life Index. http：//www. oecd betterlife index. org/.

从综合排名来看，西方国家包揽前十名，其中，北欧小国占据榜单前端，美国虽然在国家发展水平上占有优势，但是仍然无缘前三甲。亚洲国家包含日本和韩国，分别排名第 23 位和第 28 位。

3. 幸福感综合考评，生活质量和物质条件陷"门槛效应"

《更好的生活指数报告》根据 11 个不同标准为成员国进行打分，这些指标分为两大类，分别为生活条件指标和生活品质指标。通过对每个指标单独排名的分析，可以获得各国在生活质量建设方面的优势和不足。图 3-18 和图 3-19 统计了每个指标得分前五名的国家。

生活条件指数排名中，美国在住房和收入方面均获得第一名，虽然在工作方面得分不尽如人意，但不可否认，美国的物质经济条件名列前茅。然而，在生活品指标排名中，美国均未进入前三甲。生活品质指数排名中，挪威在环境和安全方面获得突出成绩，并且在住房和工作评比中进入前三甲，为其夺得榜首进行铺垫。人均收入这一指标反映了生活条件指数的高低，但生活质量指数和生活品质指数随收入上升的趋势却呈非线性特征，存在显著的门槛效应。

(a)住房　　　　　　　(b)工作　　　　　　　(c)收入

图 3-18　生活条件指标得分统计分析

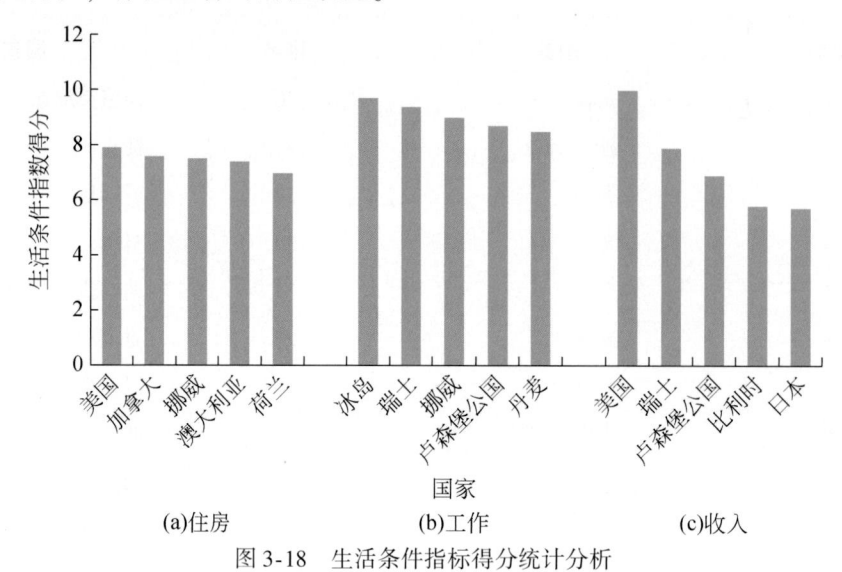

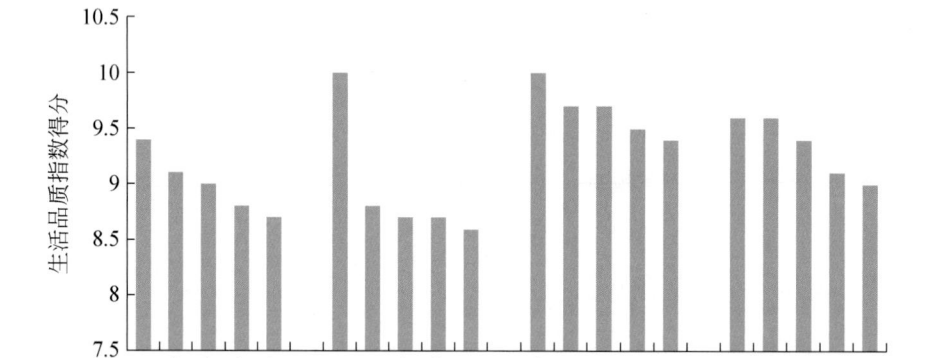

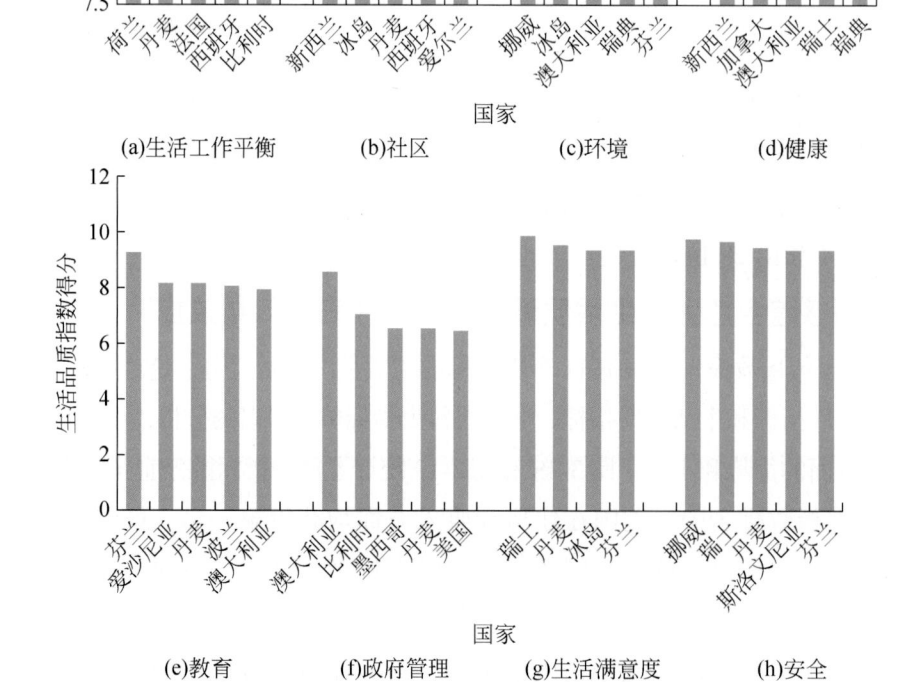

(a)生活工作平衡　　(b)社区　　(c)环境　　(d)健康

(e)教育　　　(f)政府管理　　(g)生活满意度　　(h)安全

图 3-19　生活品质指标得分统计分析

资料来源：OECD. 2016. Better Life Index 2016. http://www.oecdbettertife index.org.

（二）全球幸福指数报告（World Happiness Report，WHR）

1. 全球幸福指数总体概况

《全球幸福指数报告》始于 2012 年，报告由英属哥伦比亚大学社会学教授约翰·海利威尔（John Helliwell）、伦敦政经学院经济表现中心主任理查德·拉亚德（Richard Layard）和哥伦比亚大学教授杰弗里·萨克斯（Jeffrey Sachs）联合撰写，该报告涉及九大领域共 33 项指标（图 3-20）：教育、健康、生态多样性及持久性、良好的治理、时间利用、文化多样性和持久性、社区活力水平、心理幸福感和生活标准。由联合国可持续发展解决方案网络（SDSN）制作并发布，2012 年、2013 年分别发布了第一期和第二期，第三、四期分别于 2015 年、2016 年 4 月发布。全球幸福指数的阈值为 0 ~ 10，指数数值越接近 10，表明该国家的幸福程度越高。2016 年报告显示，北欧的丹麦成为全球最幸福的国家；非洲的布隆迪成为全球最不幸福的国家。

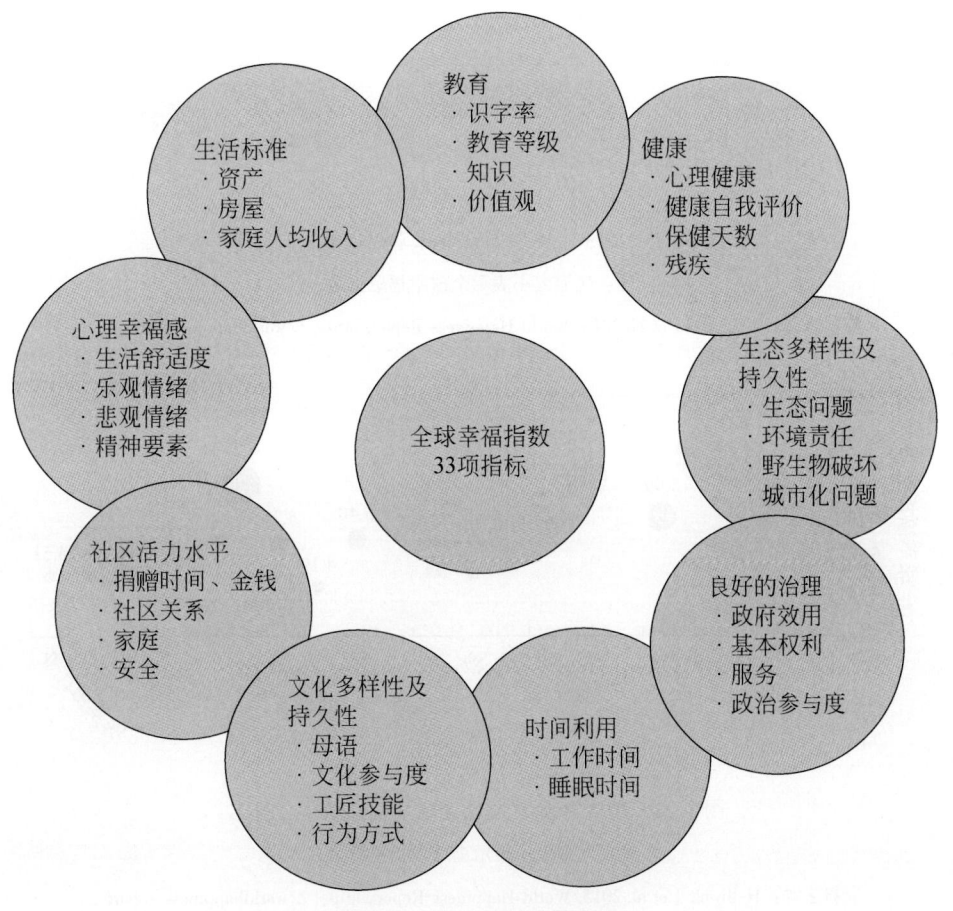

图 3-20　全球幸福指数构成

2. 经济发展水平影响幸福感，最不发达国家排名靠后

由图 3-21 ~ 图 3-23 可以看出：

（1）从2013年、2015年、2016年典型国家全球幸福指数得分排名中可以看出，在一定条件下，经济社会发展水平和幸福感呈正相关。发达国家幸福指数集中在6~8梯度，表明经济与社会发展对幸福感有正向影响；新兴经济体国家和发展中国家得分集中在5~7梯度，最不发达国家幸福感得分在4~5梯度，幸福感偏低。

（2）当经济发展到一定阶段，幸福感的获得需要通过其他方面的因素来满足，发达国家应该更多地考虑除经济发展因素之外的其他方面来提升民众幸福感；新兴经济体和发展中国家经济处于上升阶段，国民幸福感逐步上升，应保证经济和幸福感上升幅度相符；最不发达国家幸福感缺失，发展经济是现阶段提升幸福感的首要选择。

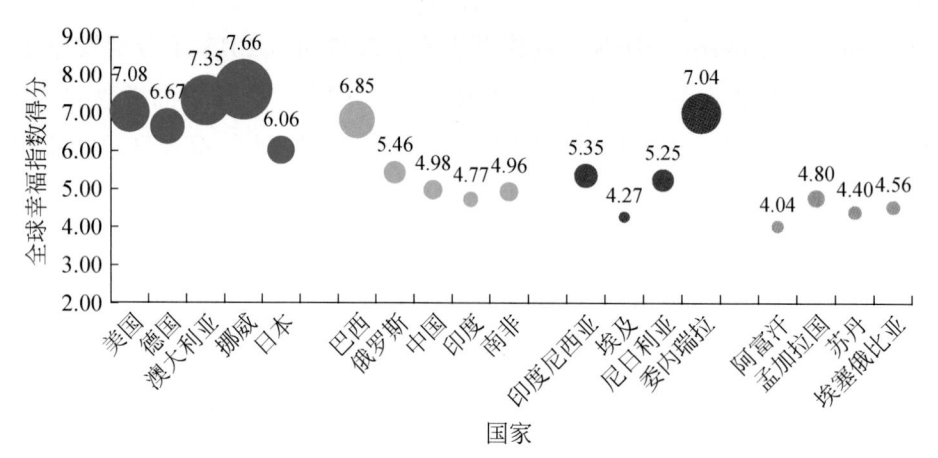

图 3-21　2013 年典型国家全球幸福指数得分排名

注：气泡大小表示全球幸福感排名。

资料来源：Helliwell J et al. 2013. World Happiness Report. http://worldhappiness.report/.

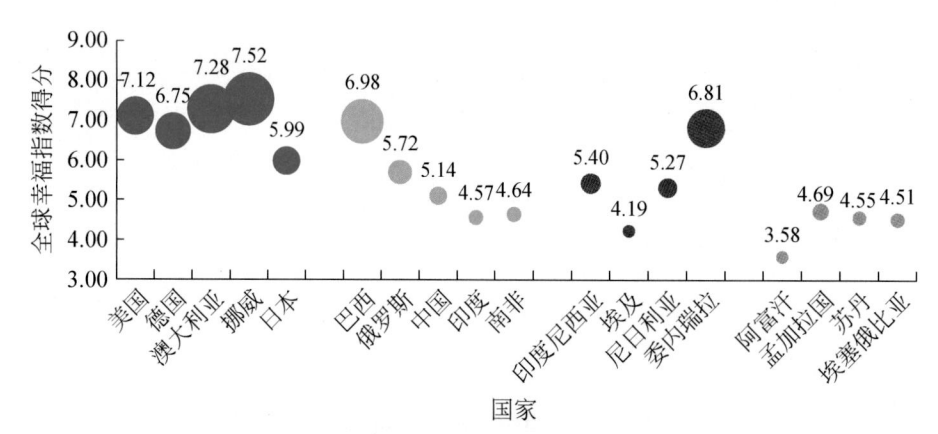

图 3-22　2015 年典型国家全球幸福指数得分排名

注：气泡大小表示全球幸福感排名。

资料来源：Helliwell J et al. 2015. World Happiness Report. http://worldhappiness.report/.

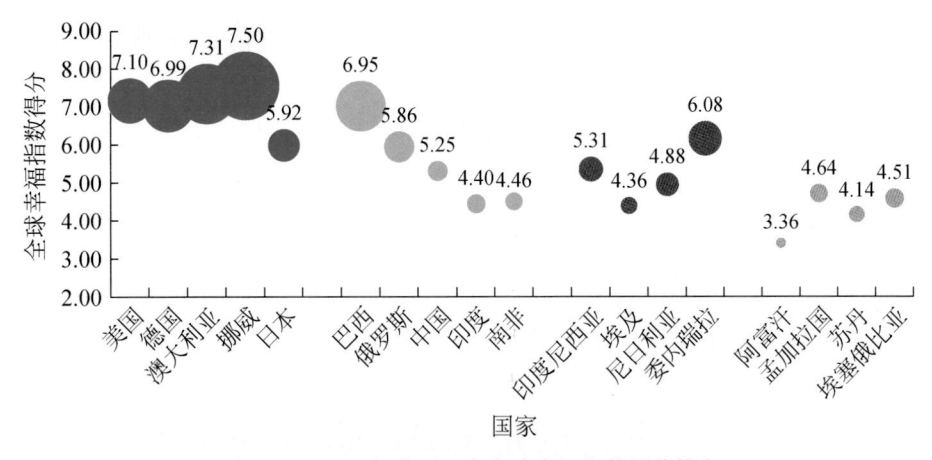

图 3-23 2016 年典型国家全球幸福指数得分排名

注：气泡大小表示全球幸福感排名。

资料来源：Helliwell J et al. 2016. World Happiness Report. http://worldhappiness.report/.

3. 打破"唯 GDP"衡量标准，幸福感差距代替收入差距

由图 3-24 可知：

（1）典型国家 GDP 排名和国民幸福指数排名基本保持相同的趋势，随着经济社会的发展，幸福感增强。

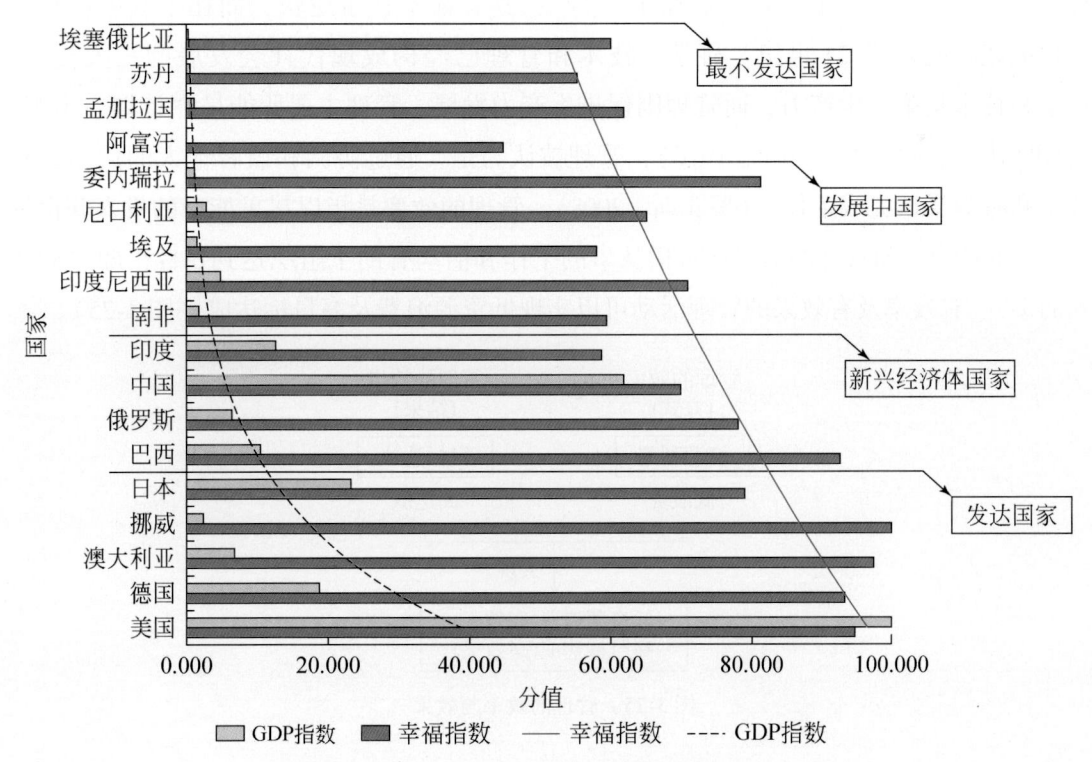

图 3-24 典型国家 GDP 排名及幸福指数排名对比分析

资料来源：Helliwell J et al. 2013；2015；2016. World Happiness Report.

（2）发达国家中，挪威 GDP 排名垫底，幸福指数却最高，美国 GDP 排名第一，幸福指数只能排在第三名。

（3）新兴经济体国家中，中国 GDP 排名第一，幸福感排名却不及 GDP 排名靠后的巴西。

（4）就典型国家中的一类来说，GDP 与幸福感的关系呈非线性。在不同发展阶段中，幸福感和 GDP 的关系在不断地变化，全球幸福指数指出："唯 GDP"论的幸福感模式已被打破，收入差距无法衡量幸福感。

第五节　管理质量是 GDP 质量的协调保障

一、概念界定

（一）管理

著名的管理大师彼得·德鲁克（Peter Drucker）曾说："管理（management）是一种实践，其本质不在于'知'而在于'行'；其验证不在于逻辑，而在于成果；其唯一权威就是成就。"21 世纪，科学、技术和管理已经构成现代社会发展的三大支柱，科学和技术是第一生产力，而管理则促进生产力发展。管理主要职能是"计划、组织、指挥、协调和控制"（Fayol, 1916），管理被认为是"通过协调和监督他人的活动，有效率和有效果地完成工作"（罗宾斯，2008）。管理的效率是指以尽可能少的投入获得尽可能多的产出，而管理的效果通常指从事的工作和活动有助于组织达到目标，即"做正确的事"。有效率及有效果的管理活动可以实现低资源浪费及高目标达成（图 3-25）。

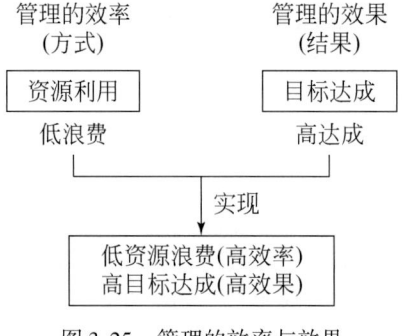

图 3-25　管理的效率与效果

（二）管理质量

管理活动应用于个人、家庭、企业、政府及社会，是 21 世纪最为普遍的人类活动之一。管理活动产生的红利是继市场红利、人口红利、资源与环境红利后的又一重要红利，是世界未来经济增长的主要推动力。伴随管理活动产生的管理质量是一个有意义的构念（Agarwal，2011），它被认为能够促进生产力的提高，进而使企业的利润增长更快、盈利能力和资金与资本的利用能力更强，产生更多的就业机会，最终促进宏观经济的迅速发展（CH et al.，2008）。管理质量的重要意义推动理论与实践者不断探索其概念与内涵，并主要形成了资源观与能力观两种观点（表3-4）。

表 3-4 管理质量资源观与能力管的双面诠释

角度	主要观点
资源观	管理质量是为了实现目标所采取的管理活动的效率与效果； 管理质量本身是一种无形资产，它增加了公司对雇员、投资者、顾客和供应商的承诺； 管理质量是一种有机制的组织资源，管理质量的高低决定利益相关者对企业的支持程度
能力观	管理质量是组织的一种能力； 具有战略制定与执行能力，即管理质量是指动用所有员工的能力和精力执行组织战略的一种能力，以使工人清楚自己在组织中的重要性及其对组织目标实现的贡献程度； 具有管理成果的运用能力，即从管理实践出发，认为把管理成果运用到具体的实践中，其结果有"好"与"不好"之分，相应就会产生管理实践质量"高"与"低"的问题

当前关于管理质量的研究与实践，存在以下两个问题：

第一，研究者基于自己的研究需要界定管理质量，没有把握住管理质量的本质，致使管理质量没有一个统一和清晰的定义。

第二，管理质量通常与企业管理相关联，管理质量的评价体系、对企业的绩效影响等是研究重点，而管理质量在政府和社会层面的应用则被忽略了。

本报告认为，管理质量是GDP质量的一部分，是对管理活动的全方位衡量，它集中表征组织、政府或社会的管理运行水平、效率和稳定性。高质量管理是过程质量与结果质量的双重统一，即能够在资源节约、环境友好、社会和谐、人民幸福等低资源浪费管理方式下达成高效管理结果。

二、内涵演化

（一）古代——管理质量在实践中的酝酿发展

公元前18世纪的古巴比伦汉谟拉比法典中，有一条法律规定："如果营造商为某人建造一所房屋，由于他建造得不牢靠，结果房屋倒塌，导致房主身亡，那么这位营造商将被处死"（《中国发展质量研究报告2014》，第110页），这是目前已知的关于管理质量的最古老史料。

《圣经》中也有提高管理质量的阐述，如摩西的岳父传授给他的管理经验："你应当从百姓中挑选能干的人，封他们为千夫长、百夫长、五十夫长和十夫长，让他们审理百姓的各种案件。凡是大事呈报到你这里，所有的小事由他们去裁决，这样他们会替你分担许多容易处理的琐事。如果你能够这样做事，这是上帝的质疑，那么你就能在位长久，所有的百姓将安居乐业（引自《管理学》，斯蒂芬·P·罗宾斯，1996，第24页）。"

文字记载以外，依靠良序管理产生的重大实践成果屡见不鲜。埃及的金字塔、中国的长城，作为一种在负责计划、组织、领导和控制活动的专门人员的指挥下所做的组织性的努力——实质上是一种管理活动，已经存在几千年了。这些规模恢弘的工程与高质量管理活动密不可分。

（二）近代——管理质量在理论上的破土而出

管理质量的实践虽然由来已久，但两个重大历史事件对管理质量的研究影响深远。第一个重大历史事件是亚当·斯密（Adam Smith）在1776年发表了《国富论》，其中提到了劳动分工（division of labor）和工作专业化（job specialization）两个重要的管理学概念。第二个重要历史事件是18世纪末期工业革命的展开，机械代替人力呼唤正式的管理理论和管理组织，以对生产进行更好的指导，从此奠定了管理在20世纪初以及之后的蓬勃发展。

之后，管理理论逐渐产生，并主要形成了科学管理、一般行政管理理论、定量方法、组织行为、系统观、权变理论六大流派。不同管理理论犹如盲人摸象，从不同视角观察管理活动，以此从各个方面指导管理者提高管理质量。

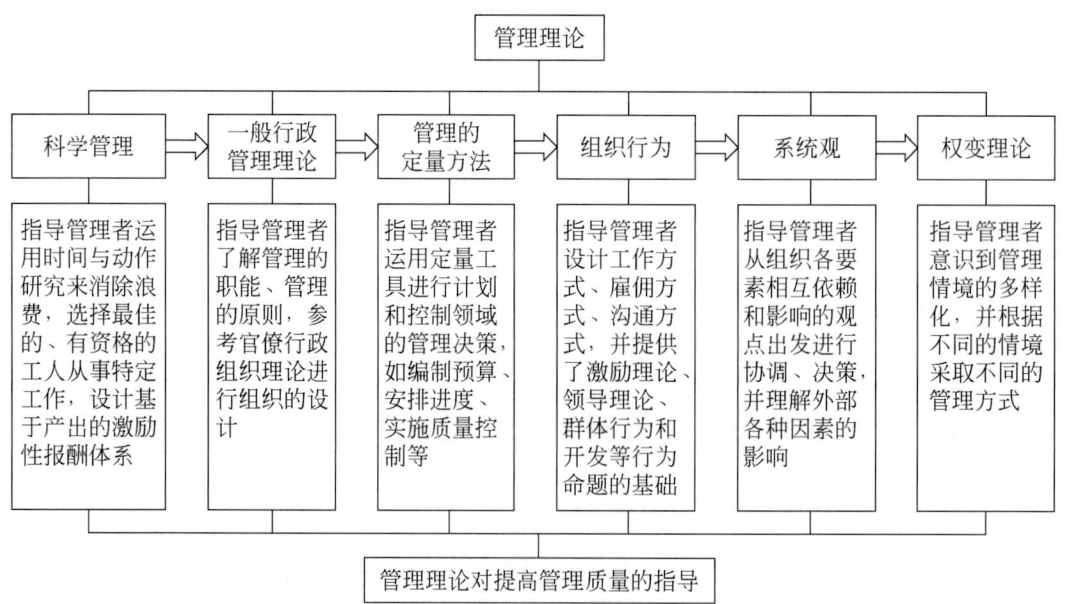

图3-26 管理理论对管理质量的指导

(三) 现代——管理质量"知"与"行"的双重统一

随着管理理论的不断完善和发展，更多的行业和部门开始引入管理的理论和方法，管理质量的内涵也有了进一步发展，并开始走向政府与社会管理宏观决策层面。就当前来看，提升管理质量的目的在于保障企业、政府和社会的质量效益，以质量提高管理水平，从而服务于国家"大质量"观的建设，践行管理质量"知"与"行"的双重统一。

三、理 论 解 析

管理质量是 GDP 质量的重要构成要素，提升管理质量是提升 GDP 质量的有效手段。各行各业都离不开管理质量：提升企业管理质量能提高企业生产效率，降低生产成本，并降低资源和能源的消耗；提升政府管理质量能促使政府效率提高，降低政府支出，塑造政府公信力；提升社会管理质量能够提升社会效率，降低社会开支，构建和谐稳定社会。因此，管理质量的本质内涵主要是由企业管理、政府管理和社会管理三个部分共同构成。

(一) 企业管理：创新管理是提高管理质量的第一抓手

企业是社会经济活动的基本单元，企业管理是指企业的经理人员或经理机构对企业的经营活动进行决策、计划、组织、领导和控制，以实现企业的经营目标，提高企业经济效益的活动的总称（杨善林，2004），创新是企业发展的持续性动力，创新管理是提高企业管理质量的第一抓手。日本企业 20 世纪 70 年代中后期的丰田生产体系、全面质量管理等实践展现了创新管理的惊人潜力；美国企业 80 年代在占有显著技术优势的条件下陷入衰退证实了管理创新缺失的巨大危害；2008 年全球经济危机后，实践证明仅仅拥有先进技术或产品已不能维持企业持续发展，更无法获得绝对竞争优势，管理因素的重要性日益突显，而管理创新在克服组织惰性与僵化、根除组织深层次运行问题、系统提升组织绩效等方面具有不可替代的作用，也是提升管理质量的重要手段（Hamel，2006）。管理创新作为提高管理质量的重要手段，贯穿于企业管理活动的整个过程，包括观念创新、组织创新、制度创新、文化创新等方面。因此，围绕企业层面的管理创新实践活动是提升管理质量的最基本表达。

(二) 政府管理："善"治是增进管理质量的新型选择

政府管理是由一系列规则、组织和机构构成的实现政府职能的制度选择活动（杨冠琼和蔡芸，2011），这种制度安排决定了其特定的政府职能范围、政府组织结构、公共政策的制定过程及公共政策实施方式、公共资源的配置方式以及各社会主体在政府管理中所扮演的角色。20世纪90年代后，全球化不断推进，经济全球化尤其促使了西方传统民族国家市场失灵及政府失效的显现，治理的兴起被认为是在市场与国家的这种不完善的结合之外的一种新选择（郁建兴，2008）。治理既是对政府权威和国家统治的话语性、制度性的反对，也是对市场失灵和国家失败的反思和替代（王诗宗，2009），治理涉及国家的各方面社会关系和社会联系，包括政治、经济、社会、文化、生态、军事、外交等方面，强调权威主体的多元性、权威性质的协商性、权利自上而下与自下而上的互补性与治理范围的扩大，因而治理是具有最广泛深厚容量社会关系的治理形态。善治就是良好的治理，就是政府与公民对社会的合作管理，是与传统政府管理方式比较而言增进管理质量的新型选择。

（三）社会管理：积极管理是优化管理质量的重要途径

近年来，全球化的社会问题、社会矛盾以及社会冲突不断增强，由此形成了巨大的社会生活冲击。与传统社会相比，我们现在身处其中的是一个更为复杂、更具风险的世界，是一个充满了不确定性的世界（贝克等，2004），在面临诸多压力和挑战的情况下，社会管理容易展现消极性，即以一种消极的、防范性的手段加强权力，对社会进行更好的控制。然而，积极管控才是优化管理质量的重要途径，具体而言，积极的社会管理则以主动的建设和变革为手段，以改善社会的状况、建设更好的社会为目标，虽然在积极的社会管理中也要努力应对和化解现实中某些消极因素，但它的目标更具有进取性（孙立平，2011），而公平正义是积极社会管理的实现途径。

四、实践探索

对管理质量进行评价是世界各国的重要实践探索，世界治理指标从六大维度衡量国家治理水平，而清廉指数则顺应时代潮流，呼唤更加清廉的政府。

本节以四类共20个国家为例，分析世界治理指标和清廉指数下的20国管理水平。

（一）世界治理指标

1. 世界治理指标总体概况：六大维度衡量国家治理水平

世界治理指标（worldwide governance indicators，WGI）由世界银行于1999年创立，旨在通过相关评估促进世界范围内的治理。最新的全球治理指标覆盖了215个国家和地区在1996年、1998年、2000年、2002~2014年的数据。

世界治理指标从六个维度衡量国家治理（图 3-27）：言论和问责（voice and accountability，VA）、政治稳定和杜绝暴力/恐怖主义（political stability and absence of violence，PV）、政府效能（government effectiveness，GE）、监管质量（regulatory quality，RQ）、法治（rule of law，RL）、控制腐败（control of corruption，CC）。指标首先识别许多个体的关于治理认识的数据来源，将它们分为以上六类，然后用"不可观测要素模型"的统计方法来从这些个体量值中构建总体指标。

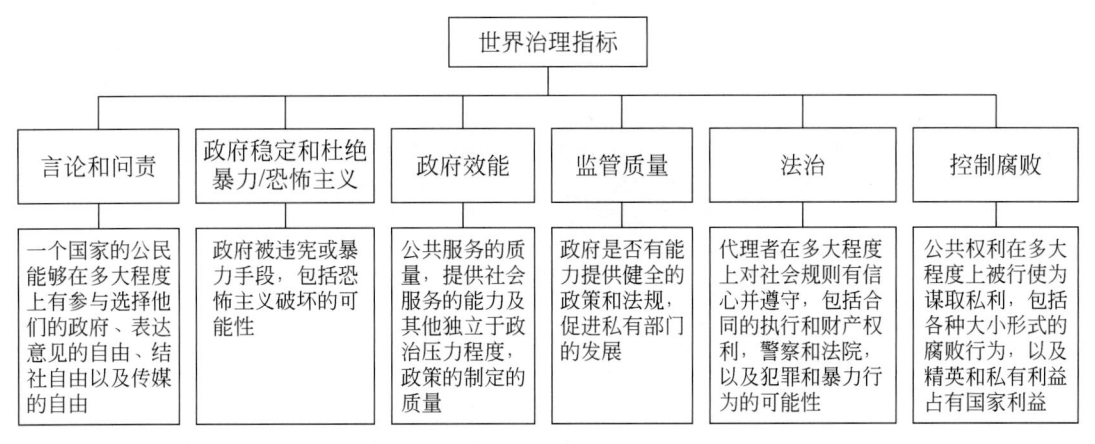

图 3-27 世界治理指标的构成

2. 历时分析：20 国治理水平趋于稳定

图 3-28 ~ 图 3-30 是对 1996 ~ 2014 年全球治理指数进行分析，横轴表示各国 1996 年的得分，纵轴表示 2014 年的得分。坐标轴中的实点表示某一国家的治理水平，实线为 20 国全球治理指数的趋势线，虚线为 45 度线。趋势线在 45 度线之上说明 20 国治理水平有所提升，反之则有所下降；国家在虚线之上说明治理水平有所提高，反之则有所下降。

对控制腐败、质量监管、法治这三个指标进行历时分析（图 3-28 ~ 图 3-30），其中控制腐败（图 3-28）、质量监管（图 3-29）的大多数国家在 45 度线附近聚集，且趋势线与 45 度线较为重合，说明这期间 20 国控制腐败和质量监管的水平变化不大；与此同时，法治的趋势线（图 3-30）整体高于 45 度线，说明 20 国的法制水平有小幅提升。而整体来讲，20 国治理水平趋于稳定。

3. 平均分析：发达国家总体治理水平更高

对 20 国 1996 ~ 2014 年某一指标求平均，根据各个国家某一指标的平均值可比较各国相应指标的治理水平；同时，计算四类国家这一指标的平均值，以此可以比较国家类型与相应指标的治理水平的关系。

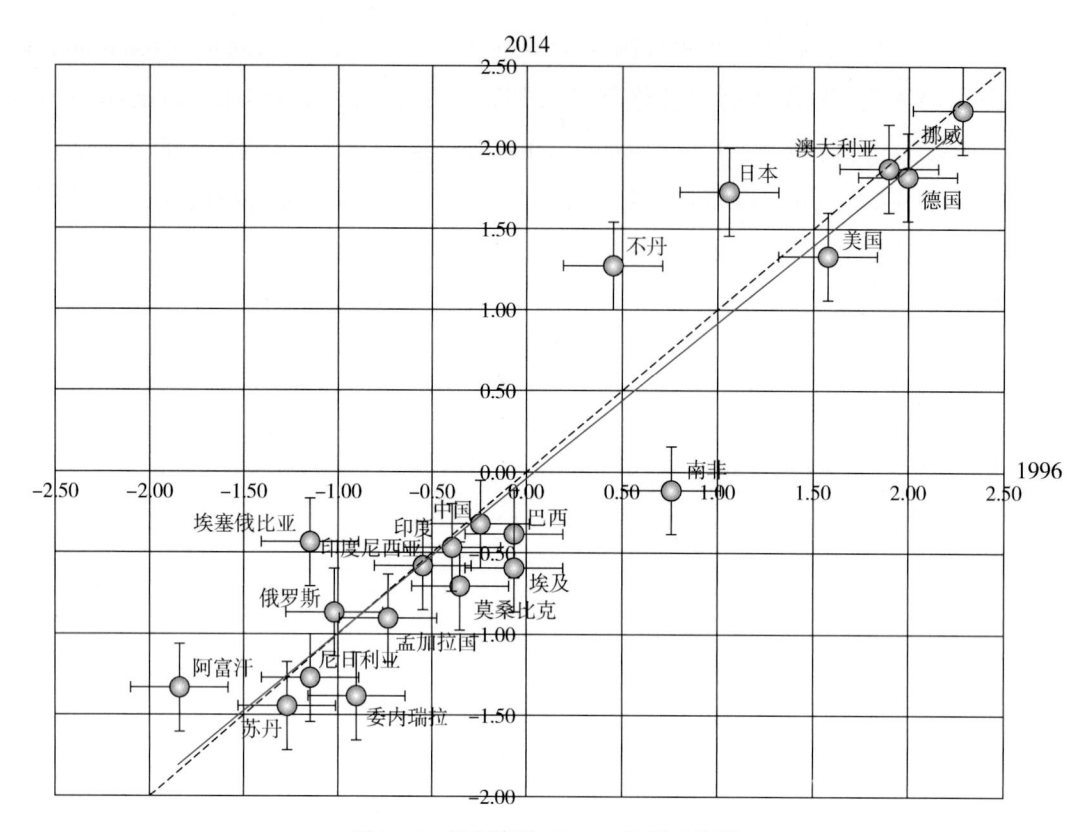

图 3-28 控制腐败（CC）的历时分析

资料来源：世界银行.2016. http：//info.worldbank.org/governance/wgi/index.aspx#home.

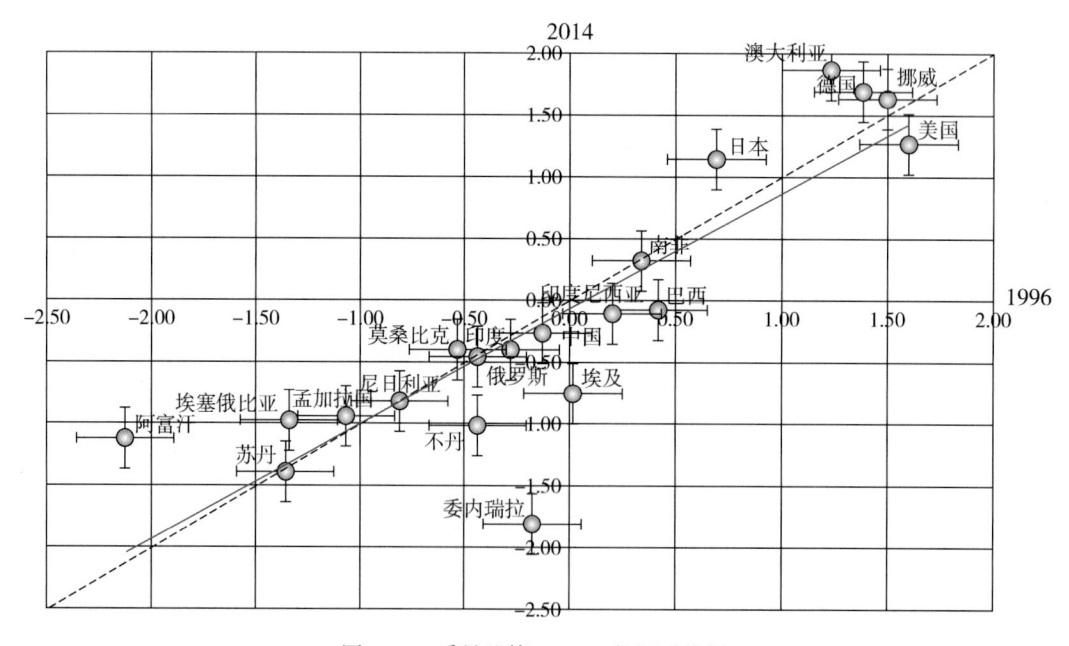

图 3-29 质量监管（RQ）的历时分析

资料来源：世界银行.2016. http：//info.worldbank.org/governance/wgi/index.aspx#home.

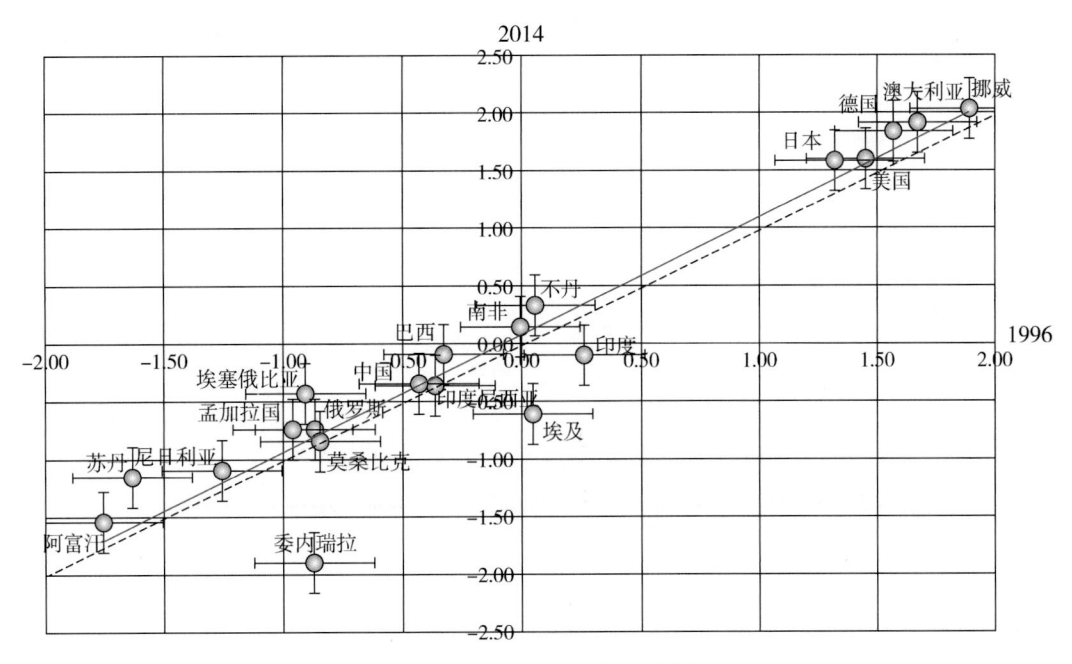

图 3-30 法治（RL）的历时分析

资料来源：世界银行 . 2016. http：//info. worldbank. org/governance/wgi/index. aspx#home.

以政治稳定和杜绝暴力/恐怖主义（PV）和政府效能（GE）两个指标为例进行以上分析。由图 3-31 和图 3-32 可知，20 国政治稳定和杜绝暴力/恐怖主义和政府效能水平有所差异，有的国家水平高，而有的国家水平低，而从国家分类而言，发达国家相应的治理能力大于其他国家，呈现出经济水平越高，治理水平越好的趋势，即总体而言发达国家总体治理水平更高。

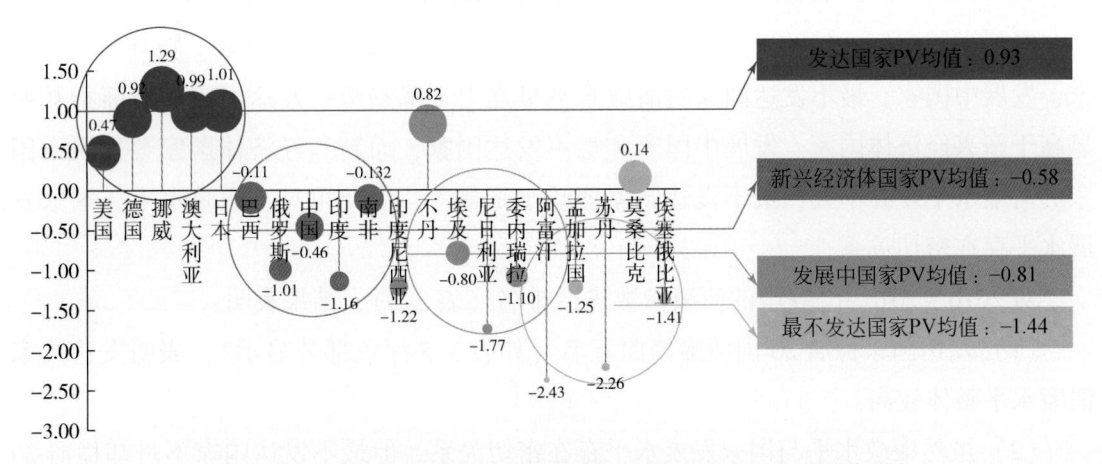

图 3-31 四类国家政治稳定和杜绝暴力/恐怖主义（PV）平均水平

资料来源：世界银行 . 2016. http：//info. worldbank. org/governance/wgi/index. aspx#home.

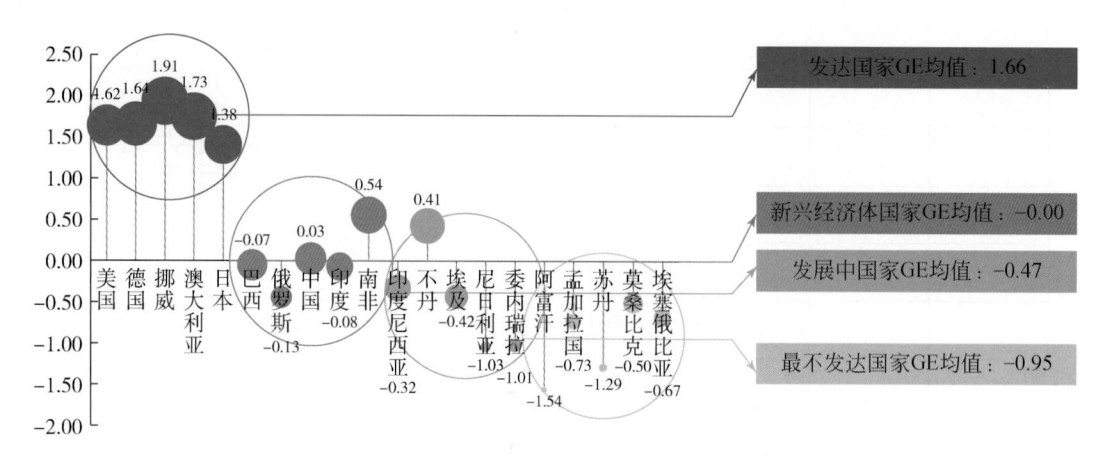

图 3-32 四类国家政府效能（GE）平均水平

资料来源：世界银行. 2016. http://info.worldbank.org/governance/wgi/index.aspx#home.

（二）清廉指数

1. 清廉指数总体概况：加权平均考察国家廉政水平

清廉指数（corruption perception index，CPI）由透明国际组织建立，是一项对世界 180 个国家的腐败状况进行评估并予以排名的治理指标。它自 1995 年发布以来，一直进行年度评估。

清廉指数并没有提出自己独立的评估指标，而是对其他机构提出的现有的廉政指标进行综合分析，在取加权平均数的基础上对被评估国家进行排名。[①]

2. 整体分析：各类国家廉政水平特征明显

对每类国家每一年的清廉指数求平均，由图 3-33 可知：发达国家、新兴经济体国家、发展中国家、最不发达国家的清廉水平呈逐类下降趋势。发达国家的清廉指数明显高于新兴经济体国家、发展中国家和最不发达国家，而新兴经济体国家与发展中国家的清廉水平差异不大，最不发达国家廉政水平最差。由此可见，廉政水平与国家发展水平存在密切关系。

对 2010~2015 年 20 国的清廉指数进行排名（表 3-5），结果表明：

（1）发达国家稳居 20 国清廉榜前五名（如表 3-5 深色部分显示），表明发达国家清廉水平整体较高；

（2）虽然廉政水平与国家发展水平存在密切关系，但最不发达国家不丹却稳居 20 国清廉榜第六名，成为"廉政黑马"，这与该国高幸福感存在相关关系。

[①] 清廉指数在 2010~2011 年采取 10 分制，之后采取百分制，本报告统一将其标准化为 10 分制。

图 3-33 每类国家每年清廉指数

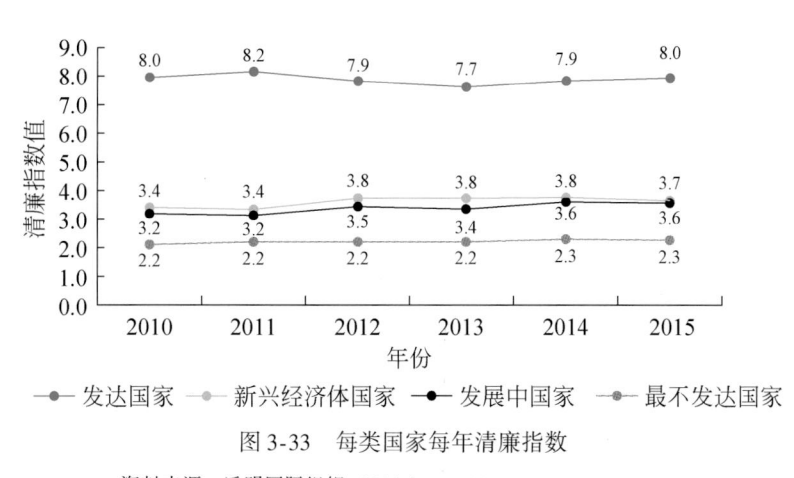

资料来源：透明国际组织．2016．http：//www.transparency.org/．

表 3-5 2010～2015 年清廉排名

排名	2010 年	2011 年	2012 年	2013 年	2014 年	2015 年
1	澳大利亚	挪威	挪威	澳大利亚	挪威	挪威
2	挪威	澳大利亚	澳大利亚	德国	澳大利亚	德国
3	德国	德国	德国	挪威	德国	澳大利亚
4	日本	日本	日本	日本	日本	美国
5	美国	美国	美国	美国	美国	日本
6	不丹	不丹	不丹	不丹	不丹	不丹
7	南非	南非	巴西	巴西	南非	南非
8	巴西	巴西	南非	南非	巴西	巴西
9	中国	中国	中国	中国	印度	印度
10	印度	印度	印度	印度	埃及	中国
11	埃及	印度尼西亚	埃塞俄比亚	埃塞俄比亚	中国	印度尼西亚
12	印度尼西亚	埃及	印度尼西亚	印度尼西亚	印度尼西亚	埃及
13	莫桑比克	孟加拉国	埃及	埃及	埃塞俄比亚	埃塞俄比亚
14	埃塞俄比亚	莫桑比克	莫桑比克	莫桑比克	莫桑比克	莫桑比克
15	尼日利亚	埃塞俄比亚	俄罗斯	俄罗斯	俄罗斯	俄罗斯
16	孟加拉国	俄罗斯	尼日利亚	孟加拉国	尼日利亚	尼日利亚
17	俄罗斯	尼日利亚	孟加拉国	尼日利亚	孟加拉国	孟加拉国
18	委内瑞拉	委内瑞拉	委内瑞拉	委内瑞拉	委内瑞拉	委内瑞拉
19	苏丹	苏丹	苏丹	苏丹	苏丹	苏丹
20	阿富汗	阿富汗	阿富汗	阿富汗	阿富汗	阿富汗

■—发达国家　　■—新兴经济体国家
■—发展中国家　　■—最不发达国家

资料来源：透明国际组织．2016．http：//www.transparency.org/．

对各个国家 2010~2015 年的清廉指数求平均（图 3-34），由图 3-34 可以看出，各个国家廉政水平差异明显。平均廉政水平最高的国家为挪威，最低的国家为阿富汗，前者平均清廉指数为 8.5，后者平均清廉指数为 1.1，20 国廉政水平极化差异明显。

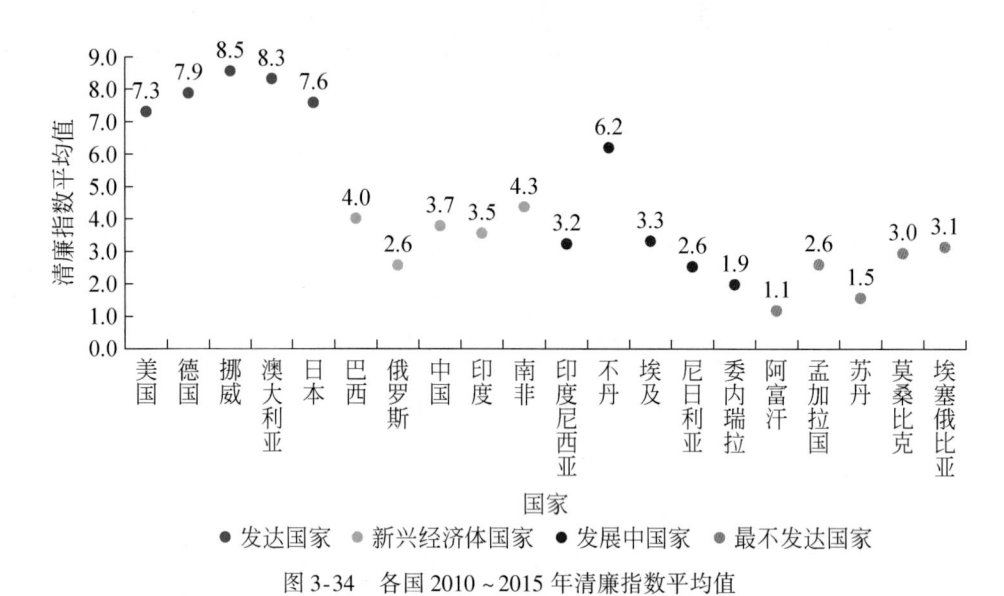

图 3-34　各国 2010~2015 年清廉指数平均值

资料来源：透明国际组织. 2016. http://www.transparency.org/.

由图 3-35 可知，清廉指数报告将国家的清廉水平划分为 10 级，结合清廉等级划分与各国清廉指数平均值，可以得到各类国家清廉水平分布图（图 3-36）。由图 3-36 可见，虽然新兴经济体国家与发展中国家的平均清廉指数数值相差不大，但清廉等级分布上，新兴经济体国家优于发展中国家：新兴经济体国家清廉等级主要为 6~8 级，集中性较好，并以 6 级和 7 级为主；而发展中国家则主要集中在 7~9 级，且有以不丹为例外的 4 级国家，等级偏高（等级越高，腐败越严重），且集中性较弱。

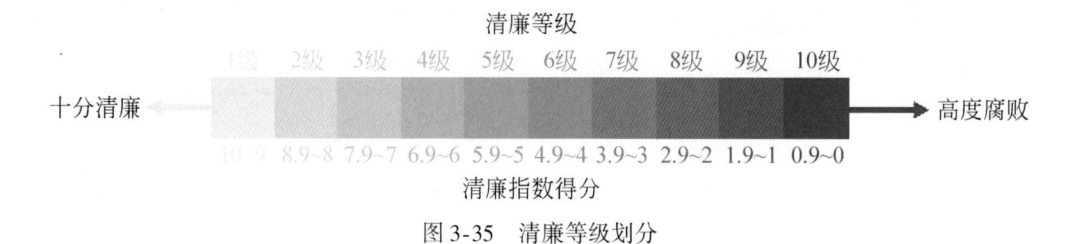

图 3-35　清廉等级划分

3. 历时分析：腐败治理趋于理性提升

对 2010~2015 年清廉指数进行分析（图 3-37），横轴表示 20 国 2010 年清廉指数的得分，纵轴表示 2014 年的得分，然后画一条 45 度的虚线，在虚线之上的国家说明清廉水平提高，虚线之下的国家说明清廉水平下降。

由图 3-37 可知，少数国家清廉水平较高分布在图的右上方，大多数国家清廉水平较差分布在图的左下方。然而，20 国中，绝大多数国家在 45 度线以上，表明这些国家

各类国家清廉等级分布	发达国家	新兴经济体国家	发展中国家	最不发达国家
■9级			1	2
■8级		1	1	1
■7级		2	2	2
■6级		2		
■4级			1	
■3级	3			
■2级	2			

图 3-36　各类国家清廉水平分布

资料来源：透明国际组织. 2016. http://www.transparency.org/.

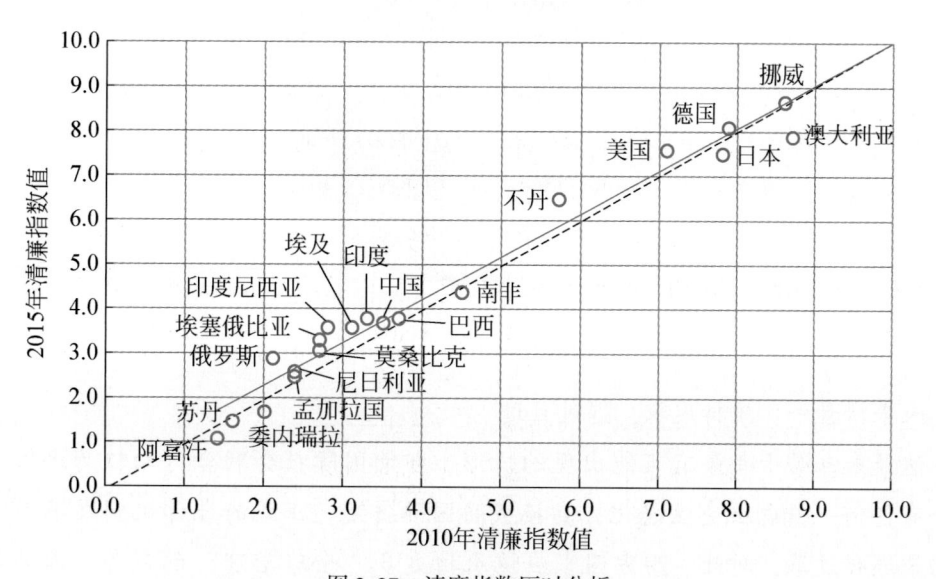

图 3-37　清廉指数历时分析

资料来源：透明国际组织. 2016. http://www.transparency.org/.

在 2010～2015 年，清廉指数有所上升，国家廉政水平有所提高，如美国、不丹、中国、印度、俄罗斯等。

自古以来"执政以廉为先，为官以勤为本"，且"得道多助，失道寡助"，腐败是各国长期重点治理的对象。坚定反腐决心、落实反腐措施、不遗余力打击腐败行为，能够有效提升国家清廉水平，并从管理方式、管理水平、管理文化等方面提升国家管理能力，从而提高国家 GDP 质量。

专栏 3-1　全球治理 2025：关键的转折点

美国国家情报委员会（National Intelligence Council，NIC）和欧盟安全问题研究所（European Union Institute for Security Studies，EUISS）在公开发表的《全球治理 2025：关键的转折点》报告中，对全球治理未来 15 年可能出现的一系列情况设置了一些"虚构"的可能性，这其中包含的多层次多样化的政府治理框架能够应对日益增加的跨国及全球性挑战。报告认为，如果不改革全球治理体系，则其带来的风险必将积重难返。今日自动挑战危机，则可能使系统激发出更大的创新和变革的动力。相反，始终不作为则可能最终导致风险的全面爆发和系统的彻底崩溃。报告设置了四种可能的未来情景，具体情况如图 3-38 所示。

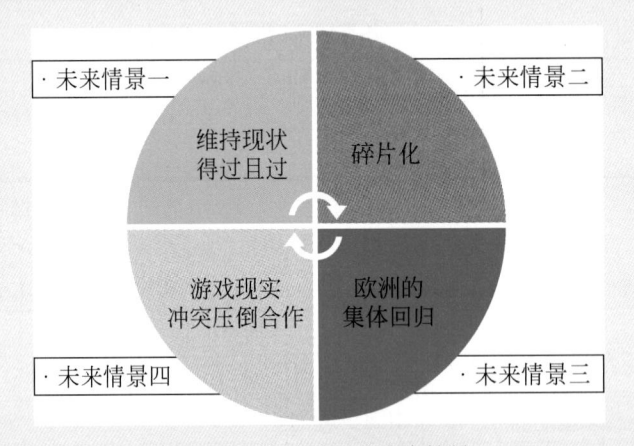

图 3-38　全球治理的未来情景

未来情景一：维持现状，得过且过

这是未来若干年最有可能出现的情形。即便国际社会联合行动较为迟缓，也不会有任何一项危机突然恶化，直接威胁国际安定。正式的合作机制在很大程度上仍未进行改革，对此，西方国家应该承担更多"全球治理"的任务，因为发展中国家还在忙于处理本国内部的种种危机。然而，这种情境是不可长期持续的，因为它是建立在不爆发不可控危机的前提下的。

未来情景二：碎片化

发达国家和地区试图与外部世界隔绝，以避免威胁的降临。亚洲建立起经济上自给自足的地区秩序。全球通讯保证了全球化不会消亡，但是其速度将会大大减缓。欧洲将注意力转向内部，日益下降的生活标准激起了欧洲民众的不满情绪，各国政府职能部门疲于应付这一内部矛盾。美国的生产力得到提高，使之处于较为有利的地位；然而，如不解决预算缺口和长期债务问题，美国仍将面临财政吃紧的困境。

未来情景三：欧洲的集体回归

在此情境中，国际体系面临着更严重的威胁，极有可能使日益加剧的环境灾害或危机蔓延而导致冲突，这将促进更广泛的国际合作，以解决这些全球性问题。在此种情形下，对国际体系进行重大改革成为可能。虽然与前两种情景相比，第三种情景在近期出现的可能性较小，但是就长远来看，这一可能的情景或许是最佳结局——振兴全面合作的国际体系，应对所有国际问题。美国掌握更多的权利，中国、印度分担更多的责任，欧盟扮演更重要的国际角色。经过长期磨合，国际社会逐步协调，最终弹奏出一曲和谐之声，从而缩小了经济鸿沟与人均收入差别。

未来情景四：游戏现实——冲突压倒合作

这是最不可能出现的状况，但是可能性依旧存在。由于国内冲突频现，尤其是新兴国家内部的冲突，国际体系更是危机四伏。民族主义的压力成为中产阶级创造"美好人生"的动力，也成为全球治理的障碍。美中两国关系紧张，金砖四国之间争夺资源和"客户"的竞争日趋激烈。中东核武器军备竞赛也损害了全球发展的美好前景。怀疑和紧张局势使全球机制改革希望渺茫。各地区，尤其是亚洲，所做的努力刚刚萌芽，也被扼杀在了摇篮里。

资料来源：http://www.iss.europa.eu/uploads/media/Global_ _ Governance_ 2025.pdf.；杨雪冬，王浩 . 2015. 全球治理 . 北京：中央编译出版社 .

第六节　世界 GDP 质量指数构建

一、指标体系

依据上述五节对 GDP 质量的经济质量、社会质量、环境质量、生活质量以及管理质量的阐述，本节构建了世界 GDP 质量指数，从上述五个维度综合表达 GDP 质量。依照"数据的权威性、资料的获取性、计算的简捷性、结果的可比性"四大统计要求，具体指标体系如图 3-39 所示：

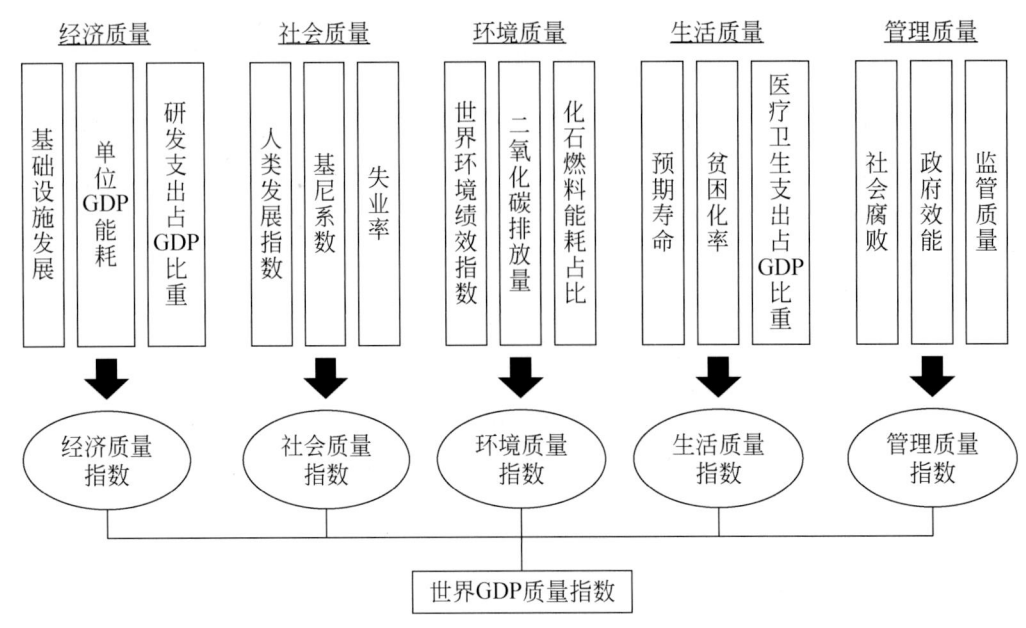

图 3-39　世界 GDP 质量指数指标体系框架

（一）经济质量指数分项指标

（1）基础设施发展。该指标为综合指标，涵盖了互联网、铁路货运量、航空货运量三项内容。具体内容为：①互联网，每百人接入国际互联网的人数；②铁路货运量，指通过铁路运输的货物总量，按吨乘以行驶的公里数计算；③航空货运量，航空货运量是各飞行阶段所运送货物、快递和外交邮袋的数量，以吨乘以飞行公里数度量（数据来源：http：//data.worldbank.org.cn/）。

（2）单位 GDP 能耗。每 1000 美元 GDP（2011 年不变价 PPP）的能源使用量（千克石油当量）：按 PPP 计算的单位 GDP 能源使用量指以 PPP 不变价计算的单位 GDP 能源使用量的千克石油当量。能源使用量是指初级能源在转化为其他最终用途的燃料之前的使用量，等于国内产量加上进口量和存量变化，减去出口量和供给从事国际运输的船舶和飞机的燃料用量所得的值（数据来源：http：//data.worldbank.org.cn/）。

（3）研发支出占 GDP 比重 | 研发支出（占 GDP 的比重）。研发支出是指系统性创新工作的经常支出和资本支出（国家和私人），其目的在于提升知识水平，包括人文、文化、社会知识，并将知识用于新的应用。R&D 包括基本研究、应用研究和实验开发（数据来源：http：//data.worldbank.org.cn/）。

（二）社会质量指数分项指标

（1）人类发展指数。是由联合国开发计划署（UNDP）在《1990 年人文发展报告》中提出的，用以衡量联合国各成员国人类发展水平的指标（数据来源：http：//

hdr. undp. org/en/data)。

(2) 基尼系数。用于衡量一个经济体中个人或家庭中的收入分配（在某些情况下是消费支出）偏离完全平均分配的程度。洛伦兹曲线标示出总收入累积百分比与收入获得者累积人数的相对关系，曲线的起点为最贫困的个人或家庭。基尼系数测算洛伦兹曲线与假设的绝对平均线之间的面积，是上述面积占绝对平均线以下面积的比例。因此，基尼系数为 0 表示完全平均，100% 则表示完全不平均（数据来源：http://data. worldbank. org. cn/）。

(3) 失业率。为总失业人数（占劳动力总数的比例）。失业人数是指目前没有工作但可以参加工作且正在寻求工作的劳动力数量（数据来源：http://data. worldbank. org. cn/）。

（三）环境质量指数分项指标

(1) 世界环境绩效指数。是在"环境可持续指数"基础上发展而来的。该指标体系关注环境可持续性和每个国家的当前环境表现，通过一系列的政策制定和专家认定的表现核心污染和自然资源管理挑战的指标来收集数据，虽然对于环境指数的合理范畴没有精确的答案，但其选择的指标可以形成一套能反映当前社会环境挑战的焦点问题的综合性指标。(数据来源：http://sedac. ciesin. columbia. edu/#)

(2) 二氧化碳排放量（人均吨数）。二氧化碳排放量是化石燃料燃烧和水泥生产过程中产生的排放。它们包括在消费固态、液态和气态燃料以及天然气燃除时产生的二氧化碳。(数据来源：http://data. worldbank. org. cn/)

(3) 化石燃料能耗占比。化石燃料包括煤、石油和天然气产品占能耗的百分比。(数据来源：http://data. worldbank. org. cn/)

（四）生活质量指数分项指标

(1) 预期寿命。是指出生时的预期寿命，出生时的预期寿命是指假定出生时的死亡率模式在一生中保持不变，一名新生儿可能生存的年数（数据来源：http://data. worldbank. org. cn/）。

(2) 贫困化率|贫困人口比例，按国家贫困线衡量的（占人口的百分比）。国家贫困率是生活在国家贫困线以下的人口的百分比。国家的估计值是根据住户调查中得出的人口加权的子群体的估计值得出的（数据来源：http://data. worldbank. org. cn/）。

(3) 医疗卫生支出占 GDP 比重|医疗卫生总支出（占 GDP 的百分比）。医疗卫生总支出为公共医疗卫生支出与私营医疗卫生支出之和。涵盖医疗卫生服务（预防和治疗）、计划生育、营养项目、紧急医疗救助，但是不包括饮用水和卫生设施提供（数据来源：http://data. worldbank. org. cn/）。

(五) 管理质量指数分项指标

(1) 社会腐败。公共权力被行使为谋取私利,包括各种大小形式的腐败行为,以及精英和私有利益占有国家利益(数据来源：http：//data.worldbank.org.cn/)。

(2) 政府效能。公共服务的质量,提供社会服务的能力及其独立于政治压力的程度,政策制定的质量(数据来源：http：//data.worldbank.org.cn/)。

(3) 监管质量。政府是否有能力提供健全的政策和法规,促进私有部门的发展(数据来源：http：//data.worldbank.org.cn/)。

二、计算分析

世界GDP质量指数的计算选取192个样本国家,数据时间跨度从2000年到2014年(15年)。由于涉及的样本多,时间长,部分指标数据存在缺失,本报告采用K近邻法(K nearest neighbor)插值缺失数据。GDP质量指数的计算采用最大最小值标准化法,从而保证不同年份数据结果的可比性。

(一) GDP质量指数15年走势

1. 世界GDP质量呈现稳定增长

(1) 世界GDP质量指数总体趋势。2000~2014年世界GDP质量整体呈现增长态势,每年平均增长率为0.34%(图3-40)。GDP质量在2008~2010年有波动,略有下降,从全球范围来看,应该是受到2008年全球经济危机的影响,体现出全球层面稳定水平对GDP质量水平的负效应,也印证了GDP质量对全球GDP发展状态的理性认知与深层刻画,具有较好的量化水平和现实意义。

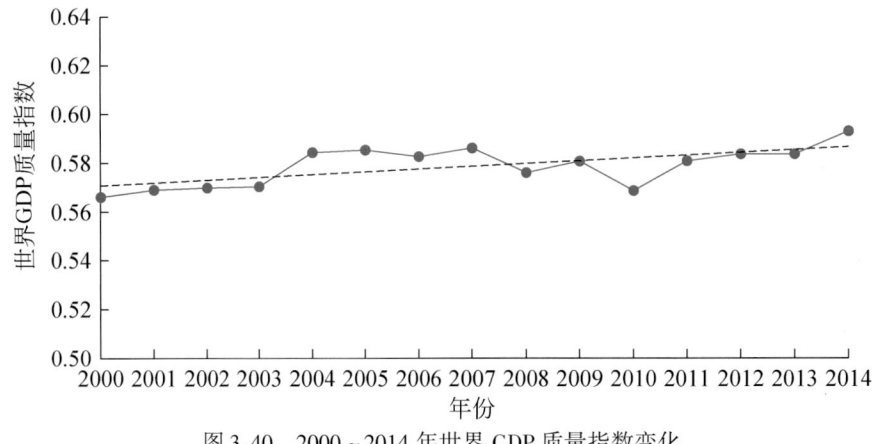

图3-40 2000~2014年世界GDP质量指数变化

(2) 世界 GDP 质量指数分项趋势。受全球金融危机和欧美债务危机的拖累，全球经济质量在 2008 年出现下降，然而经过世界各国的努力，危机很快得到平息；全球社会质量发展平稳且水平较高；全球环境质量发展略有波动，但总体上升；全球生活质量虽然持续上升，但生活质量整体水平不高，仍然是拉低整个 GDP 质量的短板；15 年来整体国际环境安定，管理质量趋于稳定（图 3-41）。

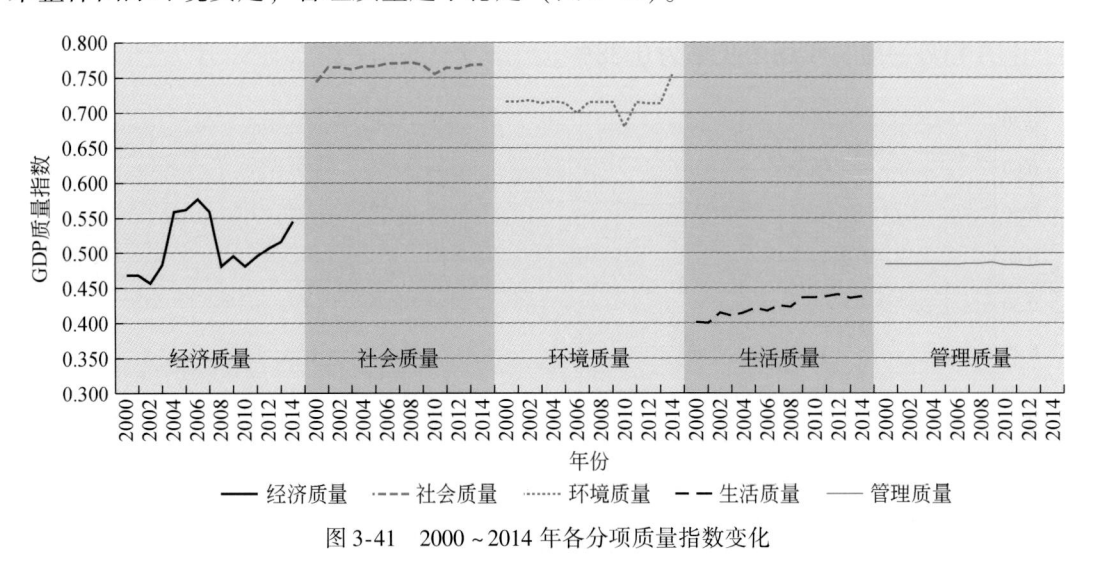

图 3-41　2000~2014 年各分项质量指数变化

2. 世界 GDP 质量增速慢于 GDP 数量

从图 3-42 可以看出，2000~2014 年世界 GDP 总量从 33.28 万亿美元增加到 78 万亿美元，年平均增速为 2.68%，GDP 质量年平均增长率为 0.34%，GDP 数量年均增速是 GDP 质量年均增速的 7.9 倍。GDP 数量与质量发展不相协调与适应，质量明显滞后于数量，质量与数量之间的明显矛盾，虽是事物发展的必然趋势，但仍需共同努力提高质量水平。

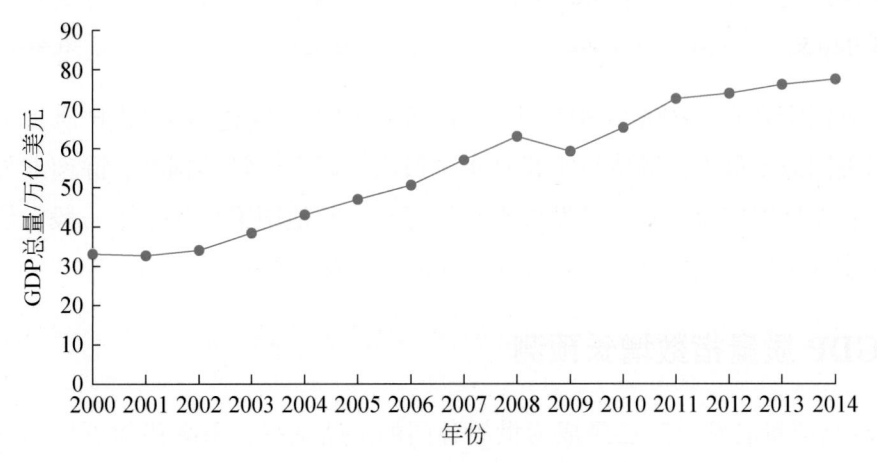

图 3-42　2000~2014 年世界 GDP 总量变化

3. 典型国家 GDP 质量对比分析

从图 3-43 和表 3-6 可以看出，总体来看，发达国家质量较好，处于 0.6~0.7 梯度，总体趋势上升，年均增长率为 0.45%；新兴经济体国家质量良好，处于 0.5~0.6 梯度，上升趋势良好，年均增长率为 0.98%；发展中国家质量一般，处于 0.4~0.6 梯度，上升趋势较好，年均增长率为 0.72%；最不发达国家质量较差，处于 0.4~0.5 梯度，上升趋势一般，年均增长率为 0.38%。

图 3-43 2000~2014 年主要经济体 GDP 质量指数

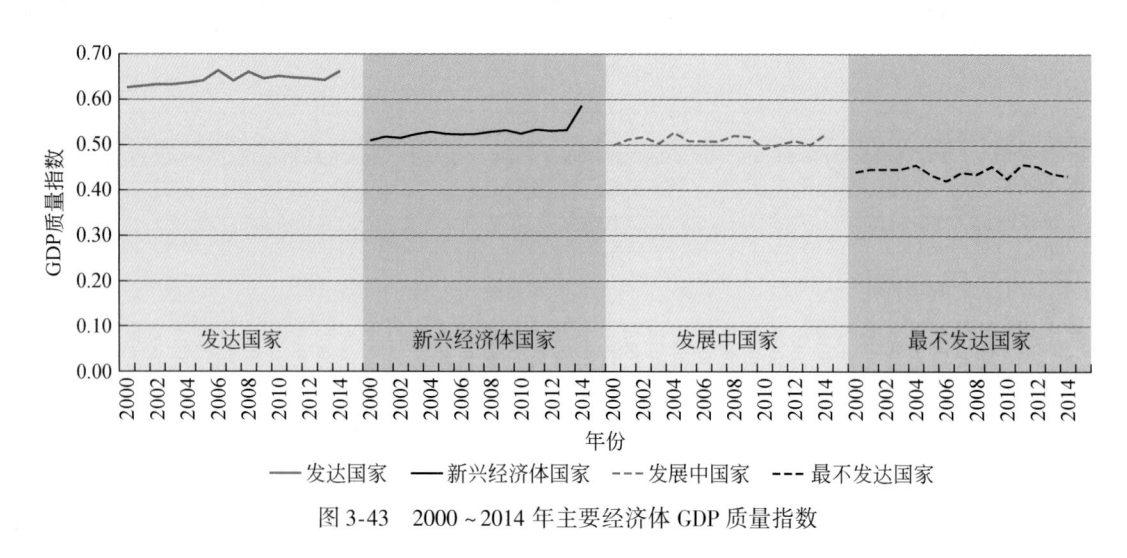

表 3-6 世界主要经济体（典型国家）发展概况对比

世界主要经济体	2000 年 GDP 质量指数	2014 年 GDP 质量指数	年平均增长率/%
发达国家	0.625	0.665	0.45
新兴经济体国家	0.509	0.584	0.98
发展中国家	0.520	0.575	0.72
最不发达国家	0.497	0.524	0.38

分类分国家来看，2000~2014 年的 15 年时间内，发达国家 GDP 质量发展有波动，尤以美国波动最大，挪威较平稳且水平最高；新兴经济体国家，除南非外，发展水平良好；发展中国家，除不丹发展水平较好外，其他国家发展水平一般；最不发达国家，除埃塞俄比亚，发展水平较好外，其他国家发展水平较差（图 3-44~图 3-47）。

（二）GDP 质量指数增长预测

"寻求高质量的发展"已经成为世界各国的战略选择，未来伴随可持续发展理念在全球范围内得到落实，世界 GDP 质量指数仍会保持增长态势。本报告对 GDP 质量指数的预测分为两种情景，分别是基准情景和优化情景。在基准情境下，整个世界的

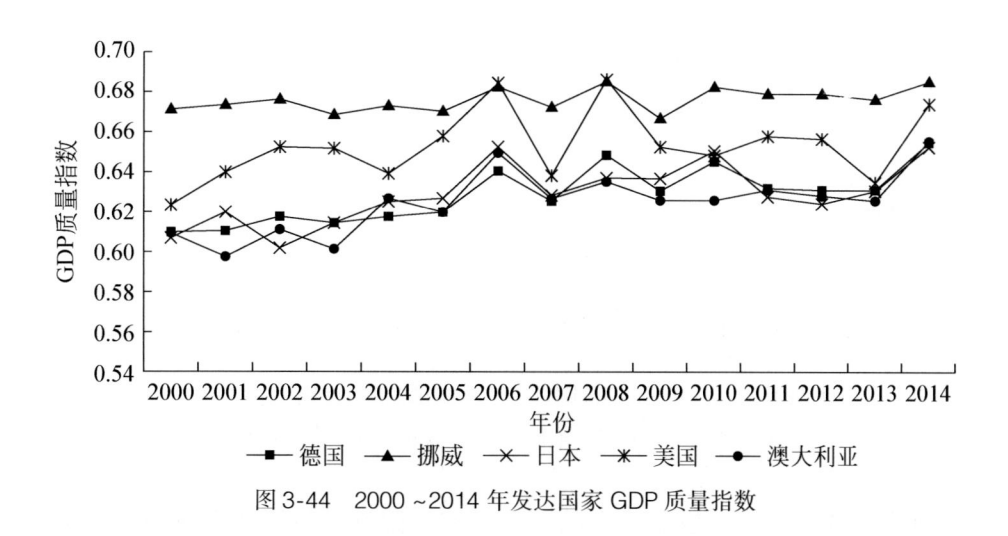

图 3-44　2000~2014 年发达国家 GDP 质量指数

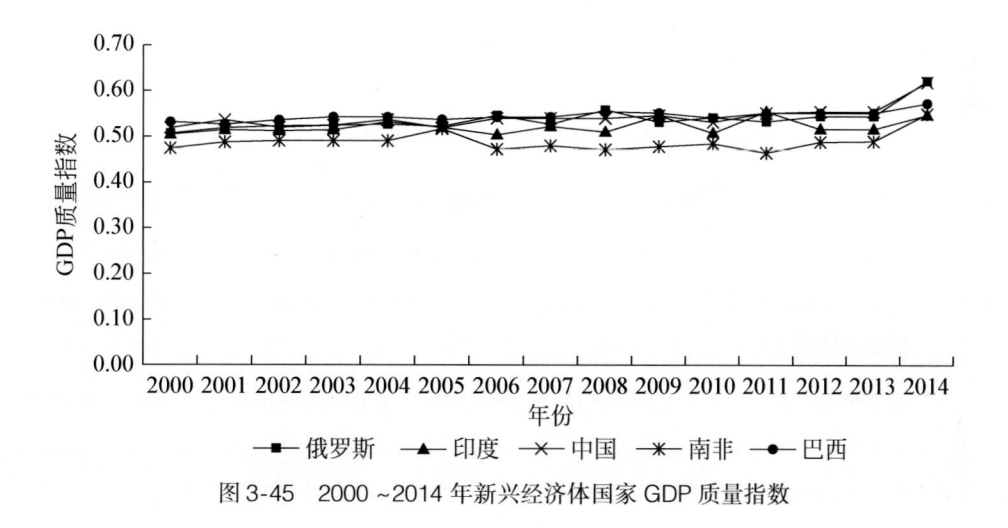

图 3-45　2000~2014 年新兴经济体国家 GDP 质量指数

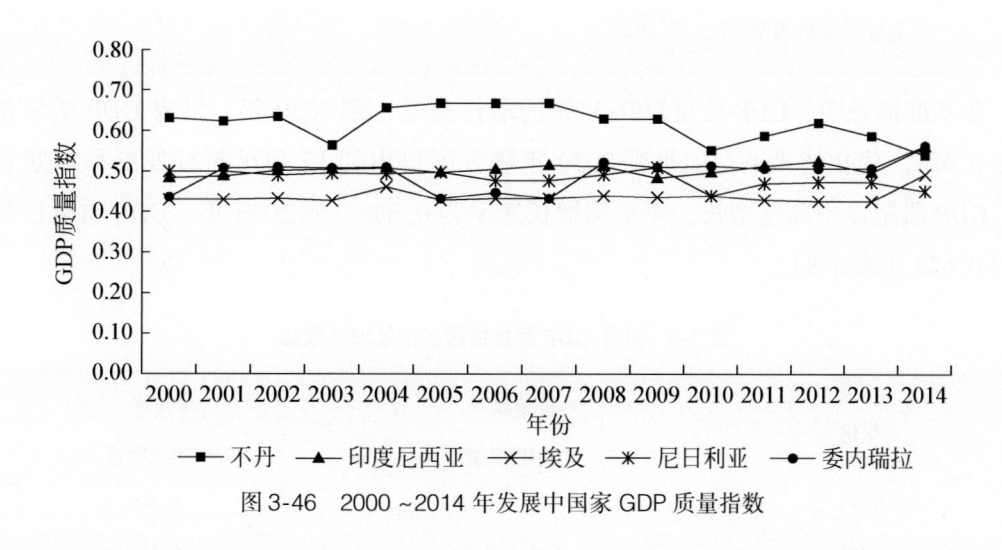

图 3-46　2000~2014 年发展中国家 GDP 质量指数

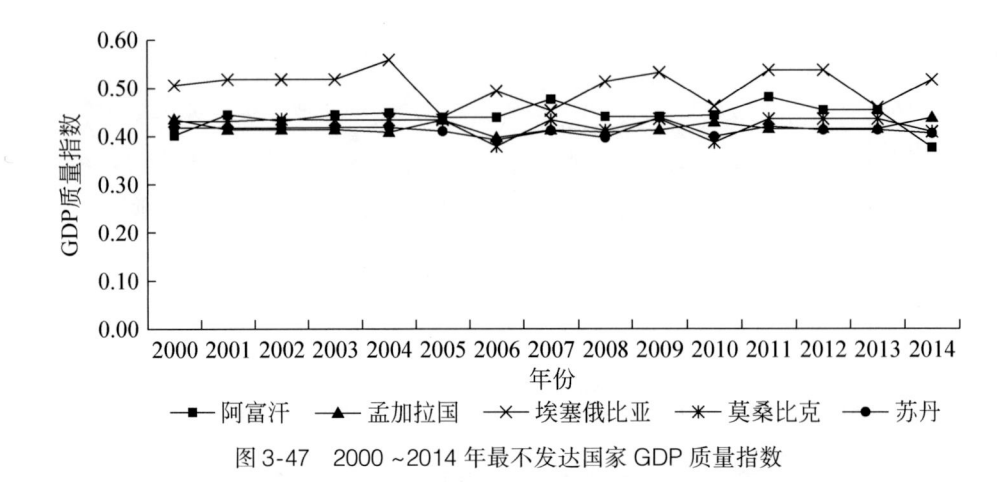

图 3-47　2000~2014 年最不发达国家 GDP 质量指数

发展沿袭现在的质量增速，发展成本的下降具有局限性，发展质量难以实现跨越式提高。在优化情景下，全面"提质增效"成为全球共同的增长战略，世界 GDP 质量提升进入快车道，速度提升显著（表 3-7）。

表 3-7　多种情景世界 GDP 质量指数预测实现方式

情景	实现途径
基准情景	现速增长：各个国家仍然按照目前的发展模式，大多数国家都已经意识到创新、环境保护、提高人类福祉的重要性，但鉴于既有增长方式的制约，GDP 成本仍会存在波动，GDP 质量的提升依然受限
优化情景	高速增长：各个国家充分遵循经济社会发展规律，不断推进改革保障 "2030 年世界可持续发展目标"的顺利实现，世界经济粗放型增长方式逐渐转换为创新驱动，经济结构日趋合理，环境和气候变化变化问题有所改善，社会和谐，人民生活福祉有所提高，政府管理成本不断下降，必将提高经济社会发展质量和效益，从而获得 "有质量、有效益、节能环保、去除水分的发展"

在基准情景中，GDP 质量以 0.34% 的增长速度，到 2030 年，世界 GDP 质量指数可达 0.627。优化情景下，如果到 2030 年联合国提出的 17 项可持续发展目标顺利完成，GDP 质量以中高速增长，年平均增长速率为 0.6%，到 2030 年，GDP 质量指数将达到 0.653（表 3-8）。

表 3-8　世界 GDP 质量指数多情景增长预测

年份	现速增长 GDP 质量	高速增长 GDP 质量
2015	0.595	0.597
2016	0.597	0.601

续表

年份	现速增长 GDP 质量	高速增长 GDP 质量
2017	0.599	0.604
2018	0.601	0.608
2019	0.604	0.611
2020	0.606	0.615
2021	0.608	0.619
2022	0.610	0.622
2023	0.612	0.626
2024	0.614	0.630
2025	0.616	0.634
2026	0.618	0.638
2027	0.620	0.641
2028	0.622	0.645
2029	0.624	0.649
2030	0.626	0.653

第四章
世界可持续财富：从名义 GDP 到真实 GDP

GDP 作为衡量经济发展的指标从全球推崇到全球诟病，体现了世界发展到了新的阶段：①从追求经济数量的增长到关注经济效率的提升；②从透支生态环境换取增长到降低发展的自然成本；③从轻视民生改善到大力提高国民幸福福祉；④从漠视社会关系的劣质化到提倡社会和谐的发展关怀；⑤从一元社会管理到多元共建的社会治理。

2015 年是联合国千年发展目标的收官之年，2016 年是联合国提出"2030 可持续发展议程"的开启之年。世界进入新的发展阶段正是对联合国"2030 可持续发展议程"的行动落实，旨在解决贫困、不平等和气候变化问题的同时，实现世界财富的可持续增长。目前，粗略地统计 GDP 的增长不能同步反映社会财富的增加，GDP 统计过程中存在跑、冒、滴、漏的情况，GDP 的增长活动与真实财富的积累过程存在脱钩现象。

进入 21 世纪，人们开始强调保护环境和生态前提下的绿色财富、生态财富增值。世界银行将国民财富定义为生产资本、人力资本和自然资本三者之和。世界全面可持续发展新形势下需要与之匹配的新的度量社会发展财富的测算工具，于是，可持续财富应运而生。

世界可持续财富（sustainable gross domestic product，SGDP）是在传统 GDP 核算体系基础之上，兼顾可持续发展的基本内涵，考虑可持续理论角度的成本和质量两个方面之后的经济财富表征。作为财富的测算工具，它核算真实的社会财富，从财富生成的视角货币化可持续发展的三个维度：

- 发展动力——坚持以科技创新克服增长瓶颈；
- 发展质量——保持财富的增加却不牺牲生态环境；
- 发展公平——维护社会和谐稳定克服社会无序和动乱。

世界可持续财富综合表达了可持续发展基础上的财富生成中涵盖的智力创造、资源承载、环境缓冲、社会稳定和管理调控。第三章提出的 GDP 质量指数则建立了 GDP 与"有质量的财富"之间的有机联系，提高 GDP 质量、降低 GDP 成本能够实现高效率的社会财富积累。本报告对传统财富到可持续财富的逻辑转化关系进行深入探讨，提出并构建世界可持续财富计算函数，力求完善现有的世界财富表征方法。

第一节 世界可持续财富与 2030 可持续发展目标

2015 年"联合国可持续发展峰会"通过了由 193 个会员国共同达成的"2030 可持续发展议程"。"2030 可持续发展议程"是包括 17 项可持续发展目标和 169 项子目标的纲领性文件，该议程将推动世界到 2030 年实现三个创举：消除极端贫穷，战胜不平等和不公正以及遏制气候变化。2016 年 1 月 1 日"2030 可持续发展议程"正式生效。17 项可持续发展目标（T1～T17）（图 4-1）如下：

图 4-1 2030 可持续发展 17 项目标

T1：在世界各地消除一切形式的贫困。

T2：消除饥饿，实现粮食安全，改善营养，促进可持续农业。

T3：确保健康的生活方式，促进各年龄段所有人的福祉。

T4：确保包容性和公平的优质教育，为全民提供终身学习机会。

T5：实现性别平等，增强所有妇女和女童的权能。

T6：确保为所有人提供并以可持续方式管理水和卫生系统。

T7：确保人人获得负担得起的、可靠的和可持续的现代能源。

T8：促进持久的、包容的和可持续的经济增长，促进实现充分和生产性就业及人人享有体面的工作。

T9：建设有复原力的基础设施，促进具有包容性的可持续产业化，并推动创新。

T10：减少国家内部和国家之间的不平等。

T11：建设包容、安全、有复原力的和可持续的城市和人类住区。

T12：确保可持续的消费和生产模式。

T13：采取紧急行动应对气候变化及其影响。

T14：保护和可持续利用海洋和海洋资源，促进可持续发展。

T15：保护、恢复和促进可持续利用陆地生态系统，可持续管理森林，防治荒漠化，制止和扭转土地退化现象，遏制生物多样性的丧失。

T16：促进有利于可持续发展的和平和包容性社会，为所有人提供诉诸司法的机会，在各级建立有效的、负责的和包容性机构。

T17：加强实施手段，重振可持续发展全球伙伴关系。

世界可持续财富由人口、各行业总产出、GDP、可持续成本指数和可持续质量指数五大系统联动决定（图4-2）。从可持续财富内涵本质出发，宏观上可认为可持续财富通过GDP成本和GDP质量量化衡量，即GDP成本下降，GDP质量上升，则可持续财富增加。

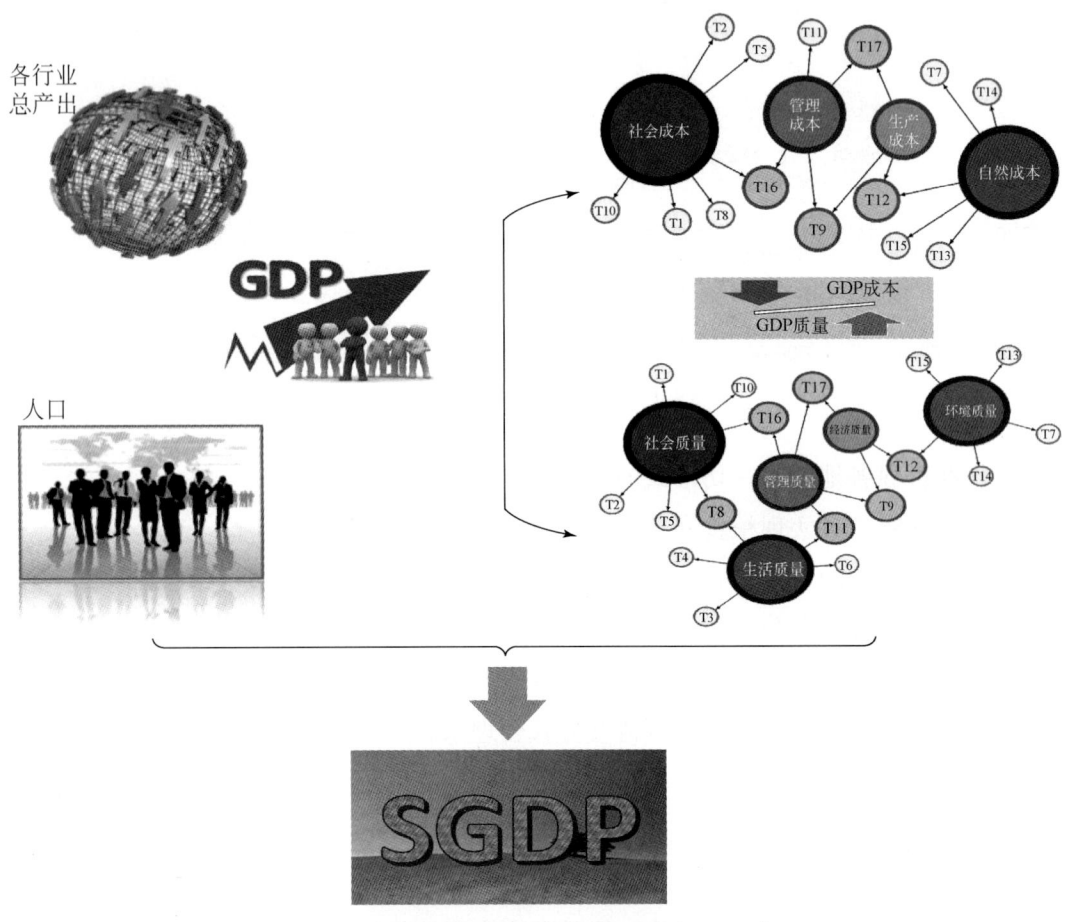

图4-2　世界可持续财富与2030可持续发展目标

总体来看，本报告所定义的GDP成本与GDP质量的内涵皆与联合国2030年可持续发展议程所涵盖的17项目标高度一致；对比来看，社会成本和自然成本表征的指标要素与17项目标匹配度更高，而17项目标中的T9、T12、T16、T17与GDP成本的构成指标相关性更紧密；社会质量、环境质量和生活质量表征的指标要素与17项目标匹配度更高，而17项目标中的T8、T9、T11、T12、T16、T17与GDP质量的构成指标相关性更紧密，并且此分析更能体现GDP成本与GDP质量互相影响、互为因果的本质特征。

若根据17项目标与GDP成本和GDP质量构成指标的匹配度来制定目标完成优先级，则未来15年，随着17项目标的逐步实现与完成，GDP成本会明显下降，GDP质量会显著上升，进而可持续财富会大幅度增加。

第二节 世界可持续财富计算函数的构建

世界可持续财富的计算函数构建目的是尽可能准确地反映一个国家或地区的可持续财富数值，同时提出一个合理而全面的世界可持续财富计算方法。为了实现这一目的，借鉴已有理论模型的计算理念来构建可持续财富计算函数。

Kaya公式（Kaya identity）是于1989年，日本学者Yoichi Kaya在联合国政府间气候变化专门委员会（IPCC）的会议上提出的，用于计算各个有关因素对于二氧化碳排放的影响，该公式就是后来著名的"Kaya恒等式"（Kaya，1989）。其通过一种简单的数学表达式将经济、政策和人口等因子与人类活动所产生的二氧化碳排放量联系起来，从而发现不同因素对碳排放的不同影响力。Kaya恒等式有诸多的拓展应用，例如可以将其分解，分别计入不同行业的能源消耗、GDP贡献，再做求和（Li and Ou，2013）；Duro和Padilla（2006）运用Kaya公式的分解方法，分析全球与各国人均CO_2排放的不平衡性等。同时，也可以将Kaya恒等式中的驱动因子进行替换或增加。例如有学者引入城市化率为新的驱动变量，并进一步修改Kaya恒等式（林伯强和刘希颖，2010）；又如Raupach等（2007）则去除了能源因素，将Kaya公式简化为三项；Kempbenedict（2011）则将投资和资本存量嵌入恒等式中，从而更快速地对碳排放进行估计。另外，Kaya公式也被一些学者应用于其他领域，例如Timma等（2014）利用Kaya的衍生公式对公司层面中的可持续危险废物进行评估与预测。

Kaya公式具体表达式如下：

$$GHG = \frac{GHG}{PE} \cdot \frac{PE}{GDP} \cdot \frac{GDP}{P} \cdot P$$

式中，GHG为温室气体排放总量；PE为一次能源消费总量；GDP为国内生产总值；P为国内总人口。等式右侧四个因子依次为能源结构碳强度（单位能耗的温室气体排放）、单位GDP能耗、人均国内生产总值和总人口。

该模型的优势在于可以依次反映能源结构、产业结构与技术水平、总体的经济发展水平和人口的规模效应这四个影响碳排放的宏观因素。而世界可持续财富则需要从发展成本和发展质量两个方面探求与财富表征之间的内在联系，从而为各国或地区从可持续角度重新研判财富量值提供理论依据。

第三节　世界可持续财富量化表达

为了追寻更为健康的可持续财富，首先要了解其深层次的内涵。本报告认为，涉及可持续发展角度的质量和成本两个方面是可持续财富的重要表征，同时二者具有常态下的联动关系。基于此，本报告从可持续发展理论出发，在第二章和第三章建立了 GDP 成本指数和 GDP 质量指数，从而为定量计算世界可持续财富提供基础。

依据本报告第二章内容，GDP 成本指数涉及自然成本、生产成本、社会成本和管理成本四个方面。其中，自然成本是指发展过程中破坏自然本身所导致的费用，一般包括资源消耗、生态系统退化等；生产成本表示生产活动的成本，涵盖生产过程中所发生的各项费用；社会成本泛指社会的平均成本，包含由于经济发展而对社会健康、社会福利等方面造成的直接或间接损害；管理成本则体现了管理部门在履行职责、实现行政目标等活动中所产生的各项成本。该指数越高表明发展过程中所花费的成本越高，随着科技的进步、生产力的提升以及人文素质的进一步改善，应最大可能地降低该成本，提升可持续发展效率。

依据本报告第三章内容，GDP 质量指数涵盖经济质量、社会质量、环境质量、生活质量和管理质量五大方面。其中，经济质量体现发展过程中资源的总体占用量和对于物质能量的消耗水平；社会质量表明社会进步的贡献能力，同时强调公平对于效率的反哺能力；生活质量揭示了大众心理或意愿的幸福和安全感受；管理质量则表示管理层的统筹水平的各项能力以及在宏观经济走向的把握方面。因此，GDP 质量指数建立了产出与"有质量的财富"之间的有机联系，同时提供了一种有效的能够实现高效率积累社会财富的途径。该指数越高，表明所创造的财富的质量就越高，其正向极限的到达即意味着可持续发展任务的实现。

以可持续财富的深刻内涵为纲，从 GDP 成本指数和 GDP 质量指数两个方面出发计算世界可持续财富，据此具体函数表达式为：

$$\text{SGDP} = P \cdot \frac{A \cdot C}{P} \cdot \frac{Q}{C} \cdot \frac{\text{GDP}}{A}$$

式中，P 为人口；A 为各行业总产出；C 为可持续成本指数；Q 为可持续质量指数；GDP 为国民生产总值。该函数所体现的因果关系是复杂而全面的，同时由于其可以被减少到仅有两项因素，所以该公式也是极为简洁的，从而将可持续财富的计算过程进行简化。

具体来说，在可持续财富的计算函数表达式中，P 反映的是某一国家或地区的人口方面。可持续发展的理念及行动是人类 200 多年来在战略规划上的一次重大飞跃。可持续发展的目的就是要通过协调自然、社会、经济系统的动态平衡从而解决人类生存和发展的问题，人的可持续发展是其赖以实现的资质和动因。作为创造可持续财富的核心动力，人口与其他影响因素之间存在着相互影响和相互制约的关系。同时，将人口数量控制在一个合理的阈值区间之内、综合提高全面能力也是实现可持续发展的重要前提。

$\frac{A \cdot C}{P}$ 表征的是发展成本，该成本是对传统 GDP 核算中成本概念的延伸，从可持续发展的深层内涵出发，兼顾自然成本、生产成本、社会成本和管理成本四个方面，涉及环境恶化、生产效率、社会稳定和发展、政府职能效用等多方面，从而全面地反映和记录经济发展、社会进步、资源环境变化。该指标的值越大表明发展成本越高。

$\frac{Q}{C}$ 表示可持续费效比，为 GDP 质量指数和 GDP 成本指数的比值。传统意义上的费效比是效益理论的核心概念，通常将投资的费用与系统的效能之比称为费效比。而可持续费效比所反映的不仅是一个经济问题，还是一个关系整个世界未来发展走势的宏观战略性问题，它从投入产出的全过程和可持续发展的特殊角度揭示了一个国家或地区在发展中的健康程度。该指标的值越大，表明可持续发展的效用越高，是较少发展成本下实现较大财富质量表征。

$\frac{GDP}{A}$ 表示财富产出率，是直观评价一个国家或地区经济发展效率的综合性指标，高的财富产出率意味着单位资产获得了相对多的增加值累积。

综合来看，计算一个国家或地区的可持续财富的逻辑顺序可表示为：首先通过该国或地区的人口总量与人均成本计算出总可持续发展成本，之后乘以可持续费效比获得可持续发展产出，最后运用财富产出率将其转化为可持续财富，从而为各国或地区创造更多的高质量的可持续财富打下理论与方法的基础。

第四节 世界可持续财富稳步提升

一、世界可持续财富

可持续财富测算是对可持续和包容增长的有效推动。2000~2014 年世界 GDP 总量从 33.3 万亿美元增加到 78 万亿美元，增加了 1.34 倍。真正的可持续的财富实际为 18.84 万亿美元，2014 年增加到 46.29 万亿美元，增加了 1.46 倍。总体来讲，世界各国越来越重视可持续发展方式,如1992年联合国政府间谈判委员会就气候变化问题达成《联合国气候变化框架公约》,目标就是减少温室气体排放,减少人为活动对气候系统的危害,增强生态系统对气候变化的适应能力。截至2015年,已有184个国家提交了应对气候变化"国家自主贡献"文件,这些国家的碳排放量占全球碳排放量的近98%。近年来,环境成本的降低只是可持续发展成本下降的一个侧面,此外,在经历金融危机,世界经济增速放缓的背景下,通过经济结构的改革、发展方式的创新、国际合作的共赢实现降低发展成本提升发展质量,促进有活力有韧性的经济发展,已经成为世界主要经济体的一致共识,更是世界可持续财富积累方式的必然选择(图4-3,图4-4,表4-1)。

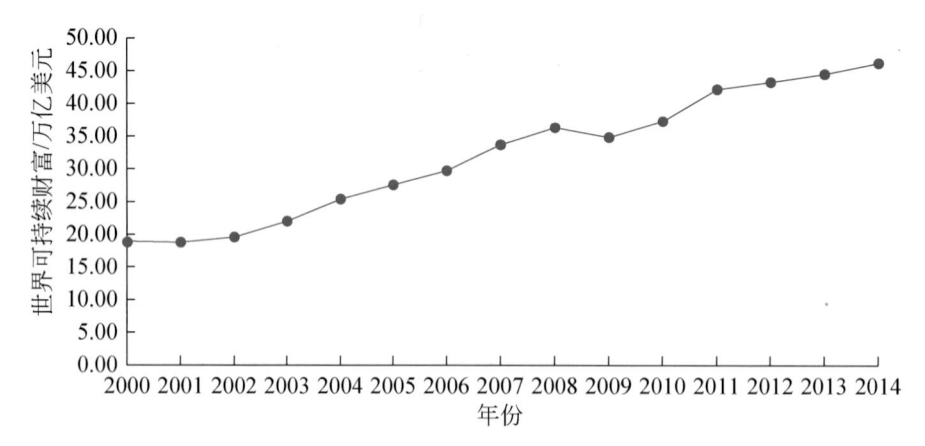

图4-3 2000~2014年世界可持续财富总量变化

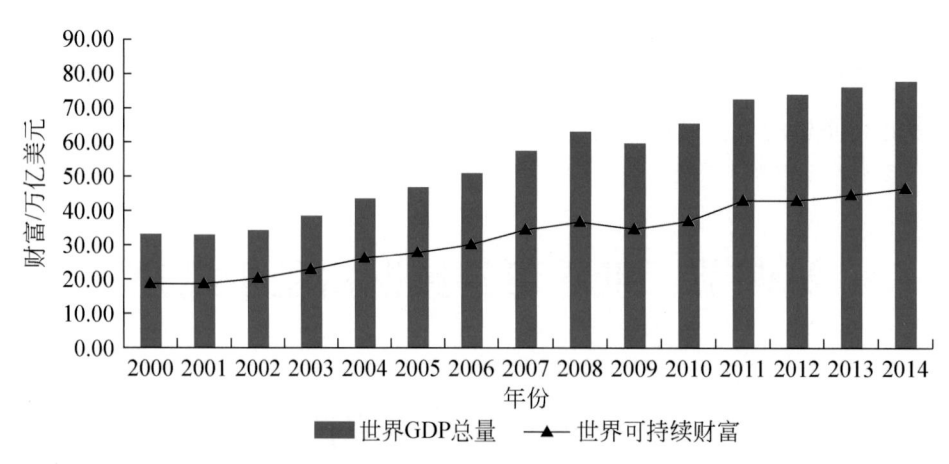

图4-4 2000~2014年世界GDP总量与世界可持续财富总量变化

表4-1 2000~2014年世界GDP总量、可持续财富和不可持续财富   (单位：万亿美元)

年份	世界GDP总量	世界可持续财富	不可持续财富
2000	33.30	18.84	14.46
2001	33.10	18.83	14.27
2002	34.40	19.61	14.79
2003	38.60	22.04	16.56
2004	43.50	25.41	18.09
2005	47.10	27.58	19.52
2006	51.00	29.74	21.26
2007	57.50	33.70	23.80
2008	63.10	36.34	26.76
2009	59.80	34.75	25.05
2010	65.60	37.32	28.28
2011	72.70	42.22	30.48
2012	74.20	43.31	30.89
2013	76.30	44.56	31.74
2014	78.00	46.29	31.71

二、主要经济体可持续财富

本报告分析了典型国家四类经济体的可持续财富变化。发达国家中美国可持续财富最高，日本、德国紧随其后。从变化趋势上看，美国、德国、挪威、澳大利亚都呈现持续增长态势，而日本的可持续财富在2012年达到高点后，可持续财富增长出现疲软，日本温室气体排放量的二氧化碳当量约为13.95亿吨，创下自1990年有记录以来的最高值。日本政府曾在2009年提出，到2020年温室气体排放比1990年下降25%，而在2013年却重新修改了减排目标，减少了温室气体的下降幅度，提升了温室气体的目标排放量，能源政策的混乱大幅提升了发展的环境成本（图4-5）。

新兴经济体国家中可持续财富积累效率最高、数量最大的是中国。2000年中国和巴西、印度、俄罗斯、南非的可持续财富差距分别是0.286万亿美元、0.392万亿美元、0.503万亿美元和0.570万亿美元。2014年中国和巴西、印度、俄罗斯、南非的可持续财富差距迅速增加到5.046万亿美元、5.309万亿美元、5.285万亿美元和6.245万亿美元。中国在经历了年均增速9.8%的三十多年"高速增长期"后开始将"提质增效"作为财富积累的出发点，进入"增长阶段换档期"，更加注重发展方式转换、经济结构调整、资源节约、环境保护和提升国民待遇，从而使可持续财富的数量有很大提升（图4-6）。

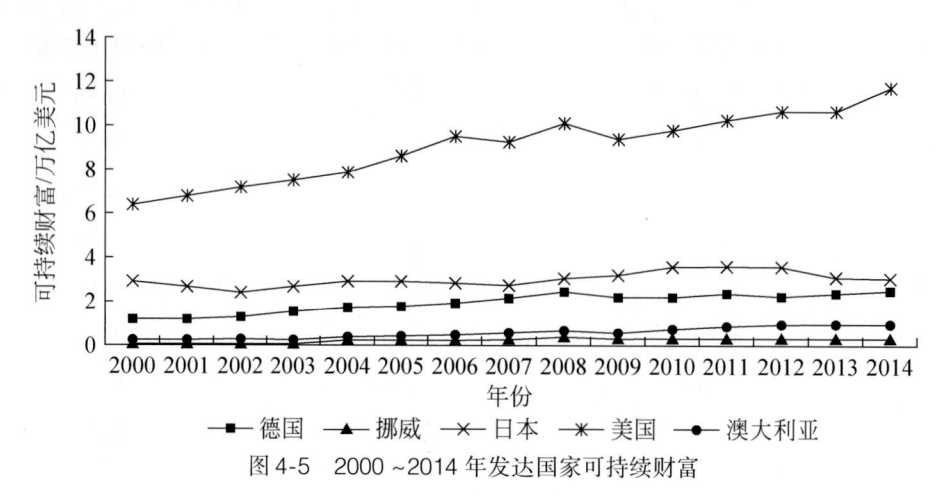

图4-5 2000~2014年发达国家可持续财富

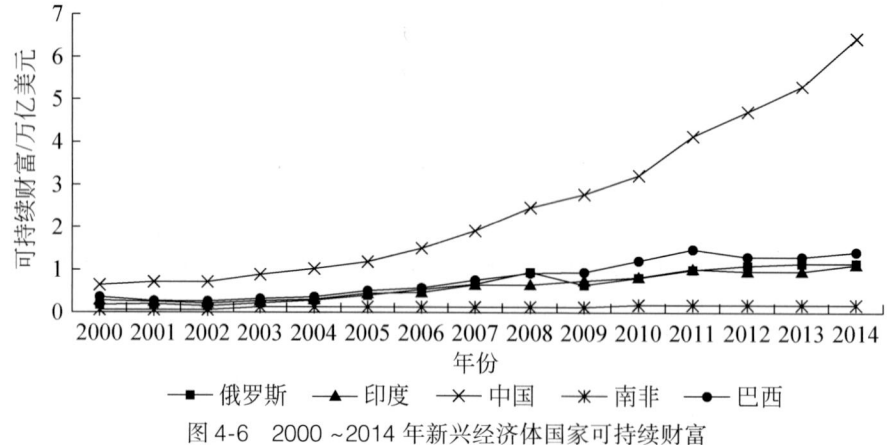

图4-6 2000~2014年新兴经济体国家可持续财富

发展中国家可持续财富最高的是印度尼西亚，2014年财富达到近0.5万亿美元，是尼日利亚的2倍。委内瑞拉的发展最令人堪忧，委内瑞拉由于政权不稳，军事政变频发，阻碍国家经济发展，国家管理质量严重下降。此外，委内瑞拉的经济质量不合理，委内瑞拉拥有世界最大的石油蕴藏量，国家经济高度依赖石油出口，然而受国际油价影响，曾经的拉美富国经济陷入倒退，甚至出现崩盘的危险（图4-7）。

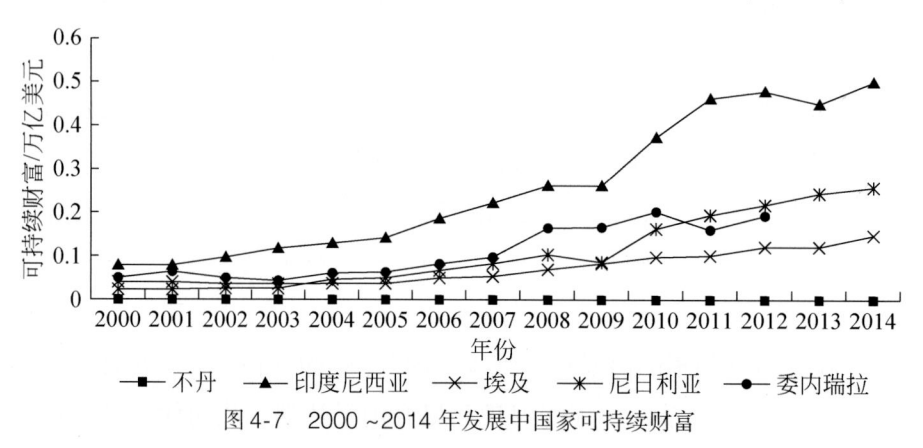

图4-7 2000~2014年发展中国家可持续财富

最不发达国家中孟加拉国可持续财富实现了快速增长。近年来，孟加拉国建立了良好的国际发展环境，政府注重经济发展，但能源短缺、经济结构单一、易受外部冲击，仍然是制约孟加拉国提升经济质量的瓶颈（图4-8）。

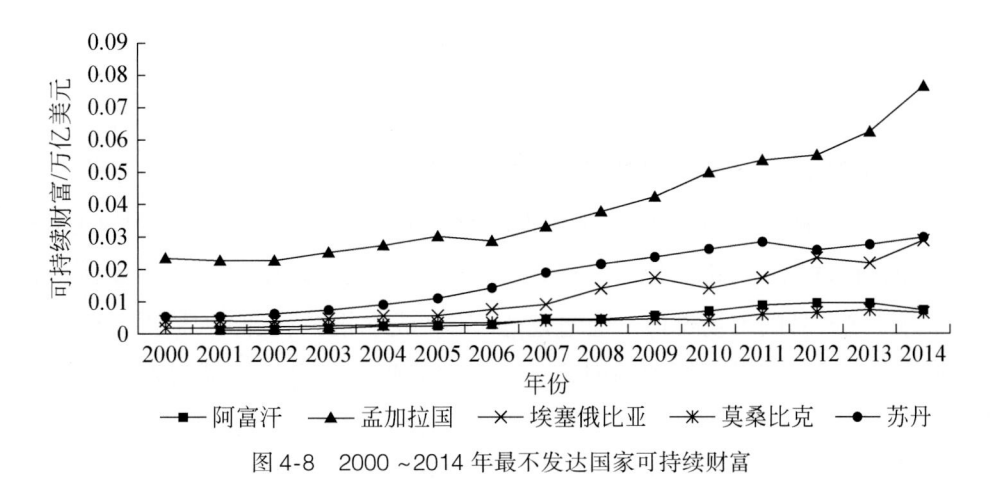

图 4-8　2000~2014 年最不发达国家可持续财富

2000~2014年主要经济体可持续财富积累过程，从数量上来讲：发达国家最高，新兴经济体国家次之，然后是发展中国家和最不发达国家。2014年发达国家可持续财富均值是3.71万亿美元，新兴经济体国家为2.06万亿美元，发展中国家为0.23万亿美元，最不发达国家为0.03万亿美元。从增速上来讲，新兴经济体国家最快，其次是发展中国家、最不发达国家和发达国家。2000年到2014年新兴经济体国家可持续财富翻了7倍多，发展中国家、最不发达国家和发达国家分别增长了5.7倍，3.4倍和1.7倍（图4-9）。

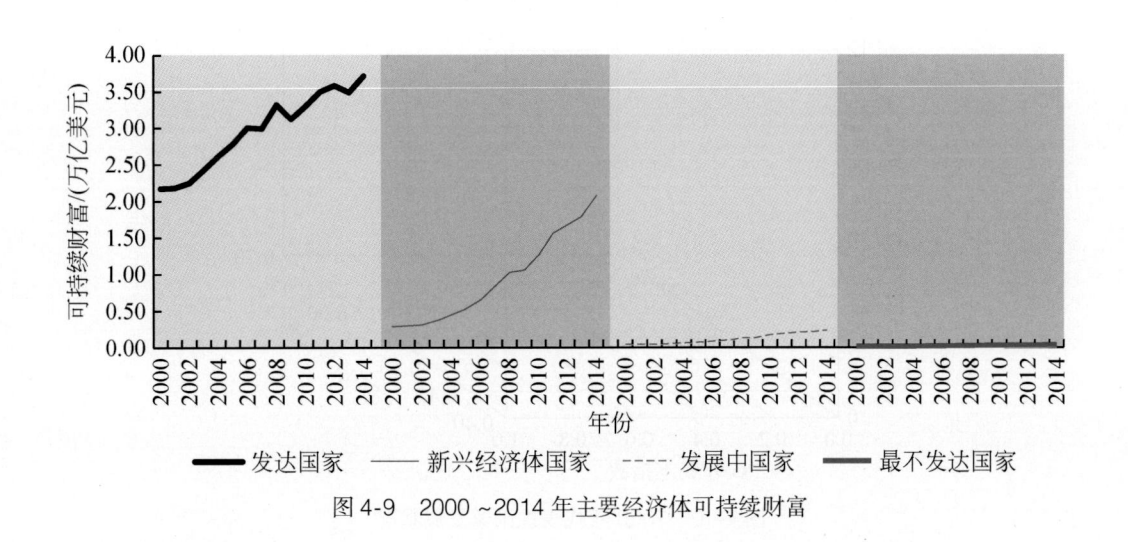

图 4-9　2000~2014 年主要经济体可持续财富

第五节 "GDP 成本–GDP 质量–GDP 数量–可持续财富"四维标定

GDP 的生成是一个投入产出的过程。GDP 成本指数从自然成本、社会成本、环境成本、管理成本四个方面,度量了 GDP 生成过程中的损耗。GDP 质量指数从经济质量、环境质量、社会质量、生活质量和管理质量五个角度衡量一个国家 GDP 中的"有质量"的财富构成。GDP 是一个经济总量的概念,衡量全部生产要素在一定时期内所生产的最终产品的市场价值。通过建立 GDP 成本指数、GDP 质量指数、GDP 之间的财富转换关系,获得可持续的财富,反映财富形成的动力、质量和公平,比纯粹 GDP 数字的概念更真实刻画财富效率。掌握各个国家财富积累的发展阶段,避免各国片面追求虚假增长,为"速度而速度",从而带来巨大的结构性扭曲、产能过剩、环境污染等情况。报告以 50 个样本国家为例,从 GDP 成本、GDP 质量、GDP 数量和可持续财富四个维度综合标定各个国家在 2000 年和 2014 年所处的发展阶段及其变化轨迹(图 4-10,表 4-2,图 4-11,表 4-3)。

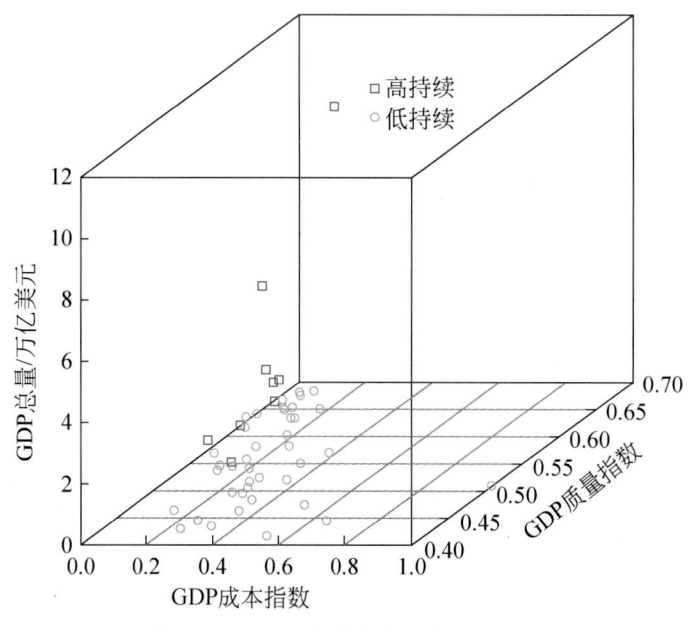

图 4-10 2000 年代表性国家发展状况

表 4-2　2000 年代表性国家发展状况

发展状况	样本国家分类
低成本、低质量、低数量、低持续	印度、喀麦隆、肯尼亚、摩洛哥、洪都拉斯、阿根廷
低成本、低质量、低数量、高持续	
低成本、低质量、高数量、低持续	巴西
低成本、低质量、高数量、高持续	意大利、中国、墨西哥
低成本、高质量、低数量、低持续	奥地利、芬兰、挪威、瑞士、不丹、菲律宾、马尔代夫、毛里求斯、牙买加、澳大利亚、斐济、萨摩亚、汤加、新西兰
低成本、高质量、低数量、高持续	
低成本、高质量、高数量、低持续	
低成本、高质量、高数量、高持续	德国、法国、英国、日本、加拿大
高成本、低质量、低数量、低持续	俄罗斯、孟加拉国、土耳其、伊朗、印度尼西亚、阿尔及利亚、埃及、埃塞俄比亚、莫桑比克、南非、尼日利亚、苏丹、中非、哥伦比亚、秘鲁、委内瑞拉
高成本、低质量、低数量、高持续	
高成本、低质量、高数量、低持续	
高成本、低质量、高数量、高持续	
高成本、高质量、低数量、低持续	韩国、利比亚、智利
高成本、高质量、低数量、高持续	
高成本、高质量、高数量、低持续	
高成本、高质量、高数量、高持续	美国

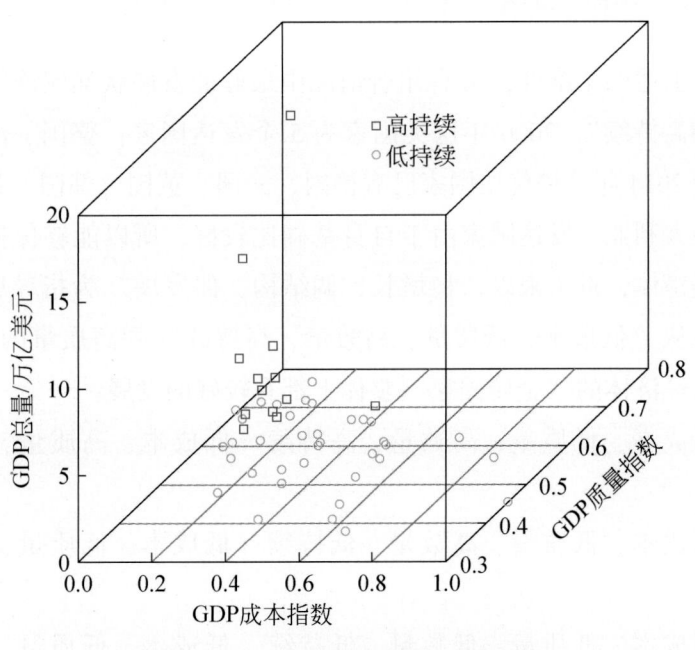

图 4-11　2014 年代表性国家发展状况

表 4-3 2014 年代表性国家发展状况

发展状况	样本国家分类
低成本、低质量、低数量、低持续	不丹、土耳其、尼日利亚、墨西哥、阿根廷
低成本、低质量、低数量、高持续	
低成本、低质量、高数量、低持续	
低成本、低质量、高数量、高持续	意大利、印度、巴西
低成本、高质量、低数量、低持续	奥地利、芬兰、挪威、瑞士、菲律宾、马尔代夫、摩洛哥、牙买加、斐济、汤加、新西兰
低成本、高质量、低数量、高持续	
低成本、高质量、高数量、低持续	
低成本、高质量、高数量、高持续	德国、法国、英国、韩国、日本、中国、加拿大、美国、澳大利亚
高成本、低质量、低数量、低持续	阿富汗、孟加拉国、伊朗、印度尼西亚、埃及、埃塞俄比亚、喀麦隆、肯尼亚、莫桑比克、南非、苏丹、中非
高成本、低质量、低数量、高持续	
高成本、低质量、高数量、低持续	
高成本、低质量、高数量、高持续	
高成本、高质量、低数量、低持续	阿尔及利亚、利比亚、毛里求斯、洪都拉斯、哥伦比亚、秘鲁、智利、萨摩亚
高成本、高质量、低数量、高持续	
高成本、高质量、高数量、低持续	
高成本、高质量、高数量、高持续	俄罗斯

毋庸置疑，上述四个维度，16 种组合情况中最好的发展状况应该是"低成本、高质量、高数量和高持续"。2000 年这类国家为 5 个发达国家：德国、法国、英国、日本、加拿大；到 2014 年这种优质国家已有德国、法国、英国、韩国、日本、中国、加拿大、美国、澳大利亚。发达国家由于自身基础比较好，所以能够保持稳定。中国作为世界第二大经济体，近年来以"稳增长、调结构、促发展"为指导思想，统筹推进各项改革，正在从"低成本、低质量、高数量、高持续"到高质量的发展轨道迁移。总体来看，新兴经济体的"金砖国家"整体上都有较好的发展：

· 中国：低成本、低质量、高数量、高持续　低成本、高质量、高数量、高持续↗

· 巴西：低成本、低质量、高数量、低持续　低成本、低质量、高数量、高持续↗

· 印度：低成本、低质量、低数量、低持续　低成本、低质量、高数量、高持

续↗

· 俄罗斯：高成本、低质量、低数量、低持续　高成本、高质量、高数量、高持续↗

第六节　世界可持续财富增长预测

可持续发展已经成为世界发展的主旋律、大趋势，倡导与之相匹配的可持续的财富观，必将会影响各国发展的政策选择和增长路径，从而既有助于提升世界各国可持续财富积累能力，又有利于实现2030年世界可持续发展目标。

2014年世界GDP总量为78万亿美元，世界可持续财富为46.3万亿。如果世界GDP总量保持2.7%的年均增速，到2030年世界GDP总量达近120万亿美元，GDP质量以0.34%的现速增长，世界可持续财富可达75万美元，比2014年增加28.56万亿美元；如果GDP质量以0.6%的高速增长，世界可持续财富可达78万亿美元，比2014年增加31.72万亿美元（表4-4，图4-12）。

表4-4　世界GDP总量、可持续财富总量预测　　（单位：万亿美元）

年份	世界GDP	世界可持续财富（现速增长）	世界可持续财富（高速增长）
2015	80.11	47.70	47.82
2016	82.27	49.15	49.41
2017	84.49	50.65	51.04
2018	86.77	52.20	52.74
2019	89.11	53.79	54.49
2020	91.52	55.43	56.29
2021	93.99	57.12	58.16
2022	96.53	58.86	60.09
2023	99.14	60.65	62.08
2024	101.81	62.50	64.14
2025	104.56	64.41	66.27
2026	107.38	66.38	68.46
2027	110.28	68.40	70.73
2028	113.26	70.49	73.08
2029	116.32	72.64	75.50
2030	119.46	74.85	78.01

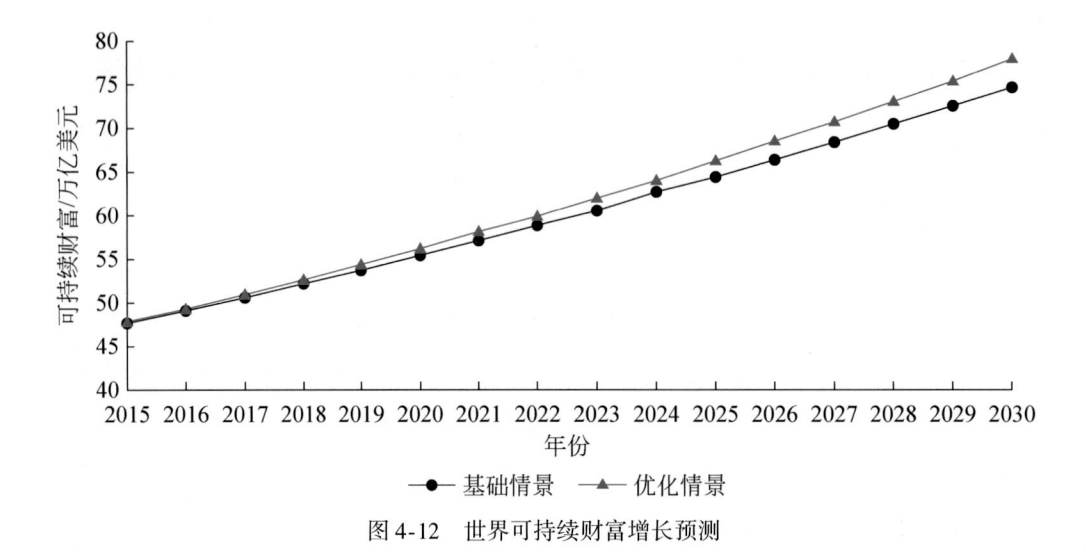

图 4-12　世界可持续财富增长预测

第五章
可持续发展能力指标体系

第一节　指标体系的提取原则

实现从传统发展模式向可持续发展模式的有序转变，必须正确把握可持续发展的内涵及其界定。于是，衡量可持续发展的指标体系，就成为正确引导社会发展方向的关键。

指标体系具有以下三大重要特征：

(1) 指标体系是反映系统本质和行为规矩的"量化特征组合"；
(2) 指标体系是衡量系统变化和质量优劣的"比较尺度标准"；
(3) 指标体系是调控系统结构和优化功能的"实际操作手柄"。

为了定量监测和评估可持续发展系统的行为，首先应当从系统运行过程中提取那些具有标识性意义的定量化信息。这些定量化信息具有如下特征：

(1) 可以是变量互相联系的"结点"；
(2) 可以是系统变量的"库量"；
(3) 可以是系统变量的"梯度"；
(4) 可以是系统变量的"增量"；
(5) 可以是系统变量的"减量"；
(6) 可以是系统变量的"峰量"；
(7) 可以是系统过程的"灵敏度"或"控制量"；
(8) 可以是系统或子系统的"输出量"或"输入量"；
(9) 可以是系统的"反馈量"；
(10) 可以是系统的"临界量"；
(11) 可以是系统的"突变量"；
(12) 可以是系统的"边界值"；
(13) 可以是系统的"初始值"；
(14) 可以是其他具有反映系统行为本质的定量化信息。

将这些定量化信息从所要研究的对象中确定出来，通过随着时段的观察、测量、推断、解析，获取准确的能够基本还原和复制系统行为轨迹的一组具有关键点位的逻辑性取样，形成本报告的"指标"。将这些指标按运行机理和逻辑形式联合起来，说明整体行为规律的指标集合即所谓的"指标体系"。

依据可持续发展的理论内涵、结构内涵和统计内涵，形成了由五大体系组成的可持续发展战略指标体系。这些指标以及由这些指标所形成的体系，力求具备：

（1）内部逻辑清晰、合理；

（2）简捷、易取，所代表的信息量大；

（3）权威、通用，可以在统一基础上进行对比；

（4）层次分明，具有严密的等级系统，并在不同层次上进行时间和空间排序；

（5）具有理论依据或统计规律的规范算法以及相应的权重分配、评分度量和排序规则等。衡量可持续发展总体能力的指标体系构成了一个庞大和严密的定量式大纲，依据各个指标的作用、贡献、表现和位置，既可以分析、比较、判别和评价可持续发展的状态、进程和总体态势，又可以还原、复制、模拟、预测可持续发展的未来演化、方案预选和监测预警。它应当成为决策者、实施者和社会公众认识和把握可持续发展的基本工具（牛文元等，2000）。

第二节 指标体系的框架设计

可持续发展的指标体系，分为总体层、系统层、状态层和要素层四个等级。

总体层：表达可持续发展的总体能力，它代表战略实施的总体态势和总体效果。

系统层：依照可持续发展的理论体系，将由内部的逻辑关系和函数关系分别表达为生存支持系统、发展支持系统、环境支持系统、社会支持系统、智力支持系统。

状态层：在每一个划分的系统内能够代表系统行为的关系结构。在某一时刻的起点它们表现为静态的，随着时间的变化，它们呈现动态的特征。

要素层：采用可测的、可比的、可以获得的指标及指标群，对变量层的数量表现、强度表现、速率表现给予直接的度量（牛文元等，1999）（图5-1）。

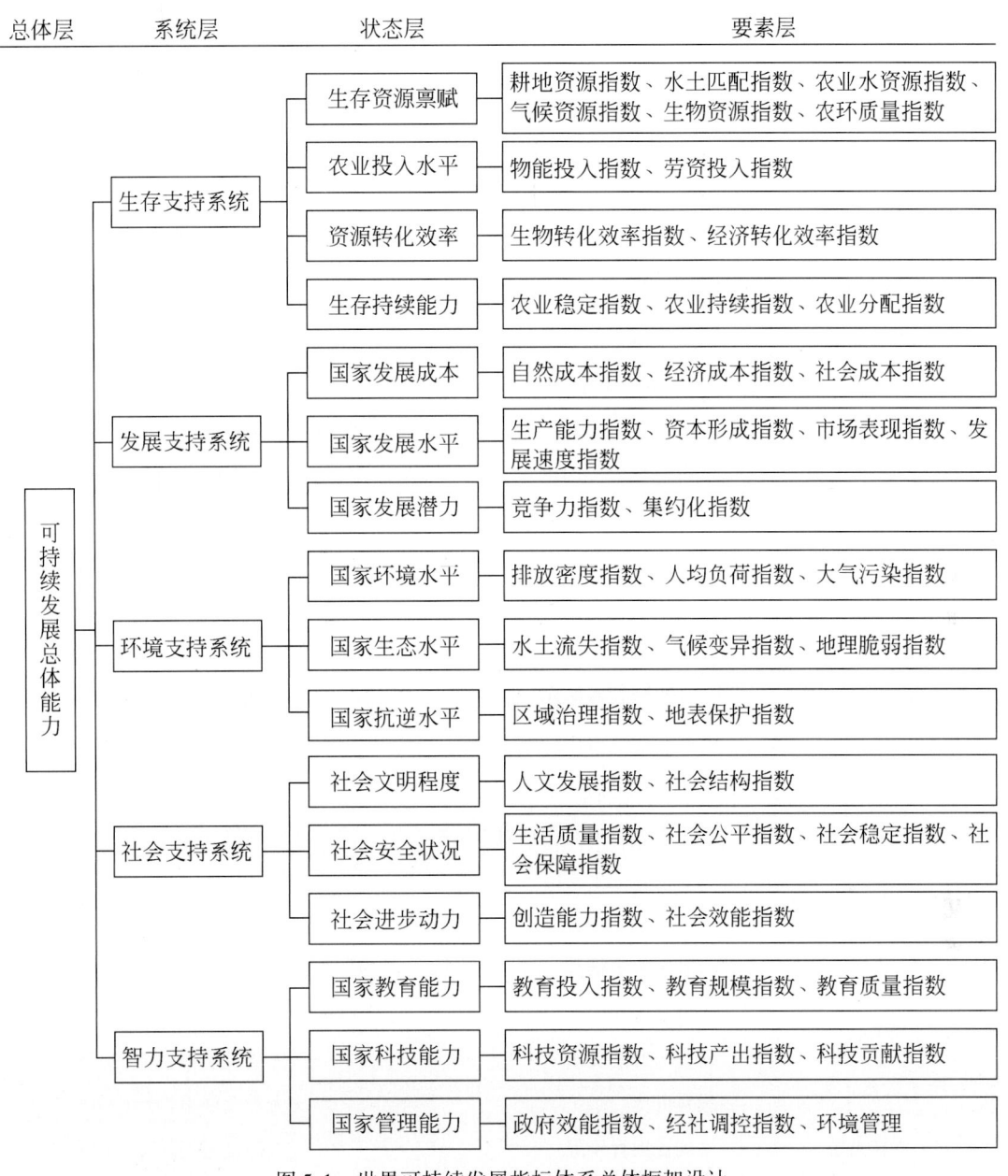

总体层	系统层	状态层	要素层
可持续发展总体能力	生存支持系统	生存资源禀赋	耕地资源指数、水土匹配指数、农业水资源指数、气候资源指数、生物资源指数、农环质量指数
		农业投入水平	物能投入指数、劳资投入指数
		资源转化效率	生物转化效率指数、经济转化效率指数
		生存持续能力	农业稳定指数、农业持续指数、农业分配指数
	发展支持系统	国家发展成本	自然成本指数、经济成本指数、社会成本指数
		国家发展水平	生产能力指数、资本形成指数、市场表现指数、发展速度指数
		国家发展潜力	竞争力指数、集约化指数
	环境支持系统	国家环境水平	排放密度指数、人均负荷指数、大气污染指数
		国家生态水平	水土流失指数、气候变异指数、地理脆弱指数
		国家抗逆水平	区域治理指数、地表保护指数
	社会支持系统	社会文明程度	人文发展指数、社会结构指数
		社会安全状况	生活质量指数、社会公平指数、社会稳定指数、社会保障指数
		社会进步动力	创造能力指数、社会效能指数
	智力支持系统	国家教育能力	教育投入指数、教育规模指数、教育质量指数
		国家科技能力	科技资源指数、科技产出指数、科技贡献指数
		国家管理能力	政府效能指数、经社调控指数、环境管理

图 5-1 世界可持续发展指标体系总体框架设计

第三节 指标体系的具体构建

在可持续发展总体框架原则下，综合考虑指标的可获取性和连续性，构建了共包括五大系统和 26 项要素组成的"可持续发展能力"指标体系，其中五大系统包括生存支持系统、发展支持系统、环境支持系统、社会支持系统和智力支持系统（表 5-1）。

表 5-1 可持续发展能力的指标体系

类别	要素	数据来源
生存支持系统	人均耕地	世界银行
	人均可再生内陆淡水资源	世界银行
	作物生产指数	世界银行
	人均能源产量	世界银行
	人口密度	世界银行
发展支持系统	人均 GDP	世界银行
	单位 GDP 能耗	世界银行
	互联网用户（每百人）	世界银行
	工业增加值（GDP 占比）	世界银行
	人均能源使用量	世界银行
环境支持系统	人均森林面积	世界银行
	人均二氧化碳排放量	世界银行
	海洋保护区（领海占比）	世界银行
	人均自然资源消耗	世界银行
	可再生能源占比	《人类发展报告》（2015）
社会支持系统	人均预期寿命	世界银行
	总失业人数（总劳动力占比）	世界银行
	人均医疗卫生支出	世界银行
	收入不平等指数	《人类发展报告》（2015）
	性别不平等指数	《人类发展报告》（2015）
	多维贫困指数	《人类发展报告》（2015）
智力支持系统	研究与开发支出	《人类发展报告》（2015）
	教育开支	《人类发展报告》（2015）
	平均受教育年限	《人类发展报告》（2015）
	万人专利申请量	世界银行
	识字率	世界银行

第四节 可持续发展能力统计分析

依照所设计的指标体系，应用"世界银行"和《人类发展报告》（2015）发布的全球各国最新的年度统计数据，在统计规则的统一比较下，完成了世界各国家（地区）可持续发展能力以及五大分项的计算（表5-2）。根据数据的可获取性，共选取全球 192 个国家（地区）。

表 5-2 可持续发展能力总水平

国家（地区）	生存支持系统	发展支持系统	环境支持系统	社会支持系统	智力支持系统	可持续发展能力	国家（地区）	排名
安道尔	0.34	0.68	0.29	0.39	0.31	0.40	挪威	1
阿富汗	0.40	0.13	0.49	0.45	0.08	0.31	瑞典	2
安哥拉	0.42	0.59	0.37	0.39	0.18	0.39	瑞士	3
阿尔巴尼亚	0.33	0.53	0.42	0.65	0.38	0.46	加拿大	4
阿联酋	0.25	0.68	0.32	0.65	0.41	0.46	冰岛	5
阿根廷	0.39	0.52	0.41	0.63	0.46	0.48	德国	6
亚美尼亚	0.31	0.54	0.43	0.62	0.26	0.43	芬兰	7
安提瓜和巴布达	0.34	0.34	0.30	0.43	0.30	0.34	澳大利亚	8
澳大利亚	0.52	0.66	0.38	0.69	0.64	0.58	丹麦	9
奥地利	0.28	0.63	0.51	0.82	0.60	0.57	法国	10
阿塞拜疆	0.31	0.63	0.33	0.69	0.39	0.47	奥地利	11
布隆迪	0.36	0.09	0.45	0.45	0.29	0.33	新西兰	12
比利时	0.26	0.63	0.51	0.81	0.58	0.56	斯洛文尼亚	13
贝宁	0.33	0.46	0.47	0.45	0.19	0.38	美国	14
布基纳法索	0.42	0.14	0.46	0.41	0.15	0.32	日本	15
孟加拉国	0.27	0.43	0.43	0.54	0.28	0.39	比利时	16
保加利亚	0.34	0.55	0.44	0.63	0.43	0.48	韩国	17
巴林	0.27	0.64	0.17	0.62	0.31	0.40	以色列	18
巴哈马	0.38	0.43	0.48	0.51	0.44	0.45	卢森堡	19
波黑	0.30	0.57	0.32	0.31	0.29	0.36	英国	20
白俄罗斯	0.32	0.60	0.38	0.72	0.47	0.50	爱沙尼亚	21
伯利兹	0.38	0.22	0.41	0.53	0.56	0.42	爱尔兰	22
玻利维亚	0.35	0.55	0.44	0.56	0.38	0.45	立陶宛	23
巴西	0.35	0.54	0.50	0.58	0.43	0.48	荷兰	24
巴巴多斯	0.29	0.46	0.29	0.61	0.41	0.41	拉脱维亚	25
文莱	0.36	0.61	0.12	0.62	0.33	0.41	乌克兰	26
不丹	0.39	0.33	0.46	0.60	0.33	0.42	波兰	27
博茨瓦纳	0.27	0.48	0.45	0.30	0.47	0.39	匈牙利	28

续表

国家（地区）	生存支持系统	发展支持系统	环境支持系统	社会支持系统	智力支持系统	可持续发展能力	国家（地区）	排名
中非	0.42	0.07	0.54	0.29	0.11	0.29	意大利	29
加拿大	0.49	0.62	0.44	0.83	0.58	0.59	白俄罗斯	30
瑞士	0.26	0.67	0.48	0.96	0.63	0.60	捷克	31
智利	0.31	0.60	0.40	0.59	0.42	0.46	俄罗斯	32
中国	0.30	0.59	0.38	0.68	0.39	0.47	苏里南	33
科特迪瓦	0.30	0.47	0.50	0.39	0.27	0.39	斯洛伐克	34
喀麦隆	0.35	0.47	0.50	0.45	0.21	0.40	哈萨克斯坦	35
刚果（布）	0.33	0.56	0.45	0.49	0.29	0.43	西班牙	36
哥伦比亚	0.29	0.51	0.45	0.56	0.23	0.41	摩纳哥	37
科摩罗	0.34	0.08	0.49	0.44	0.39	0.35	阿根廷	38
佛得角	0.34	0.23	0.50	0.48	0.49	0.40	摩尔多瓦	39
哥斯达黎加	0.30	0.43	0.50	0.57	0.45	0.45	巴西	40
古巴	0.28	0.56	0.28	0.60	0.58	0.46	保加利亚	41
塞浦路斯	0.24	0.53	0.38	0.67	0.50	0.46	委内瑞拉	42
捷克	0.30	0.63	0.39	0.73	0.44	0.50	葡萄牙	43
德国	0.27	0.65	0.52	0.84	0.65	0.59	厄瓜多尔	44
吉布提	0.37	0.06	0.33	0.51	0.21	0.29	阿塞拜疆	45
多米尼克	0.35	0.30	0.49	0.04	0.28	0.29	中国	46
丹麦	0.31	0.66	0.46	0.77	0.68	0.58	圭亚那	47
多米尼加	0.31	0.49	0.46	0.54	0.40	0.44	新加坡	48
阿尔及利亚	0.35	0.51	0.34	0.48	0.22	0.38	蒙古	49
厄瓜多尔	0.29	0.54	0.54	0.63	0.37	0.47	秘鲁	50
埃及	0.28	0.51	0.40	0.56	0.37	0.42	智利	51
厄立特里亚	0.27	0.50	0.39	0.40	0.09	0.33	塔吉克斯坦	52
西班牙	0.30	0.58	0.43	0.62	0.48	0.48	塞浦路斯	53
爱沙尼亚	0.37	0.62	0.42	0.67	0.57	0.53	阿尔巴尼亚	54
埃塞俄比亚	0.33	0.44	0.50	0.48	0.13	0.37	乌拉圭	55
芬兰	0.32	0.66	0.48	0.80	0.64	0.58	突尼斯	56
斐济	0.34	0.25	0.51	0.52	0.49	0.42	吉尔吉斯斯坦	57
法国	0.29	0.61	0.58	0.80	0.57	0.57	阿联酋	58
密克罗尼西亚	0.44	0.14	0.50	0.31	0.36	0.35	越南	59

续表

国家（地区）	生存支持系统	发展支持系统	环境支持系统	社会支持系统	智力支持系统	可持续发展能力	国家（地区）	排名
加蓬	0.36	0.52	0.51	0.48	0.23	0.42	古巴	60
英国	0.26	0.63	0.42	0.75	0.59	0.53	墨西哥	61
格鲁吉亚	0.28	0.53	0.44	0.60	0.28	0.42	巴拉圭	62
加纳	0.32	0.46	0.44	0.50	0.40	0.42	玻利维亚	63
几内亚	0.39	0.19	0.44	0.51	0.21	0.35	乌兹别克斯坦	64
冈比亚	0.35	0.13	0.48	0.44	0.18	0.31	马来西亚	65
几内亚比绍	0.40	0.08	0.58	0.39	0.06	0.30	巴哈马	66
赤道几内亚	0.38	0.18	0.22	0.36	0.18	0.26	哥斯达黎加	67
希腊	0.27	0.53	0.24	0.58	0.44	0.41	卡塔尔	68
格林纳达	0.31	0.22	0.32	0.38	0.50	0.35	罗马尼亚	69
危地马拉	0.32	0.48	0.50	0.50	0.28	0.42	克罗地亚	70
圭亚那	0.58	0.31	0.64	0.53	0.29	0.47	马耳他	71
洪都拉斯	0.30	0.48	0.46	0.53	0.42	0.44	多米尼加	72
克罗地亚	0.28	0.57	0.42	0.61	0.34	0.45	科威特	73
海地	0.28	0.51	0.50	0.40	0.15	0.37	摩洛哥	74
匈牙利	0.29	0.59	0.41	0.72	0.48	0.50	洪都拉斯	75
印度尼西亚	0.31	0.49	0.44	0.59	0.33	0.43	泰国	76
印度	0.30	0.48	0.43	0.54	0.33	0.42	坦桑尼亚	77
爱尔兰	0.28	0.61	0.39	0.75	0.55	0.52	斯里兰卡	78
伊朗	0.31	0.55	0.21	0.41	0.41	0.38	菲律宾	79
伊拉克	0.31	0.46	0.33	0.53	0.14	0.35	印度尼西亚	80
冰岛	0.51	0.62	0.37	0.83	0.61	0.59	尼加拉瓜	81
以色列	0.26	0.65	0.37	0.74	0.70	0.54	牙买加	82
意大利	0.26	0.56	0.43	0.78	0.48	0.50	黎巴嫩	83
牙买加	0.27	0.50	0.42	0.57	0.40	0.43	亚美尼亚	84
约旦	0.29	0.52	0.45	0.60	0.28	0.43	土耳其	85
日本	0.25	0.64	0.38	0.81	0.72	0.56	巴拿马	86
哈萨克斯坦	0.50	0.57	0.29	0.70	0.38	0.49	尼泊尔	87
肯尼亚	0.30	0.52	0.52	0.43	0.29	0.41	约旦	88
吉尔吉斯斯坦	0.30	0.51	0.43	0.63	0.44	0.46	塞尔维亚	89
柬埔寨	0.38	0.46	0.50	0.58	0.15	0.41	刚果（布）	90

续表

国家（地区）	生存支持系统	发展支持系统	环境支持系统	社会支持系统	智力支持系统	可持续发展能力	国家（地区）	排名
基里巴斯	0.47	0.07	0.55	0.28	0.28	0.33	格鲁吉亚	91
圣基茨和尼维斯	0.25	0.39	0.30	0.08	0.39	0.28	埃及	92
韩国	0.25	0.65	0.38	0.63	0.85	0.55	马尔代夫	93
科威特	0.40	0.68	0.21	0.57	0.33	0.44	不丹	94
老挝	0.44	0.20	0.48	0.61	0.36	0.42	加纳	95
黎巴嫩	0.25	0.57	0.38	0.58	0.38	0.43	斐济	96
利比里亚	0.36	0.03	0.41	0.45	0.15	0.28	加蓬	97
利比亚	0.31	0.48	0.33	0.58	0.25	0.39	汤加	98
圣卢西亚	0.30	0.26	0.49	0.54	0.35	0.39	伯利兹	99
列支敦士登	0.28	0.45	0.24	0.68	0.35	0.40	老挝	100
斯里兰卡	0.30	0.42	0.47	0.61	0.38	0.43	危地马拉	101
莱索托	0.36	0.19	0.48	0.26	0.41	0.34	印度	102
立陶宛	0.39	0.58	0.46	0.64	0.51	0.52	阿曼	103
卢森堡	0.26	0.68	0.31	0.88	0.55	0.54	毛里求斯	104
拉脱维亚	0.35	0.58	0.53	0.62	0.48	0.51	萨尔瓦多	105
摩洛哥	0.31	0.53	0.40	0.57	0.39	0.44	柬埔寨	106
摩纳哥	0.51	0.49	0.50	0.84	0.06	0.48	肯尼亚	107
摩尔多瓦	0.31	0.52	0.40	0.69	0.48	0.48	希腊	108
马达加斯加	0.37	0.09	0.50	0.53	0.16	0.33	沙特阿拉伯	109
马尔代夫	0.24	0.28	0.48	0.67	0.44	0.42	巴巴多斯	110
墨西哥	0.30	0.54	0.42	0.63	0.41	0.46	哥伦比亚	111
马绍尔群岛	0.44	0.12	0.33	0.06	0.00	0.19	马其顿	112
马其顿	0.30	0.56	0.39	0.56	0.24	0.41	文莱	113
马里	0.42	0.13	0.46	0.40	0.18	0.32	赞比亚	114
马耳他	0.23	0.55	0.24	0.69	0.49	0.44	佛得角	115
缅甸	0.31	0.34	0.50	0.46	0.10	0.34	瓦努阿图	116
蒙古	0.44	0.46	0.37	0.65	0.42	0.47	特立尼达和多巴哥	117
莫桑比克	0.34	0.47	0.57	0.31	0.29	0.39	安道尔	118
毛里塔尼亚	0.42	0.21	0.50	0.14	0.27	0.31	列支敦士登	119
毛里求斯	0.24	0.47	0.41	0.56	0.38	0.41	纳米比亚	120

续表

国家（地区）	生存支持系统	发展支持系统	环境支持系统	社会支持系统	智力支持系统	可持续发展能力	国家（地区）	排名
马拉维	0.45	0.10	0.46	0.44	0.22	0.33	叙利亚	121
马来西亚	0.29	0.60	0.37	0.62	0.38	0.45	巴林	122
纳米比亚	0.30	0.46	0.50	0.35	0.39	0.40	津巴布韦	123
尼日尔	0.51	0.44	0.45	0.41	0.18	0.40	圣文森特和格林纳丁斯	124
尼日利亚	0.29	0.52	0.49	0.44	0.15	0.38	喀麦隆	125
尼加拉瓜	0.33	0.47	0.52	0.59	0.25	0.43	尼日尔	126
荷兰	0.27	0.64	0.59	0.77	0.29	0.51	莫桑比克	127
挪威	0.36	0.76	0.54	0.95	0.59	0.64	博茨瓦纳	128
尼泊尔	0.30	0.45	0.50	0.59	0.31	0.43	利比亚	129
新西兰	0.33	0.64	0.46	0.77	0.64	0.57	南非	130
阿曼	0.32	0.67	0.14	0.58	0.36	0.41	安哥拉	131
巴基斯坦	0.28	0.44	0.45	0.55	0.21	0.39	孟加拉国	132
巴拿马	0.29	0.50	0.44	0.55	0.39	0.43	圣普	133
秘鲁	0.33	0.49	0.44	0.61	0.45	0.47	科特迪瓦	134
菲律宾	0.28	0.49	0.45	0.58	0.37	0.43	圣卢西亚	135
帕劳	0.22	0.11	0.38	0.51	0.64	0.37	巴基斯坦	136
巴布亚新几内亚	0.41	0.06	0.48	0.38	0.11	0.29	约旦河西岸和加沙	137
波兰	0.30	0.58	0.48	0.66	0.49	0.50	斯威士兰	138
朝鲜	0.27	0.49	0.26	0.74	0.00	0.35	土库曼斯坦	139
葡萄牙	0.28	0.54	0.42	0.67	0.47	0.48	阿尔及利亚	140
巴拉圭	0.41	0.51	0.60	0.52	0.23	0.45	贝宁	141
卡塔尔	0.46	0.72	0.16	0.59	0.30	0.45	萨摩亚	142
罗马尼亚	0.31	0.53	0.50	0.60	0.29	0.45	塞内加尔	143
俄罗斯	0.39	0.60	0.39	0.61	0.50	0.50	伊朗	144
卢旺达	0.41	0.11	0.48	0.50	0.38	0.38	尼日利亚	145
沙特阿拉伯	0.30	0.63	0.16	0.58	0.39	0.41	也门	146
苏丹	0.15	0.46	0.49	0.36	0.11	0.31	卢旺达	147
塞内加尔	0.31	0.46	0.49	0.47	0.16	0.38	多哥	148
新加坡	0.09	0.59	0.39	0.77	0.50	0.47	埃塞俄比亚	149

续表

国家(地区)	生存支持系统	发展支持系统	环境支持系统	社会支持系统	智力支持系统	可持续发展能力	国家(地区)	排名
所罗门群岛	0.39	0.05	0.40	0.54	0.36	0.35	帕劳	150
塞拉利昂	0.45	0.08	0.49	0.40	0.12	0.31	海地	151
萨尔瓦多	0.28	0.48	0.48	0.51	0.32	0.41	塞舌尔	152
圣马力诺	0.47	0.06	0.00	0.36	0.00	0.18	波黑	153
索马里	0.37	0.01	0.47	0.45	0.00	0.26	东帝汶	154
塞尔维亚	0.31	0.56	0.23	0.64	0.39	0.43	刚果（金）	155
南苏丹	0.00	0.29	0.01	0.17	0.13	0.12	伊拉克	156
圣普	0.35	0.14	0.49	0.49	0.48	0.39	朝鲜	157
苏里南	0.49	0.24	0.75	0.57	0.42	0.50	乌干达	158
斯洛伐克	0.29	0.62	0.42	0.66	0.49	0.49	科摩罗	159
斯洛文尼亚	0.25	0.61	0.61	0.76	0.60	0.57	密克罗尼西亚	160
瑞典	0.30	0.67	0.51	0.86	0.67	0.60	几内亚	161
斯威士兰	0.36	0.31	0.49	0.32	0.43	0.38	所罗门群岛	162
塞舌尔	0.43	0.29	0.47	0.38	0.26	0.36	格林纳达	163
叙利亚	0.26	0.63	0.24	0.56	0.31	0.40	缅甸	164
乍得	0.39	0.08	0.45	0.31	0.24	0.30	安提瓜和巴布达	165
多哥	0.31	0.45	0.49	0.46	0.16	0.38	莱索托	166
泰国	0.31	0.53	0.41	0.64	0.29	0.44	马拉维	167
塔吉克斯坦	0.32	0.49	0.47	0.61	0.41	0.46	厄立特里亚	168
土库曼斯坦	0.30	0.52	0.19	0.39	0.51	0.38	布隆迪	169
东帝汶	0.36	0.01	0.35	0.57	0.48	0.36	马达加斯加	170
汤加	0.51	0.24	0.52	0.27	0.56	0.42	基里巴斯	171
特立尼达和多巴哥	0.29	0.56	0.20	0.65	0.31	0.40	马里	172
突尼斯	0.30	0.52	0.40	0.64	0.44	0.46	布基纳法索	173
土耳其	0.30	0.52	0.40	0.57	0.37	0.43	冈比亚	174
图瓦卢	0.66	0.03	0.00	0.06	0.29	0.21	苏丹	175
坦桑尼亚	0.34	0.46	0.56	0.50	0.32	0.44	阿富汗	176
乌干达	0.35	0.17	0.46	0.45	0.32	0.35	塞拉利昂	177
乌克兰	0.39	0.53	0.41	0.67	0.51	0.50	毛里塔尼亚	178

续表

国家 (地区)	生存支持系统	发展支持系统	环境支持系统	社会支持系统	智力支持系统	可持续发展能力	国家 (地区)	排名
乌拉圭	0.43	0.54	0.45	0.61	0.27	0.46	几内亚比绍	179
美国	0.33	0.62	0.41	0.77	0.68	0.56	乍得	180
乌兹别克斯坦	0.32	0.57	0.36	0.61	0.41	0.45	吉布提	181
圣文森特和格林纳丁斯	0.35	0.29	0.49	0.38	0.47	0.40	多米尼克	182
委内瑞拉	0.32	0.76	0.29	0.52	0.51	0.48	巴布亚新几内亚	183
越南	0.30	0.53	0.42	0.65	0.40	0.46	中非	184
瓦努阿图	0.52	0.12	0.51	0.59	0.28	0.40	圣基茨和尼维斯	185
约旦河西岸和加沙	0.30	0.29	0.49	0.42	0.42	0.38	利比里亚	186
萨摩亚	0.46	0.12	0.50	0.38	0.44	0.38	赤道几内亚	187
也门	0.29	0.64	0.26	0.41	0.30	0.38	索马里	188
南非	0.30	0.55	0.39	0.35	0.36	0.39	图瓦卢	189
刚果（金）	0.29	0.50	0.46	0.39	0.14	0.36	马绍尔群岛	190
赞比亚	0.34	0.51	0.52	0.37	0.28	0.41	圣马力诺	191
津巴布韦	0.30	0.52	0.49	0.47	0.22	0.40	南苏丹	192

（一）可持续发展能力总水平划分

本报告将可持续发展能力划分为六个等级，依次为低（0~0.3）、较低（0.3~0.4）、中等（0.4~0.5）、较高（0.5~0.6）、高（0.6~0.8）、极高（0.8~1）水平。根据对世界192个国家（地区）可持续发展能力的计算，最终得出目前全球属于"高可持续发展能力水平"的国家为挪威、瑞典、瑞士，均为欧洲国家；属于"较高可持续发展能力水平"的共有30个国家；属于"中等可持续发展能力水平"的国家最多，共有93个国家；属于"较低可持续发展能力水平"的有52个国家；最后，目前全球"低可持续发展能力"的国家有14个，主要集中在非洲地区（图5-2和图5-3）。

图5-2 世界各国家(地区)可持续发展能力排名(1~95)

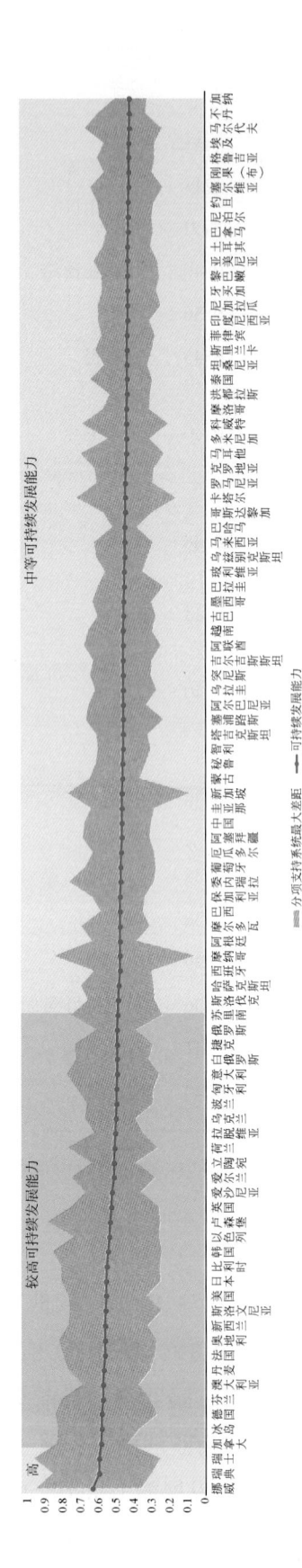

图5-3 世界各国家(地区)可持续发展能力排名(96~192)

(二) 可持续发展能力洲际区域对比

通过全球可持续发展能力渐变图可以看出，欧洲和北美洲主要国家或地区的可持续发展能力最优，其次是大洋洲、亚洲和南美洲的部分国家或地区，而非洲大部分国家或地区的可持续发展能力明显要低于其他各洲（图5-4）。

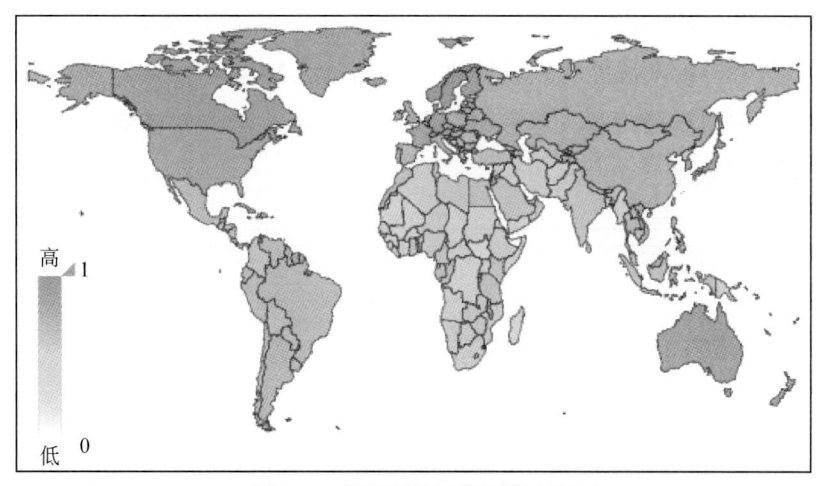

图5-4 世界可持续发展能力图

对可持续发展能力的各分项支持系统进行洲际对比发现：①社会支持系统为五大分项支持系统中的发展最优项，而生存支持系统在五大支持系统中较差，说明全球性的环境问题对人类生存的影响越来越大，例如臭氧层破坏、生物多样性锐减、海洋污染、全球气候变化等；②对比各洲的分项支持系统，欧洲发展支持系统、社会支持系统和智力支持系统为全球各洲最优，需发挥欧洲在政府管理体系、社会服务模式和教育发展理念等方面的"楷模"引领作用；③生存支持系统和环境支持系统发展最优的分别为大洋洲和南美洲，其中大洋洲主要国家充分利用丰富的自然资源发展农牧业、食品加工业和旅游业（图5-5）。

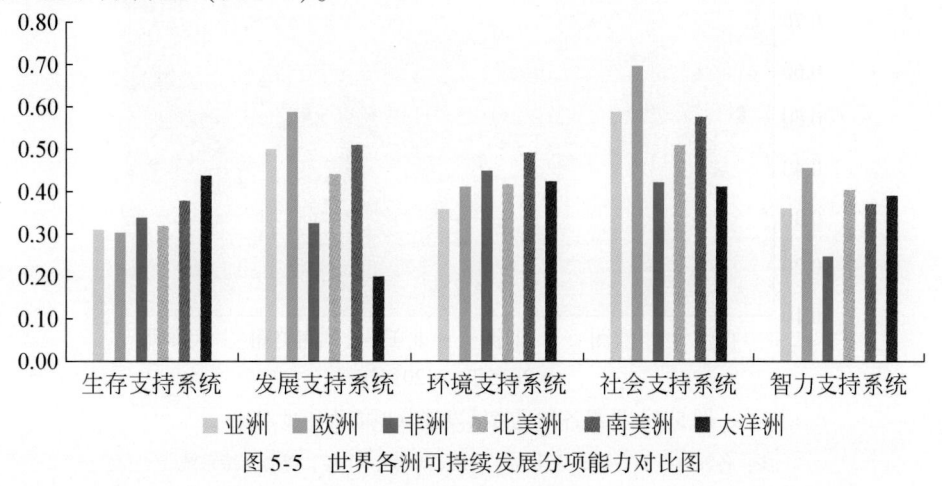

图5-5 世界各洲可持续发展分项能力对比图

(三) 可持续发展能力洲际年度变化

对比《2015 世界可持续发展年度报告》（牛文元，2015），2015 年各洲的综合可持续发展能力较 2014 年均有上升，其中：①欧洲和南美洲连续两年的可持续发展能力在六大洲中均较优，2015 年较 2014 年提升约 6%；②大洋洲和非洲在 2014 年可持续发展能力均为 0.33，2015 年均有提升，其中大洋洲发展态势显著，较 2014 年提升约 20%，约为非洲可持续发展能力提升速度的一倍；③2014 年，亚洲和北美洲的可持续发展能力在六大洲的排名为第三名和第四名，2015 年北美洲发展势头较迅猛，较 2014 年提升约 15%，紧追亚洲（图 5-6）。

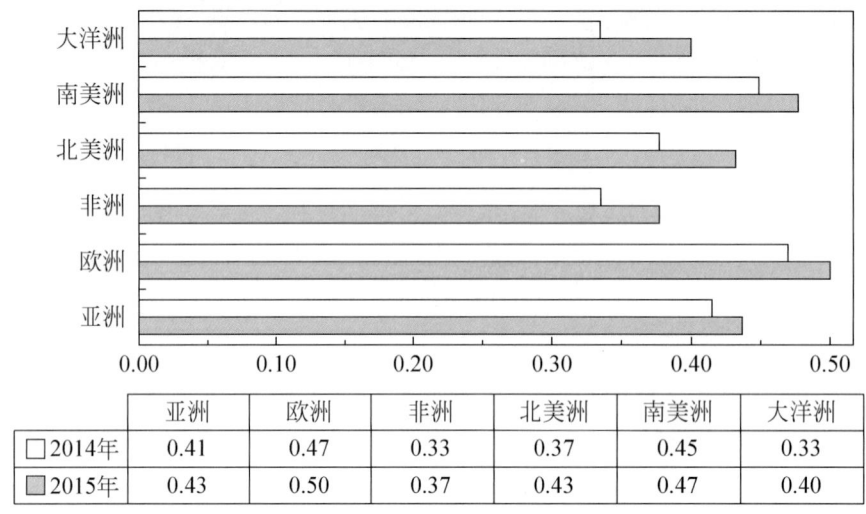

	亚洲	欧洲	非洲	北美洲	南美洲	大洋洲
2014年	0.41	0.47	0.33	0.37	0.45	0.33
2015年	0.43	0.50	0.37	0.43	0.47	0.40

图 5-6　世界各洲可持续发展能力年度对比

对比各洲可持续发展能力分项支持系统的年度变化，发现各洲五大分项支持系统中 2015 年较 2014 年有所上升的支持系统升幅比较显著，而 2015 年较 2014 年有所下降的支持系统降幅一般比较小，因此促使各洲总体可持续发展能力水平在 2015 年均有上升（图 5-7）。

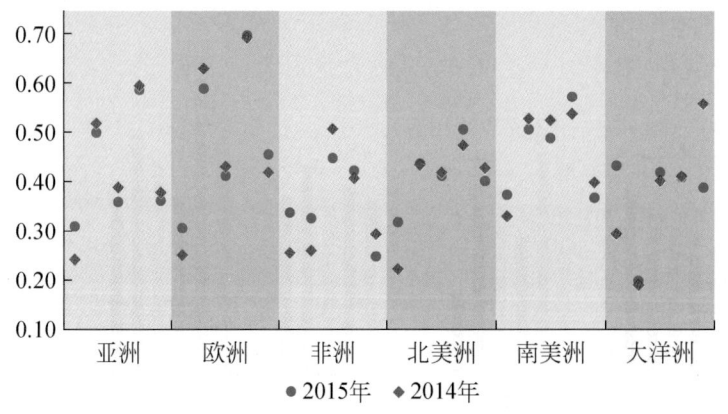

图 5-7　世界各洲可持续发展分项能力年度对比

注：各洲自左到右依次为生存、发展、环境、社会、智力支持系统。

（四）典型国家可持续发展能力对比

对本报告选取的各类典型国家的可持续发展能力进行对比，包括发达国家、新兴经济体国家、发展中国家和最不发达国家（表5-3）。结合图5-8可以看出：①所选取的典型发达国家可持续发展能力分项支持系统雷达图覆盖面积最大，综合可持续发展能力最优；②所选取的典型新型经济体国家，通过雷达图可以看出其社会支持系统和发展支持系统的发展能力在五个分项支持系统中相对较高；③所选取的典型发展中国家综合可持续发展能力与新兴经济体国家极为接近，同样是社会支持系统和发展支持系统发展能力相对较高；④最不发达国家综合可持续发展能力在四类典型国家中最差，表现为五大支持系统雷达图覆盖面积最小，尤其是其智力支持系统亟待大力发展。

表5-3 典型国家可持续发展能力

类别	选取的典型国家				
发达国家	挪威	德国	澳大利亚	美国	日本
	0.639	0.587	0.577	0.562	0.559
新兴经济体国家	俄罗斯	巴西	中国	印度	南非
	0.497	0.480	0.470	0.416	0.391
发展中国家	委内瑞拉	印度尼西亚	埃及	不丹	尼日利亚
	0.478	0.434	0.424	0.423	0.379
最不发达国家	莫桑比克	孟加拉国	埃塞俄比亚	苏丹	阿富汗
	0.395	0.391	0.374	0.312	0.311

（五）典型国家可持续发展能力、质量指数和成本指数对比

综合对比本章测算的典型国家"可持续发展能力"指数和本报告第二章和第三章分别测算的"成本指数"和"质量指数"（图5-9）：①"发达国家"可持续发展能力（气泡大小）在四类国家中最优，相应地，质量指数（横轴）最大，成本指数（纵轴）最低；②"新兴经济体国家"俄罗斯、中国、巴西可持续发展能力较强，质量指数在四类国家中处于居中水平，成本指数差异较大，中国成本指数最低，南非成本指数最高；③"发展中国家"以委内瑞拉可持续发展能力最为突出，成本指数在四类国家中处于居中水平，质量指数差异较大，尼日利亚质量指数最低；④"最不发达国家"在四类国家中可持续发展能力最低，阿富汗、苏丹可持续发展能力最差，该类国家成本指数值最高，质量指数差异较大，基本与发展中国家质量指数水平相当。

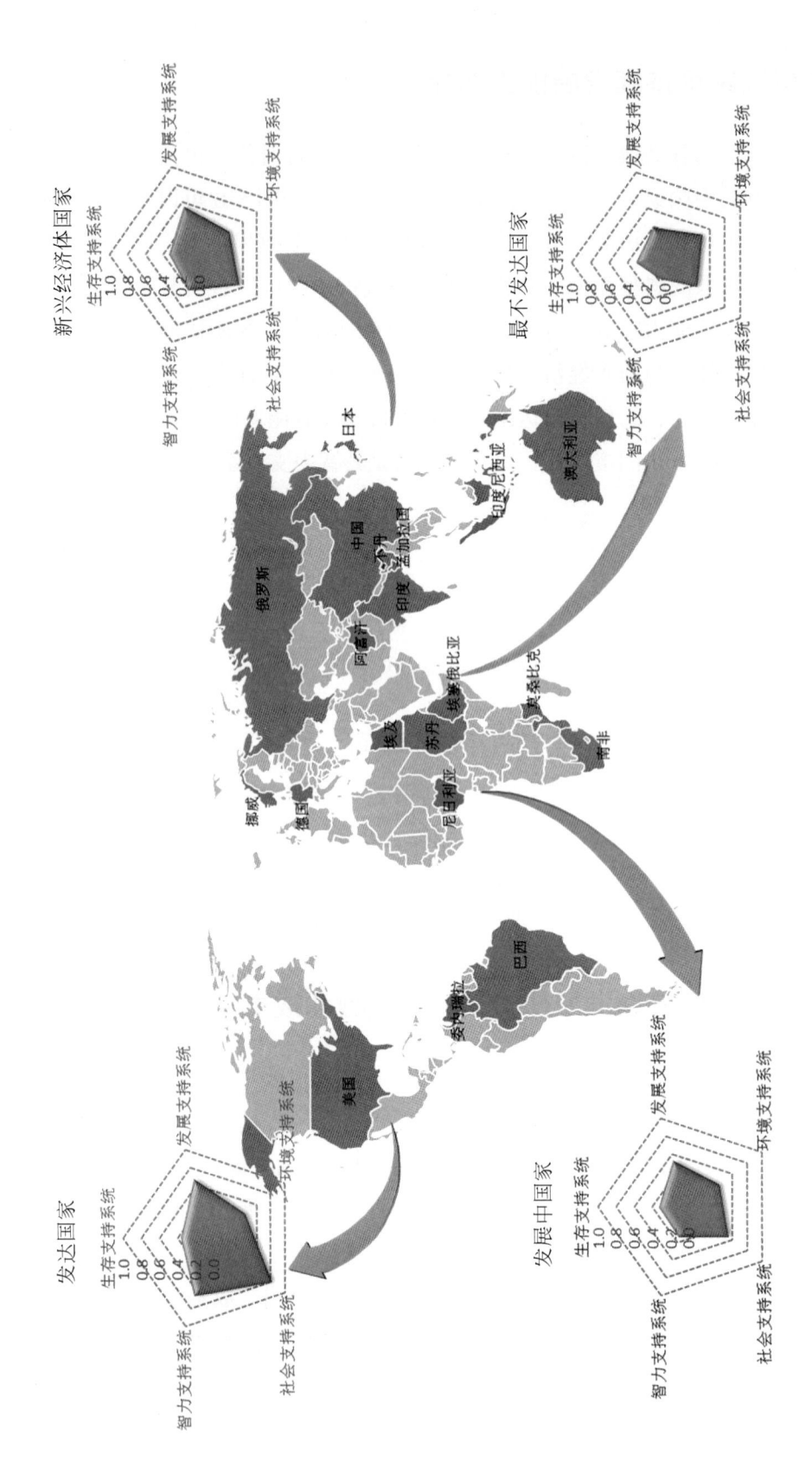

图 5-8 典型国家可持续发展能力雷达图

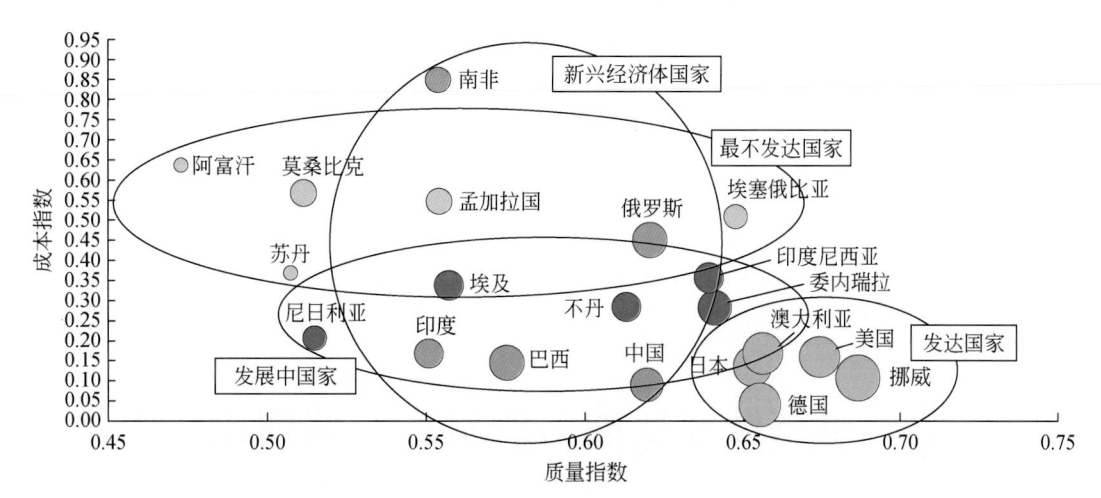

图 5-9 典型国家可持续发展能力、成本指数和质量指数对比

注:"横轴"表示质量指数,"纵轴"表示成本指数,"气泡大小"表示可持续发展能力,
"气泡颜色"代表不同国家类型。

第六章
可持续发展能力资产负债表

第一节 可持续发展能力的资产负债理论与方法

一、可持续发展能力资产负债表的制定原理

可持续发展能力"资产负债"的构筑是建立在对可持续能力的系统解析之中的，即可持续发展能力水平是建立在具有内部逻辑自洽和统一解释的"生存支持系统""发展支持系统""环境支持系统""社会支持系统"和"智力支持系统"共同作用基础之上的，借鉴"比较优势理论"的基本思想，寻求每一支持系统内部指标要素的比较优势，并进而将此比较优势定量化、规范化，然后置于统一基础中加以对比，形成了所谓可持续发展能力水平的"资产"（比较优势）和"负债"（比较劣势）。

在认识资产负债表是表达可持续发展能力水平的前提下，利用表达上述指数系统的 26 项源指标对可持续发展能力的本质进行了剖析和刻画。寻求每一要素在空间分布 [192 个国家（地区）] 中的比较优势，在此基础上，形成相对意义上的可持续发展能力水平资产负债评估。

二、可持续发展能力的资产负债矩阵的构建

在可持续发展能力资产负债原理的指导下，依据可持续发展能力水平的 26 项"源指标"与 192 个国家，作为二维数据的矩阵构成，逐项统计每一属性源指标在 192 个国家中的"资产"分布和"负债"分布；同时形成了每一个国家在 26 项源指标中的有效性"资产、负债"统计，共制定出 26×192＝4992 的基层位次矩阵（表 6-1），作为计算可持续发展能力五大指数系统中每一项的"分项资产负债"，以及作为可持续发展能力总水平的"总资产负债"的基础。

第六章 可持续发展能力资产负债表

表 6-1 可持续发展能力资产负债矩阵

国家（地区）	生存支持系统						发展支持系统					环境支持系统					社会支持系统					智力支持系统				
	011	012	013	014	015	021	022	023	024	025	031	032	033	034	035	041	043	044	045	046	051	052	053	054	055
安道尔	160	71	—	—	139	20	—	4	—	—	105	136	—	—	—	—	—	—	—	—	—	123	68	—	—
阿富汗	52	116	46	—	63	170	—	168	104	—	160	39	—	68	—	159	114	20	5	148	82	—	—	167	—	—
安哥拉	69	65	2	27	32	—	—	125	—	33	23	70	135	—	24	179	80	160	108	—	—	—	114	148	—	—
阿尔巴尼亚	68	50	25	86	115	101	105	63	85	47	96	77	103	94	59	38	151	108	53	42	15	96	121	77	101	53
阿联酋	184	179	186	6	118	21	58	15	—	131	163	183	27	123	124	40	27	35	—	44	—	61	—	70	32	92
阿根廷	4	62	66	46	25	57	—	53	58	79	54	121	56	82	96	51	109	70	93	72	28	54	61	64	45	7
亚美尼亚	91	98	52	111	114	109	51	86	59	52	137	80	—	70	47	71	154	130	24	59	8	80	144	40	73	—
安提瓜和巴布达	155	150	119	—	148	54	—	55	125	—	138	134	106	—	—	52	—	61	—	—	—	138	78	31	—
澳大利亚	1	31	58	11	3	5	48	22	68	122	6	178	11	154	106	8	169	8	47	18	73	16	63	4	6	35
奥地利	86	64	156	58	113	13	94	27	61	110	79	156	10	28	49	19	52	10	35	5	66	10	42	42	20	32
阿塞拜疆	71	140	83	19	122	74	95	61	5	68	135	109	—	149	114	108	57	85	1	56	23	87	142	35	94	65
布隆迪	114	137	55	—	176	182	—	186	124	—	169	1	—	140	—	172	83	185	29	106	98	102	41	173	—	77
比利时	139	130	158	51	172	17	57	21	105	118	150	161	8	7	53	27	111	15	12	7	—	18	28	33	50	14
贝宁	48	135	24	122	108	160	17	173	98	15	81	40	—	63	26	163	5	170	109	138	87	52	164	—	—
布基纳法索	31	144	36	—	75	165	—	161	99	—	91	14	—	130	—	166	19	174	88	140	103	115	—	—	117
孟加拉国	151	146	41	125	186	154	112	160	64	4	179	37	90	80	51	102	42	177	103	108	69	88	145	143	108	121
保加利亚	17	87	60	49	77	75	36	69	66	89	68	146	40	49	50	60	134	66	49	41	61	14	104	49	78	55
巴林	187	181	71	10	189	32	11	13	—	133	187	180	59	—	—	49	34	42	—	48	—	55	135	71	36	—
巴哈马	174	107	30	—	52	35	—	32	109	—	35	130	121	17	—	63	149	34	—	55	—	—	—	38	15	—

163

续表

国家（地区）	生存支持系统					发展支持系统					环境支持系统					社会支持系统					智力支持系统				
	011	012	013	014	015	021	022	023	024	025	031	032	033	034	035	041	043	044	045	046	051	052	053	054	055
波黑	46	49	111	59	88	98	25	62	74	74	63	138	57	—	—	50	87	—	—	—	—	—	—	97	55
白俄罗斯	12	77	155	93	59	72	31	64	14	98	44	143	—	60	100	92	89	7	30	6	50	62	19	52	110
伯利兹	63	16	133	—	24	99	—	107	—	—	14	79	43	125	—	113	107	136	87	35	—	25	50	48	70
玻利维亚	22	22	48	50	15	122	52	106	26	46	7	76	—	78	57	123	117	131	91	48	93	29	96	84	51
巴西	29	25	39	60	41	60	86	65	93	67	21	90	28	—	38	13	55	137	94	24	33	40	103	37	91
巴巴多斯	159	163	174	—	184	49	—	33	—	—	174	132	135	—	—	80	46	—	66	13	—	47	52	39	85
文莱	179	32	131	2	94	24	71	46	12	130	45	185	103	—	126	137	54	—	—	—	—	107	84	18	—
不丹	100	5	151	—	34	127	—	111	17	60	16	54	—	145	67	31	144	60	96	53	—	—	170	—	95
博茨瓦纳	105	129	154	94	10	80	115	132	145	—	9	94	—	62	—	15	93	145	104	—	59	49	83	103	78
中非	26	21	75	—	13	181	—	175	121	128	10	6	106	16	55	118	187	144	143	96	—	4	157	—	—
加拿大	3	7	34	13	9	14	28	17	78	105	4	176	41	73	33	141	96	12	24	3	23	156	3	7	85
瑞士	148	69	168	55	150	4	125	18	32	85	124	123	78	10	64	183	83	1	15	2	9	54	6	23	1
智利	138	12	89	81	39	181	76	39	13	86	40	122	93	119	86	13	45	130	62	3	71	53	65	30	72
中国	134	105	47	47	135	78	21	80	112	30	126	145	96	76	12	3	47	110	38	—	21	84	110	10	—
科特迪瓦	99	79	70	83	81	141	19	147	47	10	76	31	31	97	16	17	49	98	147	30	—	—	156	—	114
喀麦隆	36	43	15	104	62	144	62	154	1	25	48	29	63	106	31	55	37	83	130	83	—	82	132	—	—
刚果（布）	104	13	61	30	18	121	81	165	27	36	8	42	16	157	31	180	42	73	134	75	—	127	128	—	—
哥伦比亚	164	15	121	37	55	73	127	75	147	—	36	75	35	112	63	174	77	129	89	59	91	34	112	70	—
科摩罗	130	114	105	—	175	162	—	167	—	—	158	26	125	89	—	153	159	146	—	57	—	13	150	—	104

续表

国家（地区）	生存支持系统					发展支持系统					环境支持系统					社会支持系统					智力支持系统				
	011	012	013	014	015	021	022	023	024	025	031	032	033	034	035	041	043	044	045	046	051	052	053	054	055
佛得角	117	149	143	–	128	113	–	100	130	–	115	57	–	38	–	90	127	–	–	–	–	–	–	–	25
哥斯达黎加	149	30	76	88	107	64	114	79	–	54	61	81	39	61	29	31	52	124	–	–	63	19	93	42	33
古巴	37	81	167	89	116	–	128	113	–	55	94	106	59	–	83	32	60	–	65	–	70	2	29	96	45
塞浦路斯	142	145	183	130	127	31	113	45	148	75	127	147	116	14	104	30	150	32	21	–	64	17	27	104	36
捷克	34	121	140	34	132	40	40	29	23	111	98	170	–	23	60	37	69	8	14	–	22	85	14	49	–
德国	95	118	149	54	156	16	90	19	45	109	129	163	4	13	71	25	52	28	3	–	8	69	1	8	23
吉布提	186	158	42	–	51	136	–	156	–	–	181	43	129	–	–	154	–	74	–	51	–	86	162	100	120
多米尼克	132	89	108	–	109	79	–	58	138	–	60	83	135	30	–	–	92	–	–	–	–	–	99	–	–
丹麦	21	131	130	29	131	6	116	3	101	103	142	153	23	56	58	28	7	31	4	102	7	7	7	17	24
多米尼加	135	99	27	131	155	87	123	78	72	40	112	89	19	64	90	87	148	115	101	33	–	106	109	87	99
厄瓜多尔	77	162	9	28	26	91	87	133	10	62	155	107	111	142	123	68	119	–	82	–	108	91	105	91	–
埃及	136	24	132	48	74	86	89	94	18	53	49	95	3	117	85	54	47	117	81	27	84	90	107	–	41
厄立特里亚	169	178	103	68	104	117	99	112	19	50	186	100	45	110	110	107	140	30	128	29	69	108	122	89	3
西班牙	97	152	164	127	68	–	–	188	–	3	92	11	–	–	14	146	94	182	–	–	–	147	161	–	–
爱沙尼亚	43	96	99	78	106	28	107	34	102	91	82	133	61	12	62	2	163	26	15	–	29	70	68	58	9
埃塞俄比亚	16	48	26	25	45	39	23	24	60	114	31	175	25	50	79	43	99	87	34	73	19	58	11	75	37
芬兰	85	120	18	106	110	172	6	179	139	24	132	9	–	131	3	143	57	56	126	104	83	78	177	–	–
斐济	23	33	142	33	31	15	35	10	76	123	13	169	37	32	36	23	181	3	10	–	3	22	56	16	8
	80	18	181	–	64	96	–	97	123	–	38	74	65	46	–	112	103	118	84	–	–	96	61	–	56

165

续表

国家（地区）	生存支持系统					发展支持系统					环境支持系统					社会支持系统					智力支持系统				
	011	012	013	014	015	021	022	023	024	025	031	032	033	034	035	041	042	043	044	045	046	051	052	053	054	055
法国	38	84	162	39	125	23	72	25	117	108	97	129	5	8	27	6	121	13	26	13	–	17	45	36	25	18
密克罗尼西亚	175	–	141	–	137	124	–	115	153	–	56	68	135	18	–	121	–	91	–	–	–	–	–	66	–	–
加蓬	75	6	72	16	12	62	109	159	6	66	3	73	55	152	23	142	159	101	67	110	46	56	–	101	13	–
英国	125	100	165	40	161	18	108	11	113	101	157	151	34	43	81	24	74	19	50	37	–	25	38	2	53	5
格鲁吉亚	109	40	144	110	70	102	56	83	91	56	51	87	92	47	52	72	145	103	85	74	22	90	150	17	–	–
加纳	82	126	32	100	123	143	92	129	63	11	88	38	101	146	22	157	11	156	118	124	56	73	10	118	–	94
几内亚	49	36	79	–	66	175	–	184	24	–	71	27	77	148	–	164	7	179	40	–	97	–	140	176	–	111
冈比亚	58	115	153	–	143	179	–	144	132	–	99	28	111	113	–	160	89	178	96	139	80	98	99	172	–	115
几内亚比绍	83	53	33	–	73	173	–	177	142	–	39	16	12	135	–	176	83	171	120	–	100	–	–	171	–	–
赤道几内亚	90	19	94	–	43	42	–	130	–	–	28	162	88	–	–	169	103	65	–	–	–	–	–	138	–	–
希腊	61	66	173	71	100	37	98	57	134	83	84	155	66	–	98	21	168	33	72	28	–	51	98	57	61	38
格林纳达	172	106	166	–	167	71	–	108	141	–	121	98	135	–	–	88	–	80	–	–	–	–	–	87	33	80
危地马拉	143	61	22	92	138	112	68	123	55	44	104	53	46	100	21	100	16	112	121	117	–	110	131	136	92	89
圭亚那	13	2	57	–	8	108	–	109	31	–	2	96	129	128	–	130	130	114	90	112	37	–	–	89	85	–
洪都拉斯	103	46	65	112	83	128	37	128	77	34	62	64	85	99	34	91	34	116	143	103	49	–	122	137	–	63
克罗地亚	70	52	148	70	89	53	91	47	57	77	78	126	38	66	91	41	153	50	42	29	–	46	94	37	69	–
海地	122	123	77	118	174	161	12	152	–	14	178	24	–	86	15	150	80	139	141	135	71	–	–	146	107	–
匈牙利	19	148	171	63	119	52	78	35	43	88	107	127	–	33	61	53	102	51	17	39	1	30	80	26	60	79
印度尼西亚	127	57	43	53	134	115	100	141	15	48	87	93	67	81	46	122	69	142	43	107	32	106	113	106	80	84

续表

国家（地区）	生存支持系统						发展支持系统						环境支持系统						社会支持系统						智力支持系统				
	011	012	013	014	015	021	022	023	024	025	031	032	033	034	035	041	043	044	045	046	051	052	053	054	055
印度	107	127	35	97	177	140	65	134	46	31	154	78	96	85	56	128	27	152	36	127	79	44	105	140	77	88
爱尔兰	56	47	159	99	78	10	122	30	82	97	119	158	51	20	99	22	134	18	39	20	–	24	37	16	57	57
伊朗	78	110	93	22	61	93	22	105	21	99	130	157	95	–	122	61	139	100	139	111	–	47	110	95	29	19
伊拉克	92	134	50	23	95	85	79	153	–	69	170	114	–	147	121	120	105	152	38	120	113	–	–	124	–	–
冰岛	27	1	177	9	4	12	3	1	–	135	128	135	78	–	8	12	52	16	13	11	44	13	15	47	28	11
以色列	165	173	126	79	173	25	85	42	–	100	176	164	125	31	105	11	67	24	91	17	–	2	46	9	9	42
意大利	115	85	169	85	149	27	111	59	95	94	125	144	30	24	82	4	138	23	62	9	1	32	92	58	34	31
牙买加	156	72	122	121	159	97	54	99	108	58	133	102	73	52	75	56	140	110	114	90	26	–	31	67	63	–
约旦	162	170	53	133	87	94	70	90	50	61	177	108	22	40	115	82	130	97	69	99	14	66	–	62	62	–
日本	166	80	161	98	171	26	77	14	69	107	110	167	71	9	103	1	30	21	25	25	–	5	103	28	2	2
哈萨克斯坦	2	74	29	14	11	56	16	70	28	115	111	177	–	139	120	103	39	79	18	49	10	92	125	31	44	98
肯尼亚	101	154	62	103	93	145	24	92	118	23	146	33	52	84	11	155	115	150	129	123	67	38	24	125	99	–
吉尔吉斯斯坦	65	56	109	113	44	148	13	116	75	37	139	66	–	109	41	110	107	148	48	64	18	95	21	48	90	82
柬埔寨	39	58	3	116	102	153	43	163	71	16	55	30	119	75	17	127	2	154	64	102	64	21	136	153	102	–
基里巴斯	177	–	82	–	133	142	–	150	–	–	141	48	29	1	–	135	–	132	142	–	–	136	–	100	–	–
圣基茨和尼维斯	128	156	–	–	153	48	–	51	84	–	109	128	119	–	–	–	–	62	–	–	–	93	92	–	–	107
韩国	170	119	163	69	181	30	33	23	20	121	134	172	74	6	76	10	26	31	54	23	1	1	76	22	1	6
科威特	185	–	13	3	152	22	46	31	4	132	185	186	129	151	–	73	17	38	–	76	–	105	109	116	–	74
老挝	64	23	12	–	42	138	–	148	41	–	20	21	–	134	–	134	6	176	65	–	58	133	145	–	54

167

续表

国家（地区）	生存支持系统						发展支持系统						环境支持系统					社会支持系统				智力支持系统				
	011	012	013	014	015	021	022	023	024	025	031	032	033	034	035	041	043	044	045	046	051	052	053	054	055
黎巴嫩	171	132	145	132	178	66	83	37	90	72	167	124	—	1	112	33	75	76	111	75	—	—	137	98	—	96
利比里亚	111	14	157	—	57	176	—	172	—	—	42	25	98	153	—	158	31	167	79	142	89	—	—	132	158	—
利比亚	40	168	114	21	6	82	41	135	—	96	164	139	74	144	119	101	158	94	—	26	16	—	—	114	—	—
圣卢西亚	178	111	176	—	166	76	—	77	143	—	140	91	129	22	—	66	164	81	99	—	9	—	81	74	—	—
列支敦士登	141	180	95	—	157	184	—	5	69	—	114	72	—	—	—	7	10	40	—	—	—	—	148	23	—	—
斯里兰卡	144	94	44	114	169	111	129	120	48	22	145	51	108	39	30	69	47	136	23	69	94	—	152	43	—	43
莱索托	110	95	107	—	80	156	—	154	39	—	171	63	—	101	—	184	166	140	140	121	115	—	1	134	—	106
立陶宛	7	67	20	84	60	45	84	40	44	90	52	120	21	37	80	85	132	49	45	22	39	—	57	12	64	28
卢森堡	113	108	172	120	154	1	103	6	146	129	122	184	—	11	109	9	67	5	25	16	28	—	—	25	12	73
拉脱维亚	11	55	68	65	46	46	75	36	96	84	32	111	13	53	45	80	122	56	70	35	53	—	73	30	65	30
摩洛哥	57	139	56	135	90	119	110	67	53	26	118	82	108	54	107	83	125	81	114	—	49	—	26	154	79	21
摩纳哥	—	—	—	38	84	90	—	9	—	—	—	—	1	—	—	—	—	—	—	—	112	—	154	—	21	—
摩尔多瓦	14	155	137	134	117	130	20	85	126	49	136	71	—	35	111	104	24	113	27	47	72	—	9	34	74	90
马达加斯加	88	41	91	—	54	177	—	176	131	—	69	13	82	98	—	138	27	188	68	—	104	—	134	129	109	—
马尔代夫	181	176	185	—	188	77	—	81	119	—	183	103	121	15	—	46	134	43	84	46	15	—	35	135	—	100
墨西哥	81	83	90	44	76	65	82	89	33	70	70	112	31	103	94	47	51	63	125	71	68	—	59	90	41	52
马绍尔群岛	161	—	134	—	164	114	—	142	149	—	102	85	82	—	—	—	—	69	—	—	—	—	—	—	—	—
马其顿	73	91	100	73	99	92	66	48	89	63	75	118	—	74	92	62	170	99	112	33	86	—	76	—	—	—
马里	24	78	40	—	20	166	—	166	103	—	95	8	—	127	—	168	107	166	37	146	52	—	77	178	—	119

续表

国家（地区）	生存支持系统						发展支持系统					环境支持系统					社会支持系统					智力支持系统				
	011	012	013	014	015	021	022	023	024	025	031	032	033	034	035	041	043	044	045	046	051	052	053	054	055
马耳他	173	167	147	129	187	29	124	38	100	76	-	137	72	-	101	16	27	20	43	93	42	11	54	82	68
缅甸	72	35	78	96	98	149	-	181	-	8	66	22	129	95	13	136	186	-	83	-	-	157	158	-	-
蒙古	74	44	1	17	1	105	30	119	133	78	12	150	-	133	108	119	120	16	60	43	79	50	75	51	58
莫桑比克	67	75	11	91	48	171	5	169	111	17	34	15	33	71	4	177	162	107	132	92	65	67	165	-	97
毛里塔尼亚	112	172	10	-	7	147	-	157	30	-	152	49	17	150	-	149	165	-	-	-	-	-	-	-	112
毛里求斯	146	102	175	24	183	67	119	98	97	59	166	105	125	5	73	79	84	61	85	-	74	111	88	-	44
马拉维	60	136	5	-	140	-	-	170	129	-	113	7	-	129	-	151	184	100	136	85	-	51	155	-	-
马来西亚	167	34	87	36	105	61	53	49	16	102	53	159	93	105	102	70	88	-	40	-	36	39	59	22	87
纳米比亚	33	92	124	126	2	95	104	146	40	41	19	67	24	59	69	140	82	-	78	63	97	8	127	-	118
尼日尔	5	166	16	-	23	180	26	183	116	2	151	10	-	138	-	156	183	14	150	107	-	87	180	-	-
尼日利亚	76	122	117	56	145	118	39	96	92	45	162	41	129	111	9	178	138	106	-	78	85	-	133	-	-
尼加拉瓜	53	28	37	115	67	134	47	138	80	29	72	56	15	115	32	67	126	104	92	47	-	89	131	88	16
荷兰	145	147	118	26	180	11	74	7	110	113	172	168	7	36	-	20	9	-	-	-	117	149	-	35	4
挪威	87	9	178	4	21	2	73	2	22	126	24	165	6	114	35	15	2	4	8	-	26	27	8	14	15
尼泊尔	137	60	54	108	146	167	29	145	136	12	131	19	-	108	7	116	169	34	105	60	77	79	166	-	26
新西兰	106	10	85	31	30	19	45	20	86	112	26	152	47	51	43	18	14	-	31	-	31	16	10	5	62
阿曼	182	159	64	8	19	41	34	44	3	124	188	182	108	-	-	44	64	-	50	-	99	95	97	-	113
巴基斯坦	84	161	125	105	158	146	69	149	114	21	180	61	68	83	42	133	173	11	118	70	76	139	147	98	50
巴拿马	93	17	150	119	69	58	126	88	-	57	37	99	62	26	72	39	53	132	93	-	89	118	73	54	

169

续表

国家（地区）	生存支持系统					发展支持系统					环境支持系统					社会支持系统					智力支持系统				
	011	012	013	014	015	021	022	023	024	025	031	032	033	034	035	041	043	044	045	046	051	052	053	054	055
秘鲁	98	11	38	74	40	83	120	101	–	39	22	84	63	102	65	74	98	119	79	42	–	120	80	72	66
菲律宾	147	70	86	117	170	126	117	104	42	18	149	59	90	69	40	125	134	95	86	40	103	117	82	76	48
帕劳	152	39	188	–	58	59	–	–	152	–	29	171	19	–	–	99	–	82	–	–	–	–	13	–	13
巴布亚新几内亚	158	4	81	–	27	129	–	162	–	–	11	52	121	143	–	152	143	–	137	–	–	–	160	–	–
波兰	35	117	127	45	126	51	67	50	38	93	100	160	9	44	95	42	57	46	27	–	40	72	24	46	40
朝鲜	126	90	135	67	151	–	–	–	–	27	108	104	135	–	87	114	–	–	–	–	–	–	–	–	–
葡萄牙	120	76	129	87	121	36	106	54	107	82	90	125	69	19	68	26	30	66	19	–	27	55	94	56	17
巴拉圭	9	37	8	62	28	100	88	94	56	43	25	55	–	104	1	94	86	113	98	–	109	71	102	–	–
卡塔尔	183	177	138	1	141	3	38	12	2	–	–	–	102	141	–	36	29	–	113	–	–	141	79	26	–
罗马尼亚	20	103	136	57	101	68	101	72	65	73	89	115	14	55	66	65	78	41	61	–	62	124	44	66	17
俄罗斯	6	20	98	15	14	55	14	43	29	119	5	174	48	124	97	111	58	57	51	–	34	97	20	19	46
卢旺达	119	141	6	–	179	168	–	158	140	–	161	5	–	107	–	144	3	126	77	88	–	64	163	110	47
沙特阿拉伯	123	175	170	7	22	33	50	56	7	125	165	181	82	–	127	77	62	45	53	–	107	60	85	86	49
苏丹	32	171	73	72	–	135	80	121	115	13	73	34	–	91	19	147	135	–	133	81	–	146	168	112	–
塞内加尔	62	109	67	128	91	155	63	137	94	5	65	46	42	58	37	132	164	101	115	77	58	48	175	–	–
新加坡	–	169	51	124	–	8	121	26	88	116	182	116	103	4	113	5	25	–	12	–	20	128	46	3	–
所罗门群岛	163	8	84	–	35	133	–	163	–	–	15	36	116	156	–	129	141	94	–	–	–	3	144	–	–
塞拉利昂	51	29	7	–	103	163	–	181	135	–	74	17	58	116	–	182	146	59	141	94	–	129	169	–	–
萨尔瓦多	108	93	106	102	165	106	96	114	73	38	159	65	54	77	28	97	106	123	88	–	114	116	123	81	61

续表

国家（地区）	生存支持系统						发展支持系统						环境支持系统						社会支持系统						智力支持系统				
	011	012	013	014	015	021	022	023	024	025	031	032	033	034	035	041	043	044	045	046	051	052	053	054	055
圣马力诺	168	—	—	—	182	—	—	—	—	—	—	—	—	—	—	—	22	—	—	—	—	—	—	—	—
索马里	118	151	69	—	29	174	—	185	—	—	58	4	—	120	—	175	—	—	—	101	—	—	—	—	—
塞尔维亚	18	125	128	52	97	88	32	74	49	81	83	148	—	—	89	58	67	22	36	7	37	—	51	83	59
南苏丹	—	101	—	—	—	151	—	143	—	1	59	—	—	—	—	173	180	—	—	106	—	158	141	—	—
圣普	153	45	110	—	144	137	—	122	150	—	93	45	—	67	—	131	128	92	—	65	—	5	149	95	60
苏里南	116	3	21	—	5	69	—	102	—	—	1	110	26	126	—	106	71	133	97	39	—	—	104	—	103
斯洛伐克	50	97	152	61	120	43	60	28	35	104	86	141	2	42	48	48	36	10	32	—	43	100	15	71	11
斯洛文尼亚	131	51	182	43	112	34	61	41	37	106	57	154	50	41	44	29	28	9	1	—	11	44	21	—	34
瑞典	42	38	139	32	38	7	64	8	79	120	18	131	—	29	18	14	6	19	6	—	4	20	18	24	10
斯威士兰	96	104	112	—	86	116	—	118	11	—	77	58	—	65	—	—	161	135	125	50	—	12	117	—	108
塞舌尔	188	—	146	—	147	47	—	71	144	—	80	149	115	27	—	89	—	—	—	—	78	112	72	—	—
叙利亚	66	160	180	64	124	—	—	117	—	28	173	101	118	—	118	115	153	52	116	34	—	75	126	—	116
乍得	28	128	97	—	16	157	—	180	137	—	85	2	—	136	—	181	172	116	149	105	—	143	179	—	102
多哥	25	113	92	109	129	169	8	171	127	19	168	32	87	118	10	162	89	86	131	72	81	102	151	—	—
泰国	54	82	59	66	130	89	44	110	25	80	103	119	70	90	74	75	83	175	73	11	82	14	113	43	—
塔吉克斯坦	121	59	23	123	72	152	59	139	—	7	156	35	—	57	25	117	4	122	—	36	101	101	53	—	27

| 塔吉克斯坦补 | | | | | | | | | | | | | | | | | 129 | 33 | 67 | | | | | | |

续表

国家（地区）	生存支持系统					发展支持系统					环境支持系统					社会支持系统					智力支持系统				
	011	012	013	014	015	021	022	023	024	025	031	032	033	034	035	041	042	043	044	045	046	051	052	053	054	055
土库曼斯坦	30	164	179	12	17	70	7	151	9	117	50	173	–	–	–	137	126	123	–	–	–	6	126	63	–	81
东帝汶	102	63	104	–	96	150	–	187	–	–	64	20	80	–	–	126	49	158	51	–	84	–	6	152	–	39
汤加	89	–	45	–	136	107	–	103	122	–	148	62	53	21	–	96	–	115	–	144	–	–	–	45	–	67
特立尼达和多巴哥	176	88	184	5	160	38	1	52	8	134	116	187	86	137	125	109	37	48	76	70	20	111	68	39	40	–
突尼斯	47	157	88	77	82	103	93	87	54	51	147	97	88	93	78	81	142	102	58	45	17	35	33	119	67	22
土耳其	41	86	102	95	111	63	102	76	67	71	123	117	121	34	93	64	115	77	75	68	–	41	130	108	59	69
图瓦卢	–	–	115	–	168	110	–	–	–	–	144	–	125	–	–	–	–	68	–	–	–	–	–	–	–	109
坦桑尼亚	44	112	19	101	71	158	18	174	87	20	47	18	32	72	6	139	19	163	80	122	86	60	36	142	–	105
乌干达	79	133	123	–	142	164	–	136	106	–	153	12	–	132	–	167	31	162	97	119	90	57	119	139	111	64
乌克兰	8	124	14	41	92	123	9	92	83	92	106	140	49	88	70	105	99	119	2	54	5	48	23	32	47	20
乌拉圭	10	26	4	82	33	44	118	60	62	64	67	92	99	79	39	45	89	37	89	58	–	67	88	91	27	–
美国	15	54	116	20	50	9	42	16	120	127	41	179	18	45	77	34	69	3	127	52	–	12	56	5	4	71
乌兹别克斯坦	94	153	31	42	85	132	10	91	34	65	143	113	–	122	116	124	127	137	63	–	25	–	–	41	93	–
圣文森特和格林纳丁斯	154	138	80	–	162	81	–	68	128	–	101	88	111	25	–	93	–	73	–	–	–	–	65	86	55	75
委内瑞拉	129	27	63	18	49	–	55	66	–	87	33	142	36	–	88	78	112	59	105	100	–	–	18	81	–	76

续表

国家（地区）	生存支持系统						发展支持系统					环境支持系统					社会支持系统				智力支持系统				
	011	012	013	014	015	021	022	023	024	025	031	032	033	034	035	041	043	044	045	046	051	052	053	054	055
越南	140	73	49	75	163	131	49	84	81	35	120	86	99	96	54	57	133	77	57	55	–	30	111	68	29
瓦努阿图	133	–	28	–	37	120	–	131	151	–	30	47	–	1	–	98	131	55	–	54	–	66	120	–	–
约旦河西岸和加沙	180	165	159	–	185	125	–	73	–	–	184	44	–	–	–	95	–	–	–	–	–	–	–	–	83
萨摩亚	157	–	113	–	79	104	–	126	–	–	46	69	114	48	–	86	104	–	95	–	–	43	55	11	–
也门	150	174	74	76	65	–	97	124	–	9	175	60	81	–	117	145	149	71	–	62	–	83	174	106	101
南非	59	142	101	35	56	84	15	82	51	95	117	166	44	87	84	171	165	147	80	41	45	32	60	38	–
刚果（金）	124	42	96	107	47	178	4	178	36	6	27	3	74	155	2	165	105	102	145	91	100	153	130	–	–
赞比亚	55	68	17	90	36	139	27	140	–	32	17	23	–	121	5	161	142	138	129	76	75	155	121	105	93
津巴布韦	45	143	120	80	53	159	2	127	52	42	43	50	–	92	20	170	157	128	109	52	–	151	115	–	–

注：011 表示人均耕地，012 表示人均可再生内陆淡水资源，013 表示作物生产指数，014 表示人均能源产量，015 表示人口密度；021 表示人均 GDP，022 表示单位 GDP 能耗，023 表示互联网用户（每百人），024 表示工业增加值（GDP 占比），025 表示海洋保护区（领海占比）；031 表示人均能源使用量（GDP 占比），032 表示人均二氧化碳排放量，033 表示人均自然资源消耗，034 表示人均可再生能源占比，035 表示总失业人数（总劳动力占比），041 表示人均预期寿命，042 表示人均研究与开发支出，043 表示人均医疗卫生支出，044 表示收入不平等指数，045 表示性别不平等指数，046 表示多维贫困指数；051 表示平均受教育年限，052 表示教育开支，053 表示平均受教育年限，054 表示万人专利申请量，055 表示识字率。

三、可持续发展能力的资产负债算法基础

(一) 资产负债赋分规定

在每一项要素的空间分布范围中，即在192个国家（地区）的要素指标中，按照相对比较优势，对每一项要素进行排序，形成1，2，3，…，192的序列，位次为1，2，3，…，192，对应的资产得分为192，191，190，…，1，组成GDP质量的"资产"。位次为1，2，3，…，192，对应负债得分为-1，-2，-3，…，-192，组成可持续发展能力的"负债"。

(二) 资产负债分值的确定

各指数系统资产要素的总分值 x 利用下式计算，即

$$x = \frac{192 \times n_1 + 191 \times n_2 + 190 \times n_3 \cdots + 1 \times n_{30}}{N}$$

式中，n_i 分别对应该指数系统中位次为1，2，3，…，192的资产要素个数；N 为要素个数。

各指数系统负债要素的总分值 y 利用下式计算，即

$$y = \frac{(-1 \times n_1) + (-2 \times n_2) + (-3 \times n_3) \cdots + (-192 \times n_{30})}{N}$$

式中，n_i 分别对应该指数系统中位次为1，2，3，…，192的负债要素个数；N 为要素个数。

(三) 相对资产与相对负债的计算

相对资产与相对负债主要用来进行不同地理单元同类指数系统和统一地理单元内部不同指数系统资产或负债相对质量的横向和纵向比较。

相对资产计算公式为

$$X = \frac{x \times 100}{x + |y|} \times 100\%$$

相对负债计算公式为

$$Y = 100\% - X$$

(四) 资产负债评估系数

资产评估系数：用各指数系统资产要素总分值 x 与最高资产192之比定义为该指

数系统资产评估系数。

负债评估系数：用各指数系统负债要素总分值 y 与最高负债的绝对值192之比定义为该指数系统的负债评估系数。

（五）资产的比较优势（净资产）的计算

把各指数系统相对资产与该指数系统相对负债之和作为该指数系统"比较优势能力"，即

$$Z = X + Y$$

式中，X 为相对资产；Y 为相对负债。

四、可持续发展能力的总体资产负债分析

利用可持续发展能力资产负债表可对全球各国的可持续发展能力做出相应的定量判别，其基本思想是用对应项的相对资产和相对负债相互抵消的净结果，作为各国可持续发展能力水平的"质"的表征。本报告对可持续发展能力总水平资产负债进行定量评估（表6-2），并绘制相对资产、相对负债总图（图6-1）、相对净资产图（图6-2）和相对净资产世界地图（图6-3）。应用相同的资产负债计算方法，也可对可持续发展能力指标体系的五大子系统的分项资产负债进行定量评估，这里不再赘述，将在下一节选取的代表性国家资产负债分析中做简要介绍。

表6-2 可持续发展能力总水平资产负债表

国家（地区）	资产	负债	相对资产/%	相对负债/%	相对净资产/%	资产评估系数	负债评估系数
安道尔	103.00	-90.00	53.37	-46.63	6.74	0.54	-0.47
阿富汗	72.88	-120.12	37.76	-62.24	-24.47	0.38	-0.63
安哥拉	101.29	-91.71	52.48	-47.52	4.97	0.53	-0.48
阿尔巴尼亚	95.15	-97.85	49.30	-50.70	-1.39	0.50	-0.51
阿联酋	89.14	-103.86	46.18	-53.82	-7.63	0.46	-0.54
阿根廷	117.84	-75.16	61.06	-38.94	22.11	0.61	-0.39
亚美尼亚	96.58	-96.42	50.04	-49.96	0.09	0.50	-0.50
安提瓜和巴布达	78.53	-114.47	40.69	-59.31	-18.62	0.41	-0.60
澳大利亚	130.15	-62.85	67.44	-32.56	34.87	0.68	-0.33
奥地利	125.35	-67.65	64.95	-35.05	29.89	0.65	-0.35
阿塞拜疆	94.88	-98.12	49.16	-50.84	-1.68	0.49	-0.51

续表

国家（地区）	资产	负债	相对资产/%	相对负债/%	相对净资产/%	资产评估系数	负债评估系数
布隆迪	56.95	-136.05	29.51	-70.49	-40.98	0.30	-0.71
比利时	115.28	-77.72	59.73	-40.27	19.46	0.60	-0.40
贝宁	87.18	-105.82	45.17	-54.83	-9.66	0.45	-0.55
布基纳法索	69.11	-123.89	35.81	-64.19	-28.39	0.36	-0.65
孟加拉国	66.54	-126.46	34.48	-65.52	-31.05	0.35	-0.66
保加利亚	110.23	-82.77	57.11	-42.89	14.23	0.57	-0.43
巴林	94.21	-98.79	48.81	-51.19	-2.37	0.49	-0.51
巴哈马	113.29	-79.71	58.70	-41.30	17.40	0.59	-0.42
波黑	95.44	-97.56	49.45	-50.55	-1.09	0.50	-0.51
白俄罗斯	116.40	-76.60	60.31	-39.69	20.62	0.61	-0.40
伯利兹	108.95	-84.05	56.45	-43.55	12.90	0.57	-0.44
玻利维亚	107.12	-85.88	55.50	-44.50	11.01	0.56	-0.45
巴西	116.46	-76.54	60.34	-39.66	20.69	0.61	-0.40
巴巴多斯	84.35	-108.65	43.71	-56.29	-12.59	0.44	-0.57
文莱	99.89	-93.11	51.76	-48.24	3.52	0.52	-0.48
不丹	98.63	-94.37	51.10	-48.90	2.21	0.51	-0.49
博茨瓦纳	86.00	-107.00	44.56	-55.44	-10.88	0.45	-0.56
中非	75.00	-118.00	38.86	-61.14	-22.28	0.39	-0.61
加拿大	136.54	-56.46	70.75	-29.25	41.49	0.71	-0.29
瑞士	128.38	-64.62	66.52	-33.48	33.04	0.67	-0.34
智利	107.04	-85.96	55.46	-44.54	10.92	0.56	-0.45
中国	105.63	-87.38	54.73	-45.27	9.46	0.55	-0.46
科特迪瓦	82.58	-110.42	42.79	-57.21	-14.42	0.43	-0.58
喀麦隆	97.04	-95.96	50.28	-49.72	0.56	0.51	-0.50
刚果（布）	108.30	-84.70	56.12	-43.88	12.23	0.56	-0.44
哥伦比亚	97.40	-95.60	50.47	-49.53	0.93	0.51	-0.50
科摩罗	57.05	-135.95	29.56	-70.44	-40.88	0.30	-0.71
佛得角	81.57	-111.43	42.26	-57.74	-15.47	0.42	-0.58
哥斯达黎加	108.71	-84.29	56.33	-43.67	12.65	0.57	-0.44
古巴	101.05	-91.95	52.36	-47.64	4.71	0.53	-0.48
塞浦路斯	86.52	-106.48	44.83	-55.17	-10.34	0.45	-0.55

续表

国家（地区）	资产	负债	相对资产/%	相对负债/%	相对净资产/%	资产评估系数	负债评估系数
捷克	122.04	-70.96	63.23	-36.77	26.47	0.64	-0.37
德国	124.32	-68.68	64.41	-35.59	28.83	0.65	-0.36
吉布提	58.65	-134.35	30.39	-69.61	-39.23	0.31	-0.70
多米尼克	89.46	-103.54	46.35	-53.65	-7.29	0.47	-0.54
丹麦	120.73	-72.27	62.55	-37.45	25.11	0.63	-0.38
多米尼加	79.52	-113.48	41.20	-58.80	-17.60	0.41	-0.59
阿尔及利亚	82.39	-110.61	42.69	-57.31	-14.62	0.43	-0.58
厄瓜多尔	104.60	-88.40	54.20	-45.80	8.39	0.54	-0.46
埃及	77.50	-115.50	40.16	-59.84	-19.69	0.40	-0.60
厄立特里亚	72.80	-120.20	37.72	-62.28	-24.56	0.38	-0.63
西班牙	111.48	-81.52	57.76	-42.24	15.52	0.58	-0.42
爱沙尼亚	127.69	-65.31	66.16	-33.84	32.32	0.67	-0.34
埃塞俄比亚	81.52	-111.48	42.24	-57.76	-15.52	0.42	-0.58
芬兰	141.20	-51.80	73.16	-26.84	46.32	0.74	-0.27
斐济	97.68	-95.32	50.61	-49.39	1.23	0.51	-0.50
法国	127.72	-65.28	66.18	-33.82	32.35	0.67	-0.34
密克罗尼西亚	74.77	-118.23	38.74	-61.26	-22.52	0.39	-0.62
加蓬	105.57	-87.43	54.70	-45.30	9.39	0.55	-0.46
英国	112.52	-80.48	58.30	-41.70	16.60	0.59	-0.42
格鲁吉亚	95.08	-97.92	49.26	-50.74	-1.47	0.50	-0.51
加纳	85.72	-107.28	44.41	-55.59	-11.17	0.45	-0.56
几内亚	79.32	-113.68	41.10	-58.90	-17.81	0.41	-0.59
冈比亚	52.00	-141.00	26.94	-73.06	-46.11	0.27	-0.73
几内亚比绍	75.00	-118.00	38.86	-61.14	-22.28	0.39	-0.61
赤道几内亚	96.00	-97.00	49.74	-50.26	-0.52	0.50	-0.51
希腊	95.38	-97.63	49.42	-50.58	-1.17	0.50	-0.51
格林纳达	69.00	-124.00	35.75	-64.25	-28.50	0.36	-0.65
危地马拉	84.88	-108.12	43.98	-56.02	-12.04	0.44	-0.56
圭亚那	97.45	-95.55	50.49	-49.51	0.98	0.51	-0.50
洪都拉斯	94.48	-98.52	48.95	-51.05	-2.10	0.49	-0.51
克罗地亚	106.00	-87.00	54.92	-45.08	9.84	0.55	-0.45

续表

国家（地区）	资产	负债	相对资产/%	相对负债/%	相对净资产/%	资产评估系数	负债评估系数
海地	69.48	-123.52	36.00	-64.00	-28.00	0.36	-0.64
匈牙利	111.76	-81.24	57.91	-42.09	15.81	0.58	-0.42
印度尼西亚	89.08	-103.92	46.15	-53.85	-7.69	0.46	-0.54
印度	79.73	-113.27	41.31	-58.69	-17.38	0.42	-0.59
爱尔兰	110.88	-82.12	57.45	-42.55	14.90	0.58	-0.43
伊朗	90.79	-102.21	47.04	-52.96	-5.92	0.47	-0.53
伊拉克	71.81	-121.19	37.21	-62.79	-25.59	0.37	-0.63
冰岛	144.57	-48.43	74.90	-25.10	49.81	0.75	-0.25
以色列	99.58	-93.42	51.60	-48.40	3.20	0.52	-0.49
意大利	106.31	-86.69	55.08	-44.92	10.16	0.55	-0.45
牙买加	85.29	-107.71	44.19	-55.81	-11.61	0.44	-0.56
约旦	87.42	-105.58	45.29	-54.71	-9.41	0.46	-0.55
日本	113.92	-79.08	59.03	-40.97	18.05	0.59	-0.41
哈萨克斯坦	110.80	-82.20	57.41	-42.59	14.82	0.58	-0.43
肯尼亚	84.72	-108.28	43.90	-56.10	-12.21	0.44	-0.56
吉尔吉斯斯坦	97.84	-95.16	50.69	-49.31	1.39	0.51	-0.50
柬埔寨	93.67	-99.33	48.53	-51.47	-2.94	0.49	-0.52
基里巴斯	76.77	-116.23	39.78	-60.22	-20.45	0.40	-0.61
圣基茨和尼维斯	75.77	-117.23	39.26	-60.74	-21.48	0.39	-0.61
韩国	116.84	-76.16	60.54	-39.46	21.08	0.61	-0.40
科威特	87.67	-105.33	45.42	-54.58	-9.15	0.46	-0.55
老挝	102.89	-90.11	53.31	-46.69	6.62	0.54	-0.47
黎巴嫩	74.09	-118.91	38.39	-61.61	-23.22	0.39	-0.62
利比里亚	67.83	-125.17	35.15	-64.85	-29.71	0.35	-0.65
利比亚	86.15	-106.85	44.64	-55.36	-10.73	0.45	-0.56
圣卢西亚	76.39	-116.61	39.58	-60.42	-20.84	0.40	-0.61
列支敦士登	97.64	-95.36	50.59	-49.41	1.18	0.51	-0.50
斯里兰卡	91.25	-101.75	47.28	-52.72	-5.44	0.48	-0.53
莱索托	61.65	-131.35	31.94	-68.06	-36.11	0.32	-0.68
立陶宛	123.60	-69.40	64.04	-35.96	28.08	0.64	-0.36
卢森堡	101.04	-91.96	52.35	-47.65	4.71	0.53	-0.48

续表

国家（地区）	资产	负债	相对资产/%	相对负债/%	相对净资产/%	资产评估系数	负债评估系数
拉脱维亚	120.84	-72.16	62.61	-37.39	25.22	0.63	-0.38
摩洛哥	87.81	-105.19	45.50	-54.50	-9.01	0.46	-0.55
摩纳哥	119.67	-73.33	62.00	-38.00	24.01	0.62	-0.38
摩尔多瓦	99.24	-93.76	51.42	-48.58	2.84	0.52	-0.49
马达加斯加	72.00	-121.00	37.31	-62.69	-25.39	0.38	-0.63
马尔代夫	80.00	-113.00	41.45	-58.55	-17.10	0.42	-0.59
墨西哥	106.54	-86.46	55.20	-44.80	10.40	0.55	-0.45
马绍尔群岛	62.80	-130.20	32.54	-67.46	-34.92	0.33	-0.68
马其顿	94.59	-98.41	49.01	-50.99	-1.98	0.49	-0.51
马里	75.65	-117.35	39.20	-60.80	-21.61	0.39	-0.61
马耳他	87.75	-105.25	45.47	-54.53	-9.07	0.46	-0.55
缅甸	86.84	-106.16	45.00	-55.00	-10.01	0.45	-0.55
蒙古	106.56	-86.44	55.21	-44.79	10.42	0.56	-0.45
莫桑比克	89.36	-103.64	46.30	-53.70	-7.40	0.47	-0.54
毛里塔尼亚	79.50	-113.50	41.19	-58.81	-17.62	0.41	-0.59
毛里求斯	81.38	-111.63	42.16	-57.84	-15.67	0.42	-0.58
马拉维	68.47	-124.53	35.48	-64.52	-29.05	0.36	-0.65
马来西亚	110.91	-82.09	57.47	-42.53	14.94	0.58	-0.43
纳米比亚	96.04	-96.96	49.76	-50.24	-0.47	0.50	-0.50
尼日尔	77.57	-115.43	40.19	-59.81	-19.62	0.40	-0.60
尼日利亚	76.68	-116.32	39.73	-60.27	-20.54	0.40	-0.61
尼加拉瓜	101.33	-91.67	52.50	-47.50	5.01	0.53	-0.48
荷兰	94.62	-98.38	49.03	-50.97	-1.95	0.49	-0.51
挪威	144.64	-48.36	74.94	-25.06	49.89	0.75	-0.25
尼泊尔	91.29	-101.71	47.30	-52.70	-5.40	0.48	-0.53
新西兰	138.13	-54.88	71.57	-28.43	43.13	0.72	-0.29
阿曼	94.38	-98.62	48.90	-51.10	-2.20	0.49	-0.51
巴基斯坦	67.54	-125.46	34.99	-65.01	-30.01	0.35	-0.65
巴拿马	98.04	-94.96	50.80	-49.20	1.60	0.51	-0.49
秘鲁	102.58	-90.42	53.15	-46.85	6.30	0.53	-0.47
菲律宾	80.46	-112.54	41.69	-58.31	-16.62	0.42	-0.59

续表

国家（地区）	资产	负债	相对资产/%	相对负债/%	相对净资产/%	资产评估系数	负债评估系数
帕劳	105.29	-87.71	54.55	-45.45	9.10	0.55	-0.46
巴布亚新几内亚	82.33	-110.67	42.66	-57.34	-14.68	0.43	-0.58
波兰	112.96	-80.04	58.53	-41.47	17.06	0.59	-0.42
朝鲜	79.83	-113.17	41.36	-58.64	-17.27	0.42	-0.59
葡萄牙	104.76	-88.24	54.28	-45.72	8.56	0.55	-0.46
巴拉圭	113.82	-79.18	58.97	-41.03	17.95	0.59	-0.41
卡塔尔	105.50	-87.50	54.66	-45.34	9.33	0.55	-0.46
罗马尼亚	104.21	-88.79	53.99	-46.01	7.99	0.54	-0.46
俄罗斯	123.72	-69.28	64.10	-35.90	28.21	0.64	-0.36
卢旺达	66.25	-126.75	34.33	-65.67	-31.35	0.35	-0.66
沙特阿拉伯	89.96	-103.04	46.61	-53.39	-6.78	0.47	-0.54
苏丹	73.05	-119.95	37.85	-62.15	-24.30	0.38	-0.62
塞内加尔	86.58	-106.42	44.86	-55.14	-10.28	0.45	-0.55
新加坡	105.14	-87.86	54.48	-45.52	8.96	0.55	-0.46
所罗门群岛	92.25	-100.75	47.80	-52.20	-4.40	0.48	-0.52
塞拉利昂	78.68	-114.32	40.77	-59.23	-18.46	0.41	-0.60
萨尔瓦多	78.76	-114.24	40.81	-59.19	-18.38	0.41	-0.60
圣马力诺	66.33	-126.67	34.37	-65.63	-31.26	0.35	-0.66
索马里	74.25	-118.75	38.47	-61.53	-23.06	0.39	-0.62
塞尔维亚	107.13	-85.87	55.51	-44.49	11.02	0.56	-0.45
南苏丹	55.50	-137.50	28.76	-71.24	-42.49	0.29	-0.72
圣普	77.61	-115.39	40.21	-59.79	-19.57	0.40	-0.60
苏里南	107.78	-85.22	55.84	-44.16	11.69	0.56	-0.44
斯洛伐克	114.38	-78.63	59.26	-40.74	18.52	0.60	-0.41
斯洛文尼亚	125.67	-67.33	65.11	-34.89	30.22	0.65	-0.35
瑞典	142.24	-50.76	73.70	-26.30	47.40	0.74	-0.26
斯威士兰	86.11	-106.89	44.62	-55.38	-10.77	0.45	-0.56
塞舌尔	76.40	-116.60	39.59	-60.41	-20.83	0.40	-0.61
叙利亚	65.95	-127.05	34.17	-65.83	-31.66	0.34	-0.66
乍得	57.00	-136.00	29.53	-70.47	-40.93	0.30	-0.71
多哥	74.54	-118.46	38.62	-61.38	-22.75	0.39	-0.62

续表

国家（地区）	资产	负债	相对资产/%	相对负债/%	相对净资产/%	资产评估系数	负债评估系数
泰国	104.76	-88.24	54.28	-45.72	8.56	0.55	-0.46
塔吉克斯坦	98.61	-94.39	51.09	-48.91	2.19	0.51	-0.49
土库曼斯坦	95.84	-97.16	49.66	-50.34	-0.68	0.50	-0.51
东帝汶	91.41	-101.59	47.36	-52.64	-5.27	0.48	-0.53
汤加	91.33	-101.67	47.32	-52.68	-5.35	0.48	-0.53
特立尼达和多巴哥	91.76	-101.24	47.54	-52.46	-4.91	0.48	-0.53
突尼斯	97.73	-95.27	50.64	-49.36	1.28	0.51	-0.50
土耳其	89.44	-103.56	46.34	-53.66	-7.32	0.47	-0.54
图瓦卢	54.00	-139.00	27.98	-72.02	-44.04	0.28	-0.72
坦桑尼亚	99.56	-93.44	51.59	-48.41	3.17	0.52	-0.49
乌干达	61.05	-131.95	31.63	-68.37	-36.74	0.32	-0.69
乌克兰	116.08	-76.92	60.14	-39.86	20.29	0.60	-0.40
乌拉圭	115.92	-77.08	60.06	-39.94	20.12	0.60	-0.40
美国	125.56	-67.44	65.06	-34.94	30.11	0.65	-0.35
乌兹别克斯坦	90.33	-102.67	46.80	-53.20	-6.39	0.47	-0.53
圣文森特和格林纳丁斯	86.47	-106.53	44.80	-55.20	-10.39	0.45	-0.55
委内瑞拉	107.60	-85.40	55.75	-44.25	11.50	0.56	-0.44
越南	99.16	-93.84	51.38	-48.62	2.76	0.52	-0.49
瓦努阿图	103.00	-90.00	53.37	-46.63	6.74	0.54	-0.47
约旦河西岸和加沙	50.18	-142.82	26.00	-74.00	-48.00	0.26	-0.74
萨摩亚	100.60	-92.40	52.12	-47.88	4.25	0.52	-0.48
也门	63.19	-129.81	32.74	-67.26	-34.52	0.33	-0.68
南非	94.60	-98.40	49.02	-50.98	-1.97	0.49	-0.51
刚果（金）	84.35	-108.65	43.70	-56.30	-12.59	0.44	-0.57
赞比亚	83.75	-109.25	43.39	-56.61	-13.21	0.44	-0.57
津巴布韦	89.77	-103.23	46.51	-53.49	-6.97	0.47	-0.54

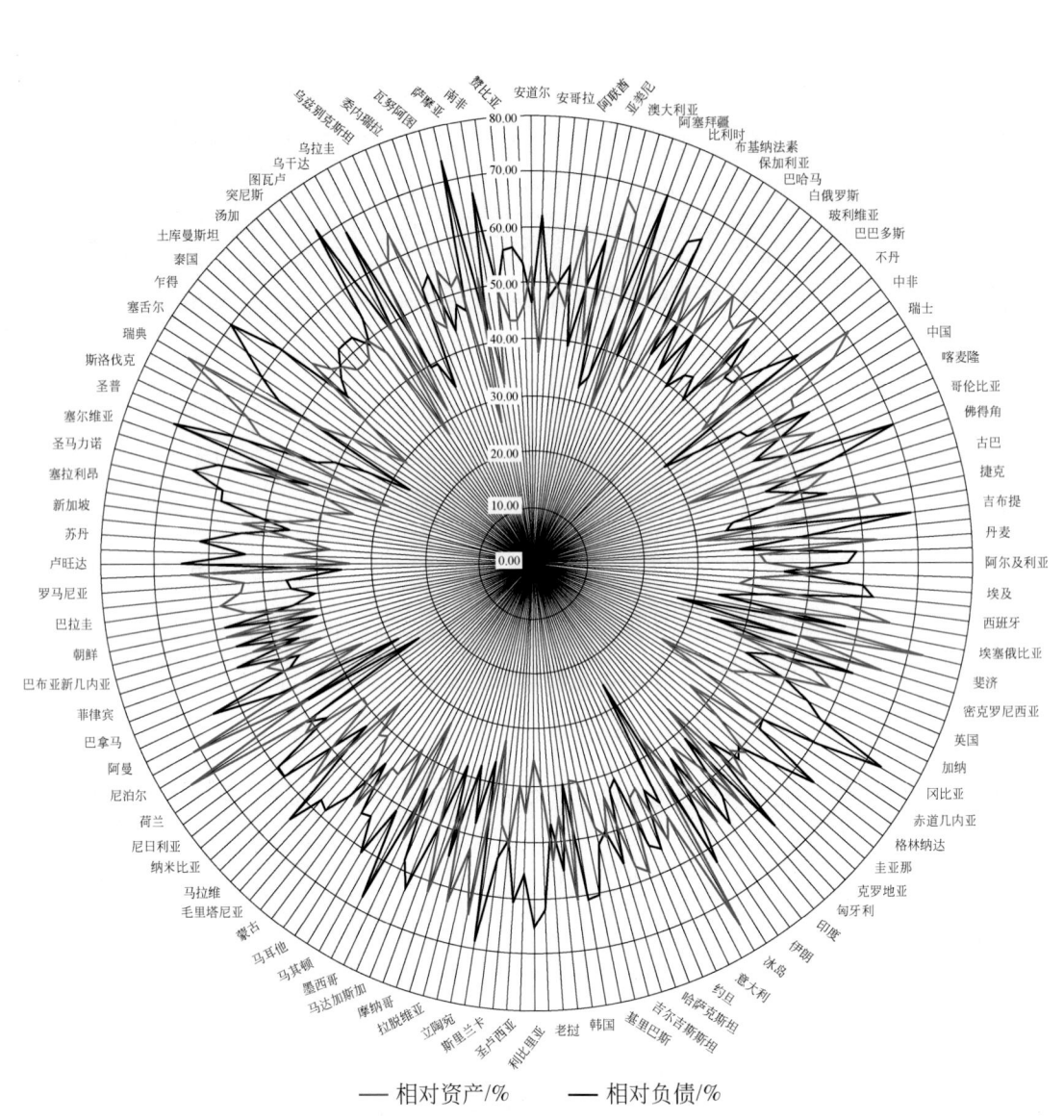

图 6-1 可持续发展能力总水平资产负债图

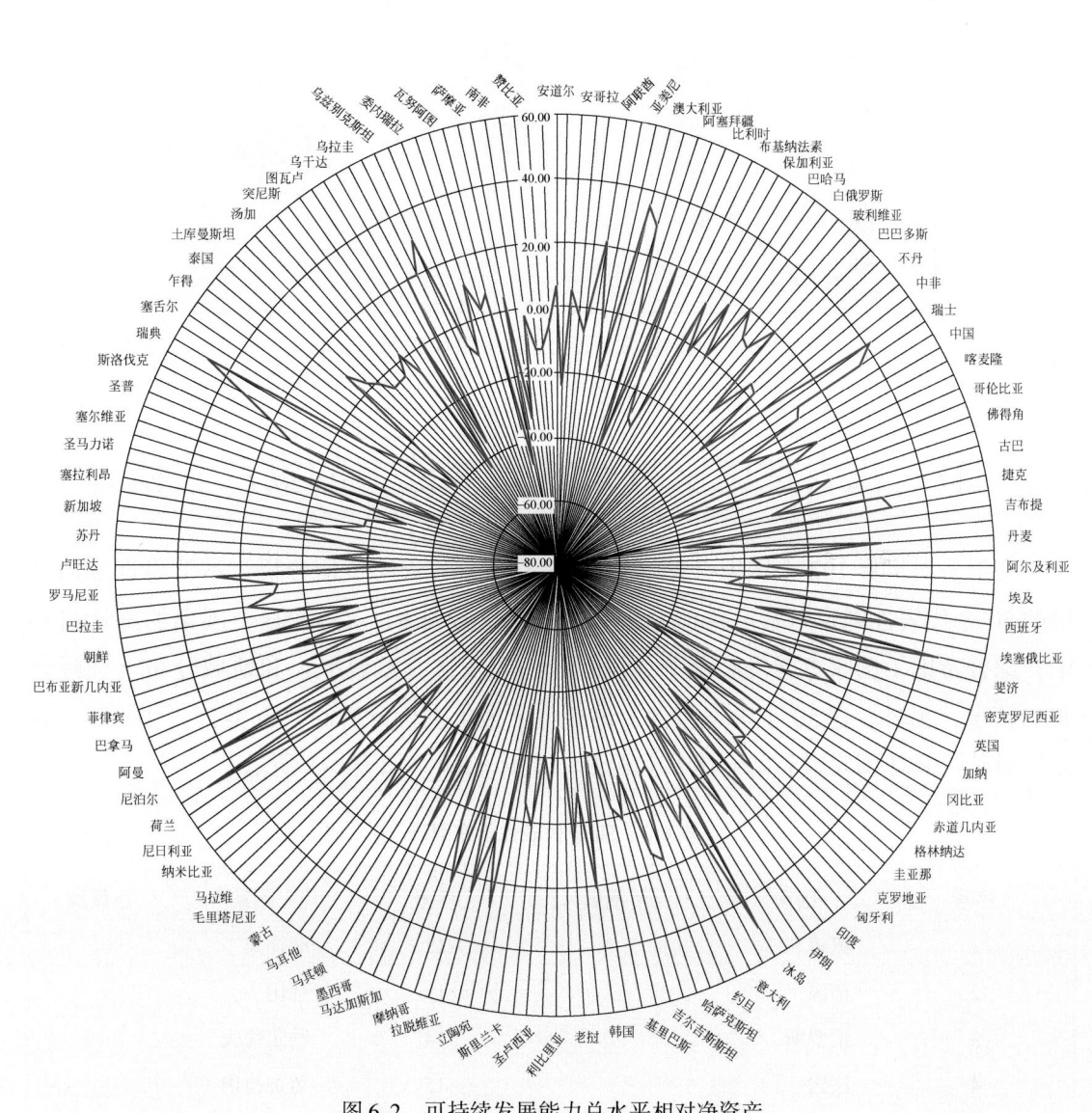

图6-2 可持续发展能力总水平相对净资产

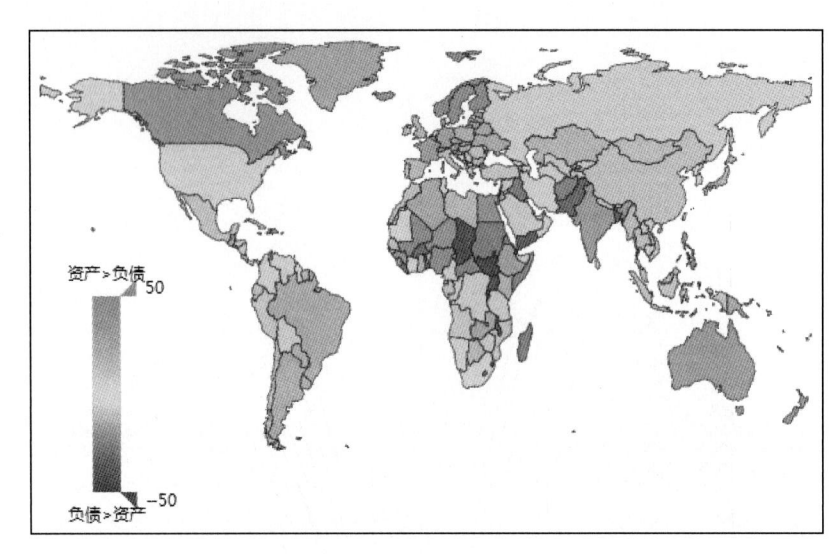

图 6-3 可持续发展能力总水平相对净资产地图

第二节 代表性国家可持续发展能力的资产负债分析

本报告对世界 192 个国家（地区）进行了详细的资产负债分析，本节将选取出其中的 50 个代表性国家对资产负债分析结果进行简要展示。在对 50 个国家的筛选过程中，综合考虑了国家综合发展水平（发达、中等发达、发展中）和地域分布（洲际分布）情况，另外，这 50 个国家包含了贯穿整个报告进行分析的"五类 25 个国家"，方便针对某一具体国家进行综合考察和分析。具体的国家如表 6-3 所示。

表 6-3　50 个代表性国家列表

序号	国家	所属洲	序号	国家	所属洲
1	奥地利		12	菲律宾	
2	德国		13	韩国	
3	俄罗斯		14	马尔代夫	
4	法国		15	孟加拉国	
5	芬兰	欧洲	16	日本	
6	挪威		17	土耳其	亚洲
7	瑞士		18	伊朗	
8	意大利		19	印度	
9	英国		20	印度尼西亚	
10	阿富汗	亚洲	21	中国	
11	不丹		22	阿尔及利亚	非洲

续表

序号	国家	所属洲	序号	国家	所属洲
23	埃及	非洲	37	美国	北美洲
24	埃塞俄比亚		38	墨西哥	
25	喀麦隆		39	牙买加	
26	肯尼亚		40	阿根廷	南美洲
27	利比亚		41	巴西	
28	毛里求斯		42	哥伦比亚	
29	摩洛哥		43	秘鲁	
30	莫桑比克		44	委内瑞拉	
31	南非		45	智利	
32	尼日利亚		46	澳大利亚	大洋洲
33	苏丹		47	斐济	
34	中非		48	萨摩亚	
35	洪都拉斯	北美洲	49	汤加	
36	加拿大		50	新西兰	

注：洲际内部国家按拼音字母顺序排序。

一、奥地利资产负债分析

（一）国家概况

奥地利（中文全称：奥地利共和国，英文名称：The Republic of Austria），所属洲为欧洲，首都维也纳。土地面积约为 82 531 平方公里，人口数量约为 861.11 万人，GDP 总计 3740.56 亿美元，人均 GDP 约为 43 438.90 美元，人类发展指数为 0.89[①]。

（二）奥地利可持续发展能力的资产负债分析

对奥地利可持续发展能力的总资产负债水平进行分析，总资产累计得分为 125.35，相对资产为 64.95%，资产评估系数为 0.65。同时，负债累计得分为 -67.65，相对负

[①] 国家概况数据来源：土地面积［世界银行（2015）］、人口数量［世界银行（2015）］、GDP 总计和人均 GDP［世界银行（2015），部分国家缺失 2015 年数据，应用世界银行（2014）数据］、人类发展指数［《人类发展报告》（2015）］，以下来源同此。

债为-35.05%，负债评估系数为-0.35。总的相对净资产为29.89%（表6-2）。五大子系统的分项资产负债分析结果如下（图6-4）：

（1）生存支持系统：资产累计得分为90.20，相对资产为46.74%；负债累计得分为-102.80，相对负债为-53.26%；该项相对净资产得分为-6.53%。

（2）发展支持系统：资产累计得分为109.80，相对资产为56.89%；负债累计得分为-83.20，相对负债为-43.11%；该项相对净资产得分为13.78%。

（3）环境支持系统：资产累计得分为119.60，相对资产为61.97%；负债累计得分为-73.40，相对负债为-38.03%；该项相对净资产得分为23.94%。

（4）社会支持系统：资产累计得分为149.33，相对资产为77.37%；负债累计得分为-43.67，相对负债为-22.63%；该项相对净资产得分为54.75%。

（5）智力支持系统：资产累计得分为153.00，相对资产为79.27%；负债累计得分为-40.00，相对负债为-20.73%；该项相对净资产得分为58.55%。

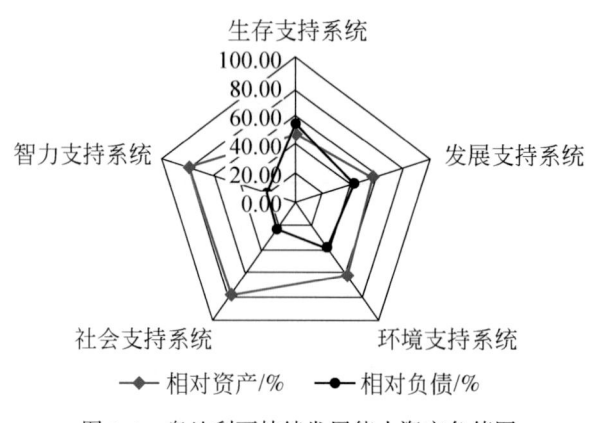

图6-4 奥地利可持续发展能力资产负债图

二、德国资产负债分析

（一）国家概况

德国（中文全称：德意志联邦共和国，英文名称：The Federal Republic of Germany），所属洲为欧洲，首都柏林。土地面积约为348 540平方公里，人口数量约为8141.32万人，GDP总计33 557.72亿美元，人均GDP约为41 219.00美元，人类发展指数为0.92。

（二）德国可持续发展能力的资产负债分析

对德国可持续发展能力的总资产负债水平进行分析，总资产累计得分为124.32，相对资产为64.41%，资产评估系数为0.65。同时，负债累计得分为-68.68，相对负债为-35.59%，负债评估系数为-0.36。总的相对净资产为28.83%（表6-2）。五大子系统的分项资产负债分析结果如下（图6-5）：

（1）生存支持系统：资产累计得分为70.40，相对资产为36.48%；负债累计得分为-122.60，相对负债为-63.52%；该项相对净资产得分为-27.05%。

（2）发展支持系统：资产累计得分为116.20，相对资产为60.21%；负债累计得分为-76.80，相对负债为-39.79%；该项相对净资产得分为20.41%。

（3）环境支持系统：资产累计得分为107.00，相对资产为55.44%；负债累计得分为-86.00，相对负债为-44.56%；该项相对净资产得分为10.88%。

（4）社会支持系统：资产累计得分为165.20，相对资产为85.60%；负债累计得分为-27.80，相对负债为-14.40%；该项相对净资产得分为71.19%。

（5）智力支持系统：资产累计得分为162.80，相对资产为84.35%；负债累计得分为-30.20，相对负债为-15.65%；该项相对净资产得分为68.70%。

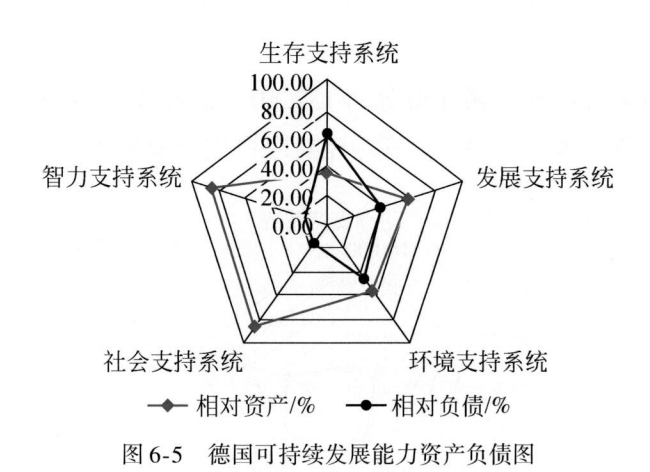

图6-5 德国可持续发展能力资产负债图

三、俄罗斯资产负债分析

（一）国家概况

俄罗斯（中文全称：俄罗斯联邦，英文名称：Russian Federation），所属洲为欧洲，首都莫斯科。土地面积约为16 376 870平方公里，人口数量约为14 409.68万人，GDP总计13 260.15亿美元，人均GDP约为9057.10美元，人类发展指数为0.80。

（二）俄罗斯可持续发展能力的资产负债分析

对俄罗斯可持续发展能力的总资产负债水平进行分析，总资产累计得分为123.72，相对资产为64.10%，资产评估系数为0.64。同时，负债累计得分为-69.28，相对负债为-35.90%，负债评估系数为-0.36。总的相对净资产为28.21%（表6-2）。五大子系统的分项资产负债分析结果如下（图6-6）：

（1）生存支持系统：资产累计得分为159.60，相对资产为82.69%；负债累计得分为-33.40，相对负债为-17.31%；该项相对净资产得分为65.39%。

（2）发展支持系统：资产累计得分为127.00，相对资产为65.80%；负债累计得分为-66.00，相对负债为-34.20%；该项相对净资产得分为31.61%。

（3）环境支持系统：资产累计得分为82.40，相对资产为42.69%；负债累计得分为-110.60，相对负债为-57.31%；该项相对净资产得分为-14.61%。

（4）社会支持系统：资产累计得分为117.00，相对资产为60.62%；负债累计得分为-76.00，相对负债为-39.38%；该项相对净资产得分为21.24%。

（5）智力支持系统：资产累计得分为132.60，相对资产为68.70%；负债累计得分为-60.40，相对负债为-31.30%；该项相对净资产得分为37.41%。

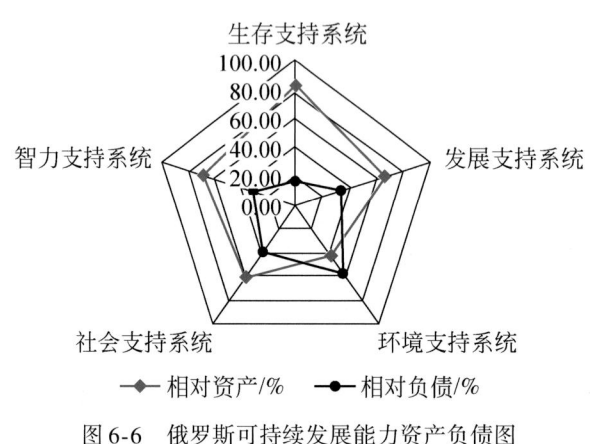

图6-6 俄罗斯可持续发展能力资产负债图

四、法国资产负债分析

（一）国家概况

法国（中文全称：法兰西共和国，英文名称：The French Republic），所属洲为欧洲，首都巴黎。土地面积约为547 557平方公里，人口数量约为6680.84万人，GDP总计 24 216.82 亿美元，人均 GDP 为 36 248.20 美元，人类发展指数为 0.89。

（二）法国可持续发展能力的资产负债分析

对法国可持续发展能力的总资产负债水平进行分析，总资产累计得分为 127.72，相对资产为 66.18%，资产评估系数为 0.67。同时，负债累计得分为 -65.28，相对负债为 -33.82%，负债评估系数为 -0.34。总的相对净资产为 32.35%（表 6-2）。五大子系统的分项资产负债分析结果如下（图 6-7）：

（1）生存支持系统：资产累计得分为 97.40，相对资产为 50.47%；负债累计得分为 -95.60，相对负债为 -49.53%；该项相对净资产得分为 0.93%。

（2）发展支持系统：资产累计得分为 101.20，相对资产为 52.44%；负债累计得分为 -91.80，相对负债为 -47.56%；该项相对净资产得分为 4.87%。

（3）环境支持系统：资产累计得分为 134.60，相对资产为 69.74%；负债累计得分为 -58.40，相对负债为 -30.26%；该项相对净资产得分为 39.48%。

（4）社会支持系统：资产累计得分为 151.20，相对资产为 78.34%；负债累计得分为 -41.80，相对负债为 -21.66%；该项相对净资产得分为 56.68%。

（5）智力支持系统：资产累计得分为 154.20，相对资产为 79.90%；负债累计得分为 -38.80，相对负债为 -20.10%；该项相对净资产得分为 59.79%。

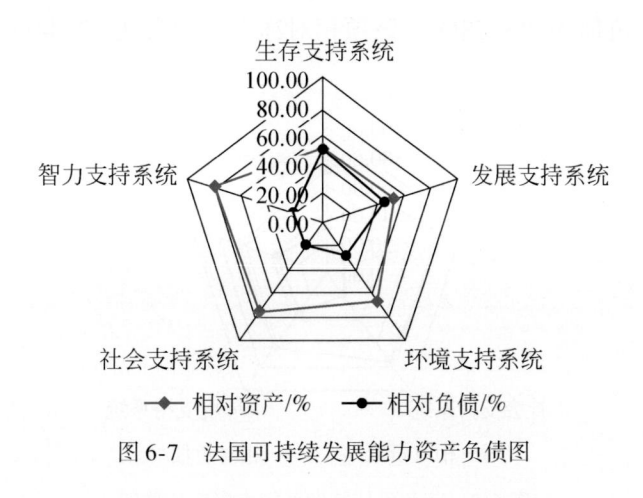

图 6-7 法国可持续发展能力资产负债图

五、芬兰资产负债分析

（一）国家概况

芬兰（中文全称：芬兰共和国，英文名称：The Republic of Finland），所属洲为欧洲，首都赫尔辛基。土地面积约为303 890平方公里，人口数量约为548.20万人，GDP总计2298.10亿美元，人均GDP约为41 920.80美元，人类发展指数为0.88。

（二）芬兰可持续发展能力的资产负债分析

对芬兰可持续发展能力的总资产负债水平进行分析，总资产累计得分为141.20，相对资产为73.16%，资产评估系数为0.74。同时，负债累计得分为-51.80，相对负债为-26.84%，负债评估系数为-0.27。总的相对净资产为46.32%（表6-2）。五大子系统的分项资产负债分析结果如下（图6-8）：

（1）生存支持系统：资产累计得分为136.00，相对资产为70.47%；负债累计得分为-57.00，相对负债为-29.53%；该项相对净资产得分为40.93%。

（2）发展支持系统：资产累计得分为122.80，相对资产为63.63%；负债累计得分为-70.20，相对负债为-36.37%；该项相对净资产得分为27.25%。

（3）环境支持系统：资产累计得分为125.80，相对资产为65.18%；负债累计得分为-67.20，相对负债为-34.82%；该项相对净资产得分为30.36%。

（4）社会支持系统：资产累计得分为155.00，相对资产为80.31%；负债累计得分为-38.00，相对负债为-19.69%；该项相对净资产得分为60.62%。

（5）智力支持系统：资产累计得分为166.40，相对资产为86.22%；负债累计得分为-26.60，相对负债为-13.78%；该项相对净资产得分为72.44%。

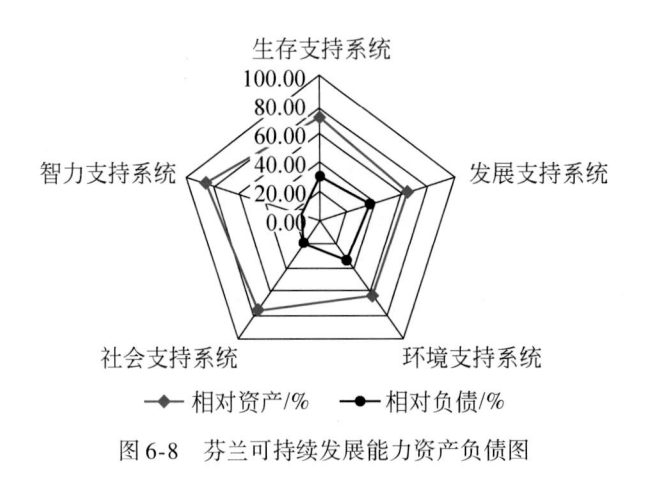

图6-8 芬兰可持续发展能力资产负债图

六、挪威资产负债分析

（一）国家概况

挪威（中文全称：挪威王国，英文名称：The Kingdom of Norway），所属洲为欧洲，首都奥斯陆。土地面积约为365 245平方公里，人口数量约为519.59万人，GDP总计3883.15亿美元，人均GDP约为74 734.60美元，人类发展指数为0.94。

（二）挪威可持续发展能力的资产负债分析

对挪威可持续发展能力的总资产负债水平进行分析，总资产累计得分为144.64，相对资产为74.94%，资产评估系数为0.75。同时，负债累计得分为-48.36，相对负债为-25.06%，负债评估系数为-0.25。总的相对净资产为49.89%（表6-2）。五大子系统的分项资产负债分析结果如下（图6-9）：

（1）生存支持系统：资产累计得分为131.20，相对资产为67.98%；负债累计得分为-61.80，相对负债为-32.02%；该项相对净资产得分为35.96%。

（2）发展支持系统：资产累计得分为128.40，相对资产为66.53%；负债累计得分为-64.60，相对负债为-33.47%；该项相对净资产得分为33.06%。

（3）环境支持系统：资产累计得分为113.60，相对资产为58.86%；负债累计得分为-79.40，相对负债为-41.14%；该项相对净资产得分为17.72%。

（4）社会支持系统：资产累计得分为180.20，相对资产为93.37%；负债累计得分为-12.80，相对负债为-6.63%；该项相对净资产得分为86.74%。

（5）智力支持系统：资产累计得分为169.80，相对资产为87.98%；负债累计得分为-23.20，相对负债为-12.02%；该项相对净资产得分为75.96%。

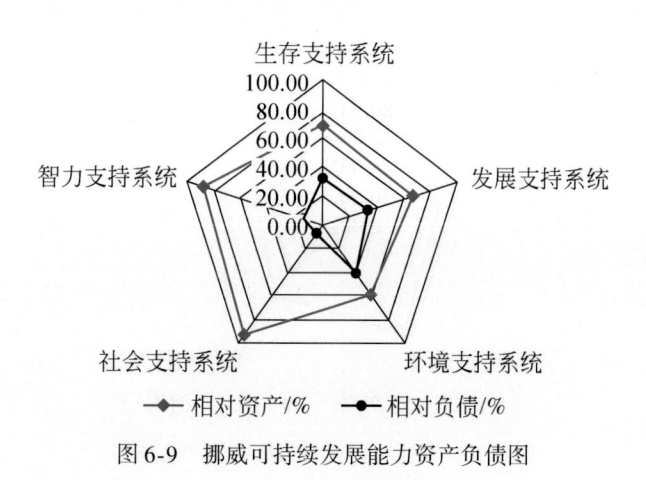

图6-9 挪威可持续发展能力资产负债图

七、瑞士资产负债分析

（一）国家概况

瑞士（中文全称：瑞士联邦，英文名称：Swiss Confederation），所属洲为欧洲，首都伯尔尼。土地面积约为39 516平方公里，人口数量约为828.70万人，GDP总计6647.38亿美元，人均GDP为80 214.70美元，人类发展指数为0.93。

（二）瑞士可持续发展能力的资产负债分析

对瑞士可持续发展能力的总资产负债水平进行分析，总资产累计得分为128.38，相对资产为66.52%，资产评估系数为0.67。同时，负债累计得分为-64.62，相对负债为-33.48%，负债评估系数为-0.34。总的相对净资产为33.04%（表6-2）。五大子系统的分项资产负债分析结果如下（图6-10）：

（1）生存支持系统：资产累计得分为67.00，相对资产为34.72%；负债累计得分为-126.00，相对负债为-65.28%；该项相对净资产得分为-30.57%。

（2）发展支持系统：资产累计得分为101.20，相对资产为52.44%；负债累计得分为-91.80，相对负债为-47.56%；该项相对净资产得分为4.87%。

（3）环境支持系统：资产累计得分为117.80，相对资产为61.04%；负债累计得分为-75.20，相对负债为-38.96%；该项相对净资产得分为22.07%。

（4）社会支持系统：资产累计得分为178.67，相对资产为92.57%；负债累计得分为-14.33，相对负债为-7.43%；该项相对净资产得分为85.15%。

（5）智力支持系统：资产累计得分为167.20，相对资产为86.63%；负债累计得分为-25.80，相对负债为-13.37%；该项相对净资产得分为73.26%。

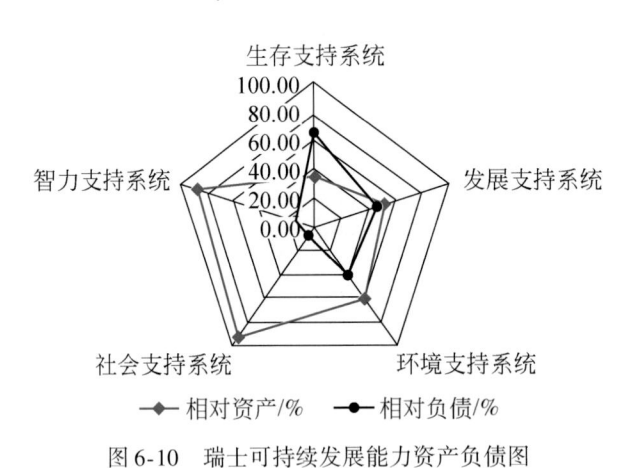

图6-10 瑞士可持续发展能力资产负债图

八、意大利资产负债分析

（一）国家概况

意大利（中文全称：意大利共和国，英文名称：The Republic of Italy），所属洲为欧洲，首都罗马。土地面积约为 294 140 平方公里，人口数量约为 6080.21 万人，GDP 总计 18 147.63 亿美元，人均 GDP 为 29 847.00 美元，人类发展指数为 0.87。

（二）意大利可持续发展能力的资产负债分析

对意大利可持续发展能力的总资产负债水平进行分析，总资产累计得分为 106.31，相对资产为 55.08%，资产评估系数为 0.55。同时，负债累计得分为 -86.69，相对负债为 -44.92%，负债评估系数为 -0.45。总的相对净资产为 10.16%（表 6-2）。五大子系统的分项资产负债分析结果如下（图 6-11）：

（1）生存支持系统：资产累计得分为 62.00，相对资产为 32.12%；负债累计得分为 -131.00，相对负债为 -67.88%；该项相对净资产得分为 -35.75%。

（2）发展支持系统：资产累计得分为 91.00，相对资产为 47.15%；负债累计得分为 -102.00，相对负债为 -52.85%；该项相对净资产得分为 -5.70%。

（3）环境支持系统：资产累计得分为 98.40，相对资产为 50.98%；负债累计得分为 -94.60，相对负债为 -49.02%；该项相对净资产得分为 1.97%。

（4）社会支持系统：资产累计得分为 146.33，相对资产为 75.82%；负债累计得分为 -46.67，相对负债为 -24.18%；该项相对净资产得分为 51.64%。

（5）智力支持系统：资产累计得分为 125.80，相对资产为 65.18%；负债累计得分为 -67.20，相对负债为 -34.82%；该项相对净资产得分为 30.36%。

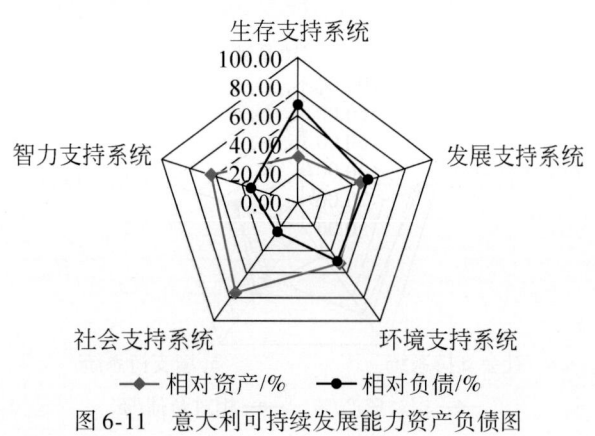

图 6-11 意大利可持续发展能力资产负债图

九、英国资产负债分析

（一）国家概况

英国（中文全称：大不列颠及北爱尔兰联合王国，英文名称：The United Kingdom of Great Britain and Northern Ireland），所属洲为欧洲，首都伦敦。土地面积约为 241 930

平方公里，人口数量约为6513.82万人，GDP总计28 487.55亿美元，人均GDP约为43 734.00美元，人类发展指数为0.91。

(二) 英国可持续发展能力的资产负债分析

对英国可持续发展能力的总资产负债水平进行分析，总资产累计得分为112.52，相对资产为58.30%，资产评估系数为0.59。同时，负债累计得分为-80.48，相对负债为-41.70%，负债评估系数为-0.42。总的相对净资产为16.60%（表6-2）。五大子系统的分项资产负债分析结果如下（图6-12）：

(1) 生存支持系统：资产累计得分为68.00，相对资产为35.23%；负债累计得分为-125.00，相对负债为-64.77%；该项相对净资产得分为-29.53%。

(2) 发展支持系统：资产累计得分为97.40，相对资产为50.47%；负债累计得分为-95.60，相对负债为-49.53%；该项相对净资产得分为0.93%。

(3) 环境支持系统：资产累计得分为84.60，相对资产为43.83%；负债累计得分为-108.40，相对负债为-56.17%；该项相对净资产得分为-12.33%。

(4) 社会支持系统：资产累计得分为144.20，相对资产为74.72%；负债累计得分为-48.80，相对负债为-25.28%；该项相对净资产得分为49.43%。

(5) 智力支持系统：资产累计得分为168.40，相对资产为87.25%；负债累计得分为-24.60，相对负债为-12.75%；该项相对净资产得分为74.51%。

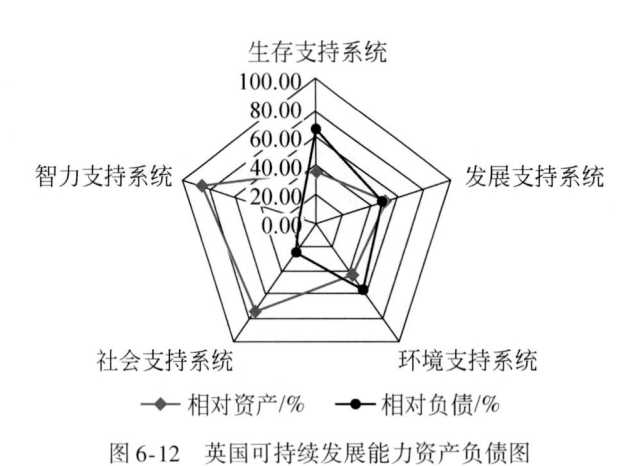

图6-12 英国可持续发展能力资产负债图

十、阿富汗资产负债分析

(一) 国家概况

阿富汗（中文全称：阿富汗斯坦伊斯兰共和国，英文名称：Islamic Republic of Afghanistan），所属洲为亚洲，首都喀布尔。土地面积约为 652 860 平方公里，人口数量约为 3252.66 万人，GDP 总计 191.99 亿美元，人均 GDP 约为 590.30 美元，人类发展指数为 0.47。

（二）阿富汗可持续发展能力的资产负债分析

对阿富汗可持续发展能力的总资产负债水平进行分析，总资产累计得分为 72.88，相对资产为 37.76%，资产评估系数为 0.38。同时，负债累计得分为 −120.12，相对负债为 −62.24%，负债评估系数为 −0.63。总的相对净资产为 −24.47%（表6-2）。五大子系统的分项资产负债分析结果如下（图6-13）：

（1）生存支持系统：资产累计得分为 120.75，相对资产为 62.56%；负债累计得分为 −72.25，相对负债为 −37.44%；该项相对净资产得分为 25.13%。

（2）发展支持系统：资产累计得分为 32.67，相对资产为 16.93%；负债累计得分为 −160.33，相对负债为 −83.07%；该项相对净资产得分为 −66.15%。

（3）环境支持系统：资产累计得分为 96.67，相对资产为 50.09%；负债累计得分为 −96.33，相对负债为 −49.91%；该项相对净资产得分为 0.17%。

（4）社会支持系统：资产累计得分为 59.00，相对资产为 30.57%；负债累计得分为 −134.00，相对负债为 −69.43%；该项相对净资产得分为 −38.86%。

（5）智力支持系统：资产累计得分为 14.00，相对资产为 7.25%；负债累计得分为 −179.00，相对负债为 −92.75%；该项相对净资产得分为 −85.49%。

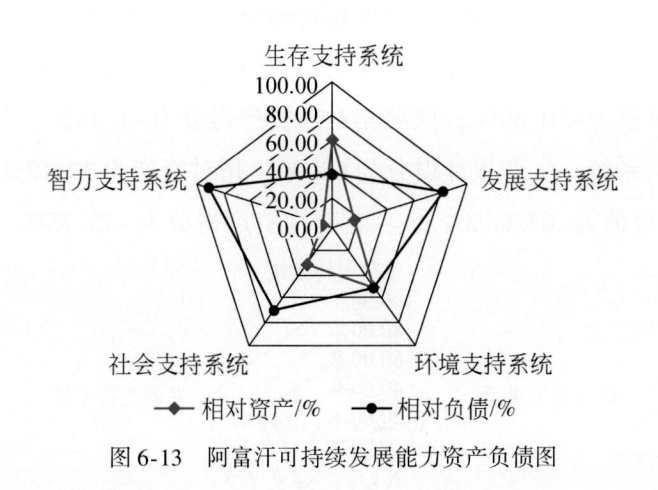

图 6-13　阿富汗可持续发展能力资产负债图

十一、不丹资产负债分析

(一) 国家概况

不丹（中文全称：不丹王国，英文名称：Kingdom of Bhutan），所属洲为亚洲，首都廷布。土地面积约为 38 117 平方公里，人口数量约为 77.48 万人，GDP 总计 19.62 亿美元，人均 GDP 约为 2532.50 美元，人类发展指数为 0.61。

(二) 不丹可持续发展能力的资产负债分析

对不丹可持续发展能力的总资产负债水平进行分析，总资产累计得分为 98.63，相对资产为 51.10%，资产评估系数为 0.51。同时，负债累计得分为 -94.37，相对负债为 -48.90%，负债评估系数为 -0.49。总的相对净资产为 2.21%（表 6-2）。五大子系统的分项资产负债分析结果如下（图 6-14）：

(1) 生存支持系统：资产累计得分为 118.25，相对资产为 61.27%；负债累计得分为 -74.75，相对负债为 -38.73%；该项相对净资产得分为 22.54%。

(2) 发展支持系统：资产累计得分为 105.33，相对资产为 54.58%；负债累计得分为 -87.67，相对负债为 -45.42%；该项相对净资产得分为 9.15%。

(3) 环境支持系统：资产累计得分为 109.33，相对资产为 56.65%；负债累计得分为 -83.67，相对负债为 -43.35%；该项相对净资产得分为 13.30%。

(4) 社会支持系统：资产累计得分为 95.17，相对资产为 49.31%；负债累计得分为 -97.83，相对负债为 -50.69%；该项相对净资产得分为 -1.38%。

(5) 智力支持系统：资产累计得分为 62.00，相对资产为 32.12%；负债累计得分为 -131.00，相对负债为 -67.88%；该项相对净资产得分为 -35.75%。

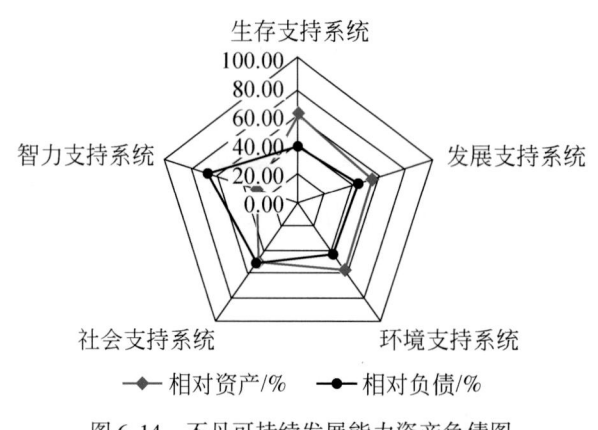

图 6-14 不丹可持续发展能力资产负债图

十二、菲律宾资产负债分析

(一) 国家概况

菲律宾(中文全称:菲律宾共和国,英文名称:Republic of the Philippines),所属洲为亚洲,首都马尼拉。土地面积约为 298 170 平方公里,人口数量约为 10 069.94 万人,GDP 总计 2919.65 亿美元,人均 GDP 约为 2899.40 美元,人类发展指数为 0.67。

(二) 菲律宾可持续发展能力的资产负债分析

对菲律宾可持续发展能力的总资产负债水平进行分析,总资产累计得分为 80.46,相对资产为 41.69%,资产评估系数为 0.42。同时,负债累计得分为 -112.54,相对负债为 -58.31%,负债评估系数为 -0.59。总的相对净资产为 -16.62%(表 6-2)。五大子系统的分项资产负债分析结果如下(图 6-15):

(1) 生存支持系统:资产累计得分为 62.20,相对资产为 32.23%;负债累计得分为 -130.80,相对负债为 -67.77%;该项相对净资产得分为 -35.54%。

(2) 发展支持系统:资产累计得分为 94.40,相对资产为 48.91%;负债累计得分为 -98.60,相对负债为 -51.09%;该项相对净资产得分为 -2.18%。

(3) 环境支持系统:资产累计得分为 95.40,相对资产为 49.43%;负债累计得分为 -97.60,相对负债为 -50.57%;该项相对净资产得分为 -1.14%。

(4) 社会支持系统:资产累计得分为 79.33,相对资产为 41.11%;负债累计得分为 -113.67,相对负债为 -58.89%;该项相对净资产得分为 -17.79%。

(5) 智力支持系统:资产累计得分为 71.20,相对资产为 36.89%;负债累计得分为 -121.80,相对负债为 -63.11%;该项相对净资产得分为 -26.22%。

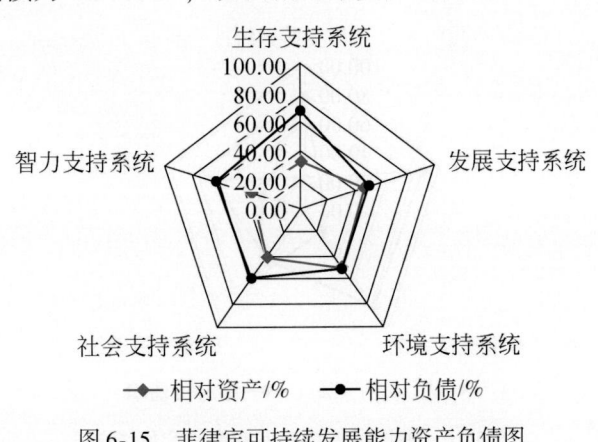

图 6-15 菲律宾可持续发展能力资产负债图

十三、韩国资产负债分析

(一) 国家概况

韩国（中文全称：大韩民国，英文名称：Republic of Korea），所属洲为亚洲，首都首尔。土地面积约为 97 466 平方公里，人口数量约为 5061.70 万人，GDP 总计 13 778.73 亿美元，人均 GDP 约为 27 221.50 美元，人类发展指数为 0.90。

(二) 韩国可持续发展能力的资产负债分析

对韩国可持续发展能力的总资产负债水平进行分析，总资产累计得分为 116.84，相对资产为 60.54%，资产评估系数为 0.61。同时，负债累计得分为 -76.16，相对负债为 -39.46%，负债评估系数为 -0.40。总的相对净资产为 21.08%（表 6-2）。五大子系统的分项资产负债分析结果如下（图 6-16）：

(1) 生存支持系统：资产累计得分为 42.80，相对资产为 22.18%；负债累计得分为 -150.20，相对负债为 -77.82%；该项相对净资产得分为 -55.65%。

(2) 发展支持系统：资产累计得分为 132.00，相对资产为 68.39%；负债累计得分为 -61.00，相对负债为 -31.61%；该项相对净资产得分为 36.79%。

(3) 环境支持系统：资产累计得分为 84.40，相对资产为 43.73%；负债累计得分为 -108.60，相对负债为 -56.27%；该项相对净资产得分为 -12.54%。

(4) 社会支持系统：资产累计得分为 158.20，相对资产为 81.97%；负债累计得分为 -34.80，相对负债为 -18.03%；该项相对净资产得分为 63.94%。

(5) 智力支持系统：资产累计得分为 166.80，相对资产为 86.42%；负债累计得分为 -26.20，相对负债为 -13.58%；该项相对净资产得分为 72.85%。

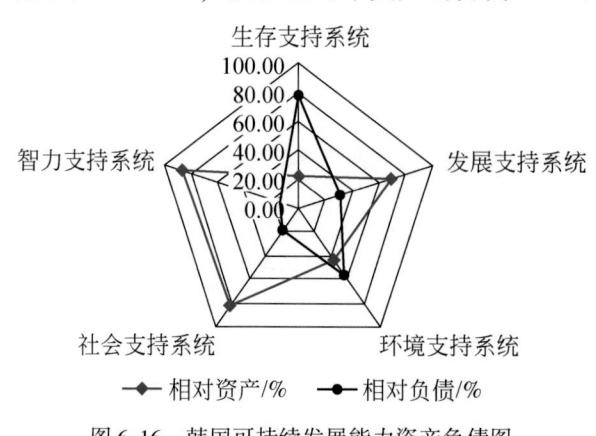

图 6-16 韩国可持续发展能力资产负债图

十四、马尔代夫资产负债分析

（一）国家概况

马尔代夫（中文全称：马尔代夫共和国，英文名称：The Republic of Maldives），所属洲为亚洲，首都马累。土地面积约为 300 平方公里，人口数量约为 40.92 万人，GDP 总计 31.43 亿美元，人均 GDP 约为 7681.10 美元，人类发展指数为 0.71。

（二）马尔代夫可持续发展能力的资产负债分析

对马尔代夫可持续发展能力的总资产负债水平进行分析，总资产累计得分为 80.00，相对资产为 41.45%，资产评估系数为 0.42。同时，负债累计得分为-113.00，相对负债为-58.55%，负债评估系数为-0.59。总的相对净资产为-17.10%（表 6-2）。五大子系统的分项资产负债分析结果如下（图 6-17）：

（1）生存支持系统：资产累计得分为 5.00，相对资产为 2.59%；负债累计得分为-188.00，相对负债为-97.41%；该项相对净资产得分为-94.82%。

（2）发展支持系统：资产累计得分为 88.33，相对资产为 45.77%；负债累计得分为-104.67，相对负债为-54.23%；该项相对净资产得分为-8.46%。

（3）环境支持系统：资产累计得分为 71.75，相对资产为 37.18%；负债累计得分为-121.25，相对负债为-62.82%；该项相对净资产得分为-25.65%。

（4）社会支持系统：资产累计得分为 117.83，相对资产为 61.05%；负债累计得分为-75.17，相对负债为-38.95%；该项相对净资产得分为 22.11%。

（5）智力支持系统：资产累计得分为 100.25，相对资产为 51.94%；负债累计得分为-92.75，相对负债为-48.06%；该项相对净资产得分为 3.89%。

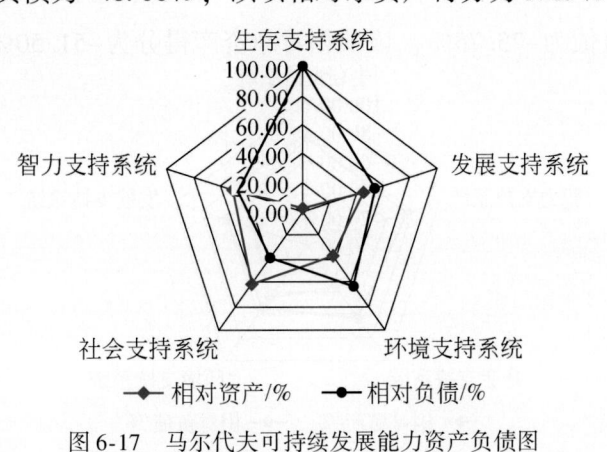

图 6-17 马尔代夫可持续发展能力资产负债图

十五、孟加拉国资产负债分析

(一) 国家概况

孟加拉国（中文全称：孟加拉人民共和国，英文名称：People's Republic of Bangladesh），所属洲为亚洲，首都达卡。土地面积约为 130 170 平方公里，人口数量约为 16 099.56 万人，GDP 总计 1950.79 亿美元，人均 GDP 约为 1211.70 美元，人类发展指数为 0.57。

(二) 孟加拉国可持续发展能力的资产负债分析

对孟加拉国可持续发展能力的总资产负债水平进行分析，总资产累计得分为 66.54，相对资产为 34.48%，资产评估系数为 0.35。同时，负债累计得分为 –126.46，相对负债为 –65.52%，负债评估系数为 –0.66。总的相对净资产为 –31.05%（表 6-2）。五大子系统的分项资产负债分析结果如下（图 6-18）：

(1) 生存支持系统：资产累计得分为 49.20，相对资产为 25.49%；负债累计得分为 –143.80，相对负债为 –74.51%；该项相对净资产得分为 –49.02%。

(2) 发展支持系统：资产累计得分为 77.20，相对资产为 40.00%；负债累计得分为 –115.80，相对负债为 –60.00%；该项相对净资产得分为 –20.00%。

(3) 环境支持系统：资产累计得分为 88.00，相对资产为 45.60%；负债累计得分为 –105.00，相对负债为 –54.40%；该项相对净资产得分为 –8.81%。

(4) 社会支持系统：资产累计得分为 70.67，相对资产为 36.61%；负债累计得分为 –122.33，相对负债为 –63.39%；该项相对净资产得分为 –26.77%。

(5) 智力支持系统：资产累计得分为 46.80，相对资产为 24.25%；负债累计得分为 –146.20，相对负债为 –75.75%；该项相对净资产得分为 –51.50%。

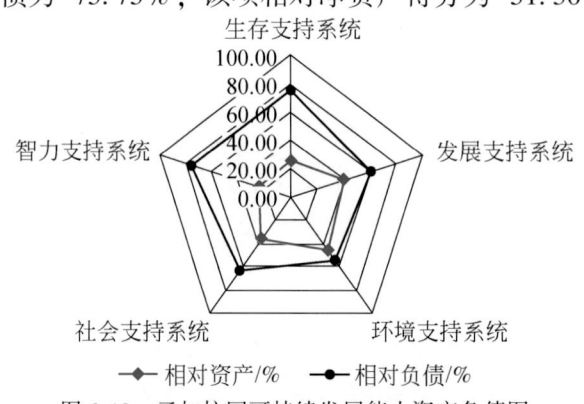

图 6-18 孟加拉国可持续发展能力资产负债图

十六、日本资产负债分析

(一) 国家概况

日本（中文全称：日本国，英文名称：Japan），所属洲为亚洲，首都东京都。土地面积约为 364 560 平方公里，人口数量约为 12 695.85 万人，GDP 总计 41 232.58 亿美元，人均 GDP 约为 32 477.20 美元，人类发展指数为 0.89。

(二) 日本可持续发展能力的资产负债分析

对日本可持续发展能力的总资产负债水平进行分析，总资产累计得分为 113.92，相对资产为 59.03%，资产评估系数为 0.59。同时，负债累计得分为 -79.08，相对负债为 -40.97%，负债评估系数为 -0.41。总的相对净资产为 18.05%（表 6-2）。五大子系统的分项资产负债分析结果如下（图 6-19）：

(1) 生存支持系统：资产累计得分为 46.20，相对资产为 23.94%；负债累计得分为 -146.80，相对负债为 -76.06%；该项相对净资产得分为 -52.12%。

(2) 发展支持系统：资产累计得分为 113.40，相对资产为 58.76%；负债累计得分为 -79.60，相对负债为 -41.24%；该项相对净资产得分为 17.51%。

(3) 环境支持系统：资产累计得分为 82.20，相对资产为 42.59%；负债累计得分为 -110.80，相对负债为 -57.41%；该项相对净资产得分为 -14.82%。

(4) 社会支持系统：资产累计得分为 169.40，相对资产为 87.77%；负债累计得分为 -23.60，相对负债为 -12.23%；该项相对净资产得分为 75.54%。

(5) 智力支持系统：资产累计得分为 158.40，相对资产为 82.07%；负债累计得分为 -34.60，相对负债为 -17.93%；该项相对净资产得分为 64.15%。

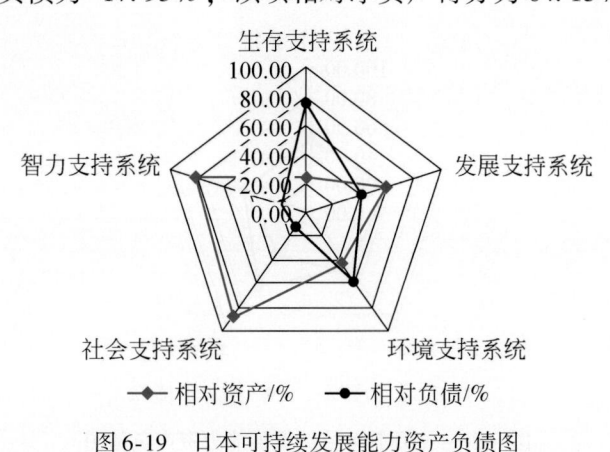

图 6-19 日本可持续发展能力资产负债图

十七、土耳其资产负债分析

(一) 国家概况

土耳其（中文全称：土耳其共和国，英文名称：The Republic of Turkey），所属洲为亚洲，首都安卡拉。土地面积约为 769 630 平方公里，人口数量约为 7866.58 万人，GDP 总计 7182.21 亿美元，人均 GDP 约为 9130.00 美元，人类发展指数为 0.76。

(二) 土耳其可持续发展能力的资产负债分析

对土耳其可持续发展能力的总资产负债水平进行分析，总资产累计得分为 89.44，相对资产为 46.34%，资产评估系数为 0.47。同时，负债累计得分为 -103.56，相对负债为 -53.66%，负债评估系数为 -0.54。总的相对净资产为 -7.32%（表 6-2）。五大子系统的分项资产负债分析结果如下（图 6-20）：

(1) 生存支持系统：资产累计得分为 95.40，相对资产为 49.43%；负债累计得分为 -97.60，相对负债为 -50.57%；该项相对净资产得分为 -1.14%。

(2) 发展支持系统：资产累计得分为 96.60，相对资产为 50.05%；负债累计得分为 -96.40，相对负债为 -49.95%；该项相对净资产得分为 0.10%。

(3) 环境支持系统：资产累计得分为 72.40，相对资产为 37.51%；负债累计得分为 -120.60，相对负债为 -62.49%；该项相对净资产得分为 -24.97%。

(4) 社会支持系统：资产累计得分为 100.60，相对资产为 52.12%；负债累计得分为 -92.40，相对负债为 -47.88%；该项相对净资产得分为 4.25%。

(5) 智力支持系统：资产累计得分为 82.20，相对资产为 42.59%；负债累计得分为 -110.80，相对负债为 -57.41%；该项相对净资产得分为 -14.82%。

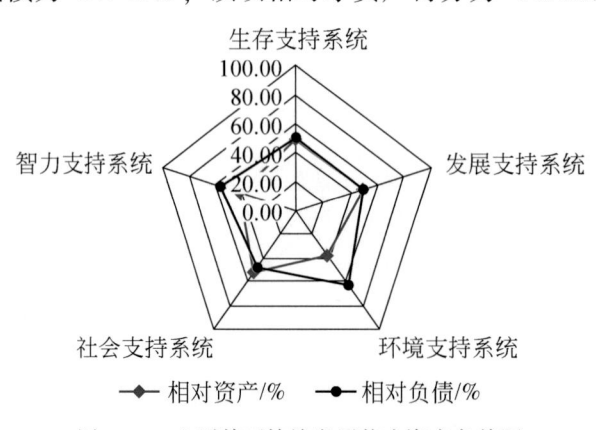

图 6-20 土耳其可持续发展能力资产负债图

十八、伊朗资产负债分析

(一) 国家概况

伊朗（中文全称：伊朗伊斯兰共和国，英文名称：The Islamic Republic of Iran），所属洲为亚洲，首都德黑兰。土地面积约为 1 628 550 平方公里，人口数量约为 7910.93 万人，GDP 总计 4250.00 亿美元，人均 GDP 约为 5442.87 美元，人类发展指数为 0.77。

(二) 伊朗可持续发展能力的资产负债分析

对伊朗可持续发展能力的总资产负债水平进行分析，总资产累计得分为 90.79，相对资产为 47.04%，资产评估系数为 0.47。同时，负债累计得分为 -102.21，相对负债为 -52.96%，负债评估系数为 -0.53。总的相对净资产为 -5.92%（表 6-2）。五大子系统的分项资产负债分析结果如下（图 6-21）：

(1) 生存支持系统：资产累计得分为 115.80，相对资产为 60.00%；负债累计得分为 -77.20，相对负债为 -40.00%；该项相对净资产得分为 20.00%。

(2) 发展支持系统：资产累计得分为 111.60，相对资产为 57.82%；负债累计得分为 -81.40，相对负债为 -42.18%；该项相对净资产得分为 15.65%。

(3) 环境支持系统：资产累计得分为 39.00，相对资产为 20.21%；负债累计得分为 -154.00，相对负债为 -79.79%；该项相对净资产得分为 -59.59%。

(4) 社会支持系统：资产累计得分为 63.20，相对资产为 32.75%；负债累计得分为 -129.80，相对负债为 -67.25%；该项相对净资产得分为 -34.51%。

(5) 智力支持系统：资产累计得分为 114.00，相对资产为 59.07%；负债累计得分为 -79.00，相对负债为 -40.93%；该项相对净资产得分为 18.13%。

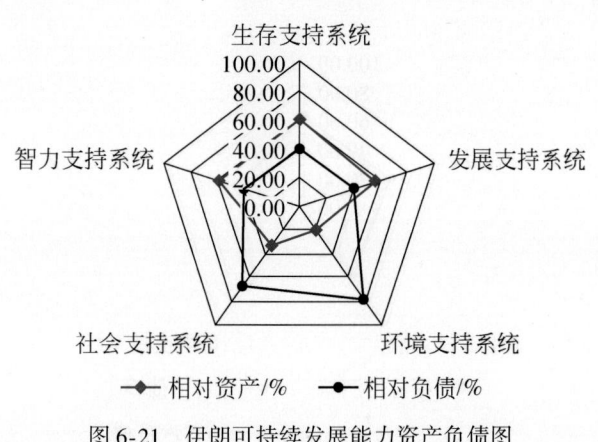

图 6-21 伊朗可持续发展能力资产负债图

十九、印度资产负债分析

(一) 国家概况

印度（中文全称：印度共和国，英文名称：The Republic of India），所属洲为亚洲，首都新德里。土地面积约为 2 973 190 平方公里，人口数量约为 131 105.05 万人，GDP 总计 20 735.43 亿美元，人均 GDP 约为 1581.60 美元，人类发展指数为 0.61。

(二) 印度可持续发展能力的资产负债分析

对印度可持续发展能力的总资产负债水平进行分析，总资产累计得分为 79.73，相对资产为 41.31%，资产评估系数为 0.42。同时，负债累计得分为 –113.27，相对负债为 –58.69%，负债评估系数为 –0.59。总的相对净资产为 –17.38%（表 6-2）。五大子系统的分项资产负债分析结果如下（图 6-22）：

(1) 生存支持系统：资产累计得分为 73.20，相对资产为 37.93%；负债累计得分为 –119.80，相对负债为 –62.07%；该项相对净资产得分为 –24.15%。

(2) 发展支持系统：资产累计得分为 96.20，相对资产为 49.84%；负债累计得分为 –96.80，相对负债为 –50.16%；该项相对净资产得分为 –0.31%。

(3) 环境支持系统：资产累计得分为 80.00，相对资产为 41.45%；负债累计得分为 –113.00，相对负债为 –58.55%；该项相对净资产得分为 –17.10%。

(4) 社会支持系统：资产累计得分为 80.67，相对资产为 41.80%；负债累计得分为 –112.33，相对负债为 –58.20%；该项相对净资产得分为 –16.41%。

(5) 智力支持系统：资产累计得分为 68.40，相对资产为 35.44%；负债累计得分为 –124.60，相对负债为 –64.56%；该项相对净资产得分为 –29.12%。

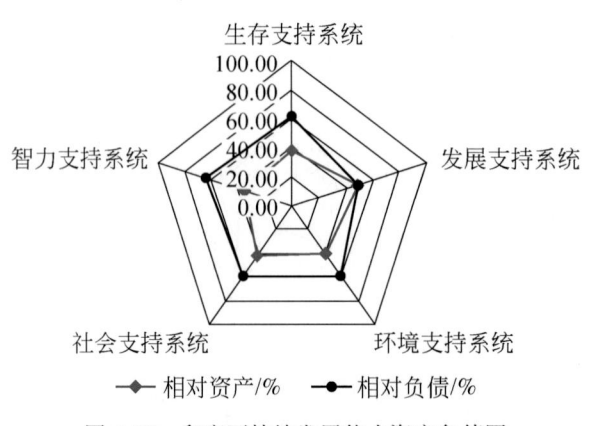

图 6-22 印度可持续发展能力资产负债图

二十、印度尼西亚资产负债分析

(一) 国家概况

印度尼西亚（中文全称：印度尼西亚共和国，英文名称：The Republic of Indonesia），所属洲为亚洲，首都印度尼西亚共和国。土地面积约为 1 811 570 平方公里，人口数量约为 25 756.38 万人，GDP 总计 8619.34 亿美元，人均 GDP 约为 3346.50 美元，人类发展指数为 0.68。

(二) 印度尼西亚可持续发展能力的资产负债分析

对印度尼西亚可持续发展能力的总资产负债水平进行分析，总资产累计得分为 89.08，相对资产为 46.15%，资产评估系数为 0.46。同时，负债累计得分为 -103.92，相对负债为 -53.85%，负债评估系数为 -0.54。总的相对净资产为 -7.69%（表6-2）。五大子系统的分项资产负债分析结果如下（图6-23）：

(1) 生存支持系统：资产累计得分为 103.40，相对资产为 53.58%；负债累计得分为 -89.60，相对负债为 -46.42%；该项相对净资产得分为 7.15%。

(2) 发展支持系统：资产累计得分为 92.80，相对资产为 48.08%；负债累计得分为 -100.20，相对负债为 -51.92%；该项相对净资产得分为 -3.83%。

(3) 环境支持系统：资产累计得分为 102.80，相对资产为 53.26%；负债累计得分为 -90.20，相对负债为 -46.74%；该项相对净资产得分为 6.53%。

(4) 社会支持系统：资产累计得分为 92.33，相对资产为 47.84%；负债累计得分为 -100.67，相对负债为 -52.16%；该项相对净资产得分为 -4.32%。

(5) 智力支持系统：资产累计得分为 53.40，相对资产为 27.67%；负债累计得分为 -139.60，相对负债为 -72.33%；该项相对净资产得分为 -44.66%。

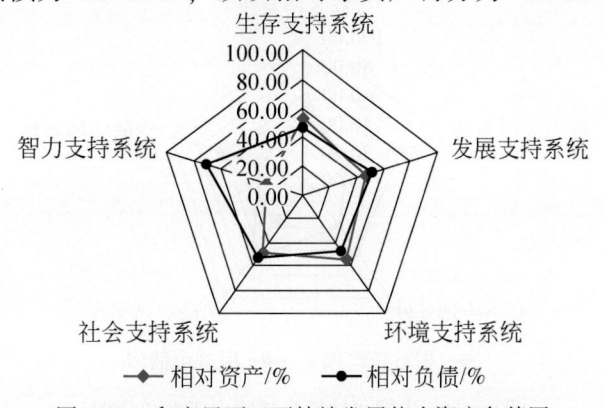

图6-23 印度尼西亚可持续发展能力资产负债图

二十一、中国资产负债分析

(一) 国家概况

中国（中文全称：中华人民共和国，英文名称：The People's Republic of China），所属洲为亚洲，首都北京。土地面积约为 9 634 057 平方公里，人口数量约为 136782.00 万人，GDP 总计亿美元，人均 GDP 约为 7924.70 美元，人类发展指数为 0.73。

(二) 中国可持续发展能力的资产负债分析

对中国可持续发展能力的总资产负债水平进行分析，总资产累计得分为 105.63，相对资产为 54.73%，资产评估系数为 0.55。同时，负债累计得分为-87.38，相对负债为-45.27%，负债评估系数为-0.46。总的相对净资产为 9.46%（表 6-2）。五大子系统的分项资产负债分析结果如下（图 6-24）：

(1) 生存支持系统：资产累计得分为 92.60，相对资产为 47.98%；负债累计得分为-100.40，相对负债为-52.02%；该项相对净资产得分为-4.04%。

(2) 发展支持系统：资产累计得分为 125.80，相对资产为 65.18%；负债累计得分为-67.20，相对负债为-34.82%；该项相对净资产得分为 30.36%。

(3) 环境支持系统：资产累计得分为 66.00，相对资产为 34.20%；负债累计得分为-127.00，相对负债为-65.80%；该项相对净资产得分为-31.61%。

(4) 社会支持系统：资产累计得分为 117.50，相对资产为 60.88%；负债累计得分为-75.50，相对负债为-39.12%；该项相对净资产得分为 21.76%。

(5) 智力支持系统：资产累计得分为 136.00，相对资产为 70.47%；负债累计得分为-57.00，相对负债为-29.53%；该项相对净资产得分为 40.93%。

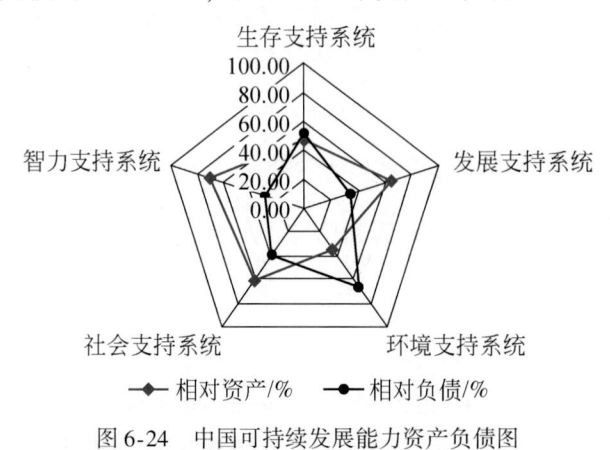

图 6-24 中国可持续发展能力资产负债图

二十二、阿尔及利亚资产负债分析

（一）国家概况

阿尔及利亚（中文全称：阿尔及利亚民主人民共和国，英文名称：People's Democratic Republic of Algeria），所属洲为非洲，首都阿尔及尔。土地面积约为 2 381 740 平方公里，人口数量约为 3966.65 万人，GDP 总计 1668.39 亿美元，人均 GDP 约为 4206.00 美元，人类发展指数为 0.74。

（二）阿尔及利亚可持续发展能力的资产负债分析

对阿尔及利亚可持续发展能力的总资产负债水平进行分析，总资产累计得分为 82.39，相对资产为 42.69%，资产评估系数为 0.43。同时，负债累计得分为 -110.61，相对负债为 -57.31%，负债评估系数为 -0.58。总的相对净资产为 -14.62%（表 6-2）。五大子系统的分项资产负债分析结果如下（图 6-25）：

（1）生存支持系统：资产累计得分为 127.40，相对资产为 66.01%；负债累计得分为 -65.60，相对负债为 -33.99%；该项相对净资产得分为 32.02%。

（2）发展支持系统：资产累计得分为 100.40，相对资产为 52.02%；负债累计得分为 -92.60，相对负债为 -47.98%；该项相对净资产得分为 4.04%。

（3）环境支持系统：资产累计得分为 35.60，相对资产为 18.45%；负债累计得分为 -157.40，相对负债为 -81.55%；该项相对净资产得分为 -63.11%。

（4）社会支持系统：资产累计得分为 90.75，相对资产为 47.02%；负债累计得分为 -102.25，相对负债为 -52.98%；该项相对净资产得分为 -5.96%。

（5）智力支持系统：资产累计得分为 53.75，相对资产为 27.85%；负债累计得分为 -139.25，相对负债为 -72.15%；该项相对净资产得分为 -44.30%。

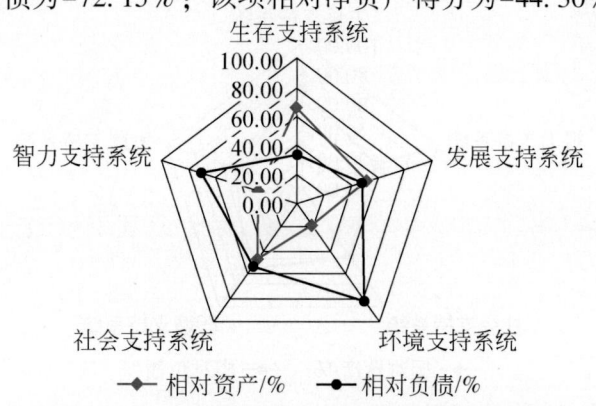

图 6-25 阿尔及利亚可持续发展能力资产负债图

二十三、埃及资产负债分析

(一) 国家概况

埃及（中文全称：阿拉伯埃及共和国，英文名称：The Arab Republic of Egypt），所属洲为非洲，首都开罗。土地面积约为995 450平方公里，人口数量约为9150.81万人，GDP总计3307.79亿美元，人均GDP约为3614.70美元，人类发展指数为0.69。

(二) 埃及可持续发展能力的资产负债分析

对埃及可持续发展能力的总资产负债水平进行分析，总资产累计得分为77.50，相对资产为40.16%，资产评估系数为0.40。同时，负债累计得分为-115.50，相对负债为-59.84%，负债评估系数为-0.60。总的相对净资产为-19.69%（表6-2）。五大子系统的分项资产负债分析结果如下（图6-26）：

(1) 生存支持系统：资产累计得分为58.80，相对资产为30.47%；负债累计得分为-134.20，相对负债为-69.53%；该项相对净资产得分为-39.07%。

(2) 发展支持系统：资产累计得分为96.60，相对资产为50.05%；负债累计得分为-96.40，相对负债为-49.95%；该项相对净资产得分为0.10%。

(3) 环境支持系统：资产累计得分为61.20，相对资产为31.71%；负债累计得分为-131.80，相对负债为-68.29%；该项相对净资产得分为-36.58%。

(4) 社会支持系统：资产累计得分为83.67，相对资产为43.35%；负债累计得分为-109.33，相对负债为-56.65%；该项相对净资产得分为-13.30%。

(5) 智力支持系统：资产累计得分为86.00，相对资产为44.56%；负债累计得分为-107.00，相对负债为-55.44%；该项相对净资产得分为-10.88%。

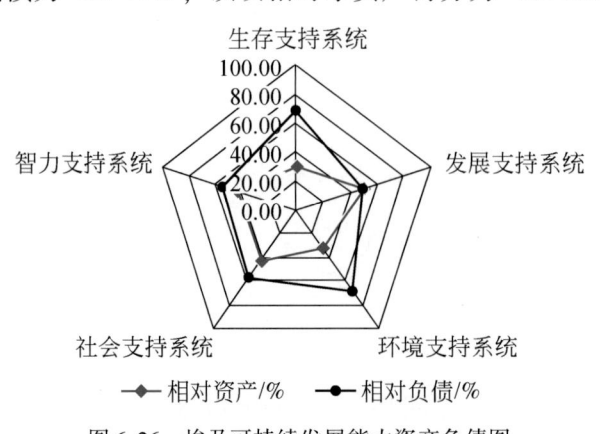

图6-26 埃及可持续发展能力资产负债图

二十四、埃塞俄比亚资产负债分析

（一）国家概况

埃塞俄比亚（中文全称：埃塞俄比亚联邦民主共和国，英文名称：The Federal Democratic Republic of Ethiopia），所属洲为非洲，首都亚的斯亚贝巴。土地面积约为1 000 000平方公里，人口数量约为9939.08万人，GDP总计615.37亿美元，人均GDP约为619.10美元，人类发展指数为0.44。

（二）埃塞俄比亚可持续发展能力的资产负债分析

对埃塞俄比亚可持续发展能力的总资产负债水平进行分析，总资产累计得分为81.52，相对资产为42.24%，资产评估系数为0.42。同时，负债累计得分为-111.48，相对负债为-57.76%，负债评估系数为-0.58。总的相对净资产为-15.52%（表6-2）。五大子系统的分项资产负债分析结果如下（图6-27）：

（1）生存支持系统：资产累计得分为93.60，相对资产为48.50%；负债累计得分为-99.40，相对负债为-51.50%；该项相对净资产得分为-3.01%。

（2）发展支持系统：资产累计得分为76.60，相对资产为39.69%；负债累计得分为-116.40，相对负债为-60.31%；该项相对净资产得分为-20.62%。

（3）环境支持系统：资产累计得分为115.25，相对资产为59.72%；负债累计得分为-77.75，相对负债为-40.28%；该项相对净资产得分为19.43%。

（4）社会支持系统：资产累计得分为67.50，相对资产为34.97%；负债累计得分为-125.50，相对负债为-65.03%；该项相对净资产得分为-30.05%。

（5）智力支持系统：资产累计得分为52.67，相对资产为27.29%；负债累计得分为-140.33，相对负债为-72.71%；该项相对净资产得分为-45.42%。

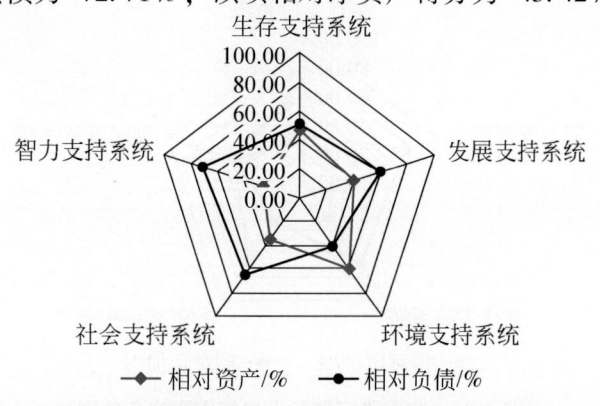

图6-27 埃塞俄比亚可持续发展能力资产负债图

二十五、喀麦隆资产负债分析

(一) 国家概况

喀麦隆（中文全称：喀麦隆共和国，英文名称：Republic of Cameroon），所属洲为非洲，首都雅温得。土地面积约为 472 710 平方公里，人口数量约为 2334.42 万人，GDP 总计 291.98 亿美元，人均 GDP 约为 1250.80 美元，人类发展指数为 0.51。

(二) 喀麦隆可持续发展能力的资产负债分析

对喀麦隆可持续发展能力的总资产负债水平进行分析，总资产累计得分为 97.04，相对资产为 50.28%，资产评估系数为 0.51。同时，负债累计得分为 -95.96，相对负债为 -49.72%，负债评估系数为 -0.50。总的相对净资产为 0.56%（表 6-2）。五大子系统的分项资产负债分析结果如下（图 6-28）：

(1) 生存支持系统：资产累计得分为 131.00，相对资产为 67.88%；负债累计得分为 -62.00，相对负债为 -32.12%；该项相对净资产得分为 35.75%。

(2) 发展支持系统：资产累计得分为 97.80，相对资产为 50.67%；负债累计得分为 -95.20，相对负债为 -49.33%；该项相对净资产得分为 1.35%。

(3) 环境支持系统：资产累计得分为 128.00，相对资产为 66.32%；负债累计得分为 -65.00，相对负债为 -33.68%；该项相对净资产得分为 32.64%。

(4) 社会支持系统：资产累计得分为 59.67，相对资产为 30.92%；负债累计得分为 -133.33，相对负债为 -69.08%；该项相对净资产得分为 -38.17%。

(5) 智力支持系统：资产累计得分为 45.00，相对资产为 23.32%；负债累计得分为 -148.00，相对负债为 -76.68%；该项相对净资产得分为 -53.37%。

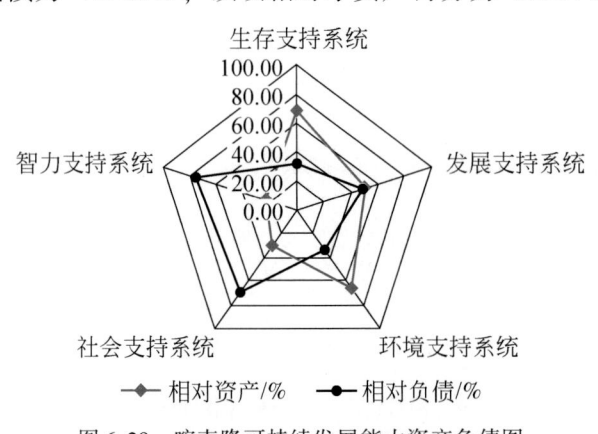

图 6-28 喀麦隆可持续发展能力资产负债图

二十六、肯尼亚资产负债分析

(一) 国家概况

肯尼亚（中文全称：肯尼亚共和国，英文名称：The Republic of Kenya），所属洲为非洲，首都内罗毕。土地面积约为 569 140 平方公里，人口数量约为 4605.03 万人，GDP 总计 633.98 亿美元，人均 GDP 约为 1376.70 美元，人类发展指数为 0.55。

(二) 肯尼亚可持续发展能力的资产负债分析

对肯尼亚可持续发展能力的总资产负债水平进行分析，总资产累计得分为 84.72，相对资产为 43.90%，资产评估系数为 0.44。同时，负债累计得分为 -108.28，相对负债为 -56.10%，负债评估系数为 -0.56。总的相对净资产为 -12.21%（表 6-2）。五大子系统的分项资产负债分析结果如下（图 6-29）：

(1) 生存支持系统：资产累计得分为 78.20，相对资产为 40.52%；负债累计得分为 -114.80，相对负债为 -59.48%；该项相对净资产得分为 -18.96%。

(2) 发展支持系统：资产累计得分为 100.20，相对资产为 51.92%；负债累计得分为 -92.80，相对负债为 -48.08%；该项相对净资产得分为 3.83%。

(3) 环境支持系统：资产累计得分为 117.40，相对资产为 60.83%；负债累计得分为 -75.60，相对负债为 -39.17%；该项相对净资产得分为 21.66%。

(4) 社会支持系统：资产累计得分为 44.00，相对资产为 22.80%；负债累计得分为 -149.00，相对负债为 -77.20%；该项相对净资产得分为 -54.40%。

(5) 智力支持系统：资产累计得分为 93.75，相对资产为 48.58%；负债累计得分为 -99.25，相对负债为 -51.42%；该项相对净资产得分为 -2.85%。

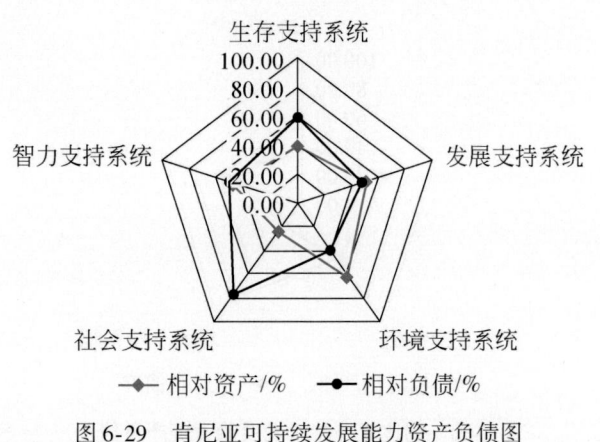

图 6-29 肯尼亚可持续发展能力资产负债图

二十七、利比亚资产负债分析

（一）国家概况

利比亚（中文全称：利比亚国，英文名称：State of Libya），所属洲为非洲，首都的黎波里。土地面积约为1 759 540平方公里，人口数量约为627.84万人，GDP总计291.53亿美元，人均GDP约为4643.30美元，人类发展指数为0.72。

（二）利比亚可持续发展能力的资产负债分析

对利比亚可持续发展能力的总资产负债水平进行分析，总资产累计得分为86.15，相对资产为44.64%，资产评估系数为0.45。同时，负债累计得分为–106.85，相对负债为–55.36%，负债评估系数为–0.56。总的相对净资产为–10.73%（表6-2）。五大子系统的分项资产负债分析结果如下（图6-30）：

（1）生存支持系统：资产累计得分为118.20，相对资产为61.24%；负债累计得分为–74.80，相对负债为–38.76%；该项相对净资产得分为22.49%。

（2）发展支持系统：资产累计得分为87.25，相对资产为45.21%；负债累计得分为–105.75，相对负债为–54.79%；该项相对净资产得分为–9.59%。

（3）环境支持系统：资产累计得分为38.20，相对资产为19.79%；负债累计得分为–154.80，相对负债为–80.21%；该项相对净资产得分为–60.41%。

（4）社会支持系统：资产累计得分为104.20，相对资产为53.99%；负债累计得分为–88.80，相对负债为–46.01%；该项相对净资产得分为7.98%。

（5）智力支持系统：资产累计得分为71.00，相对资产为36.79%；负债累计得分为–122.00，相对负债为–63.21%；该项相对净资产得分为–26.42%。

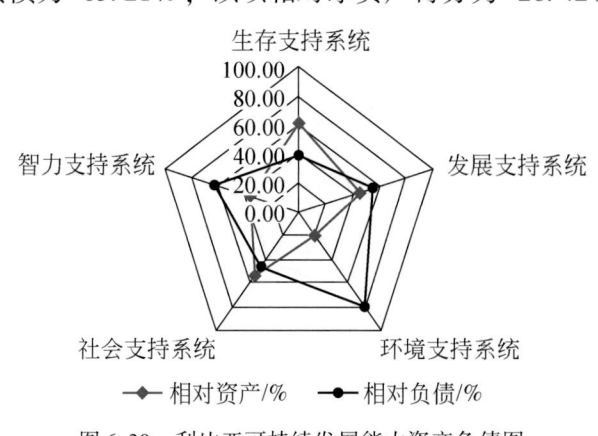

图6-30 利比亚可持续发展能力资产负债图

二十八、毛里求斯资产负债分析

(一) 国家概况

毛里求斯（中文全称：毛里求斯共和国，英文名称：The Republic of Mauritius），所属洲为非洲，首都路易港。土地面积约为2030平方公里，人口数量约为126.26万人，GDP总计115.11亿美元，人均GDP约为9116.80美元，人类发展指数为0.78。

(二) 毛里求斯可持续发展能力的资产负债分析

对毛里求斯可持续发展能力的总资产负债水平进行分析，总资产累计得分为81.38，相对资产为42.16%，资产评估系数为0.42。同时，负债累计得分为-111.63，相对负债为-57.84%，负债评估系数为-0.58。总的相对净资产为-15.67%（表6-2）。五大子系统的分项资产负债分析结果如下（图6-31）：

(1) 生存支持系统：资产累计得分为61.20，相对资产为31.71%；负债累计得分为-131.80，相对负债为-68.29%；该项相对净资产得分为-36.58%。

(2) 发展支持系统：资产累计得分为82.00，相对资产为42.49%；负债累计得分为-111.00，相对负债为-57.51%；该项相对净资产得分为-15.03%。

(3) 环境支持系统：资产累计得分为78.20，相对资产为40.52%；负债累计得分为-114.80，相对负债为-59.48%；该项相对净资产得分为-18.96%。

(4) 社会支持系统：资产累计得分为99.00，相对资产为51.30%；负债累计得分为-94.00，相对负债为-48.70%；该项相对净资产得分为2.59%。

(5) 智力支持系统：资产累计得分为87.75，相对资产为45.47%；负债累计得分为-105.25，相对负债为-54.53%；该项相对净资产得分为-9.07%。

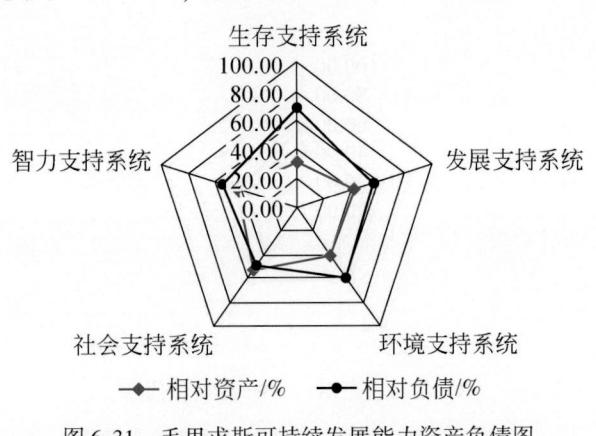

图6-31 毛里求斯可持续发展能力资产负债图

二十九、摩洛哥资产负债分析

(一) 国家概况

摩洛哥（中文全称：摩洛哥王国，英文名称：The Kingdom of Morocco），所属洲为非洲，首都拉巴特。土地面积约为446 300平方公里，人口数量约为3437.75万人，GDP总计1003.60亿美元，人均GDP约为2871.50美元，人类发展指数为0.63。

(二) 摩洛哥可持续发展能力的资产负债分析

对摩洛哥可持续发展能力的总资产负债水平进行分析，总资产累计得分为87.81，相对资产为45.50%，资产评估系数为0.46。同时，负债累计得分为-105.19，相对负债为-54.50%，负债评估系数为-0.55。总的相对净资产为-9.01%（表6-2）。五大子系统的分项资产负债分析结果如下（图6-32）：

(1) 生存支持系统：资产累计得分为83.20，相对资产为43.11%；负债累计得分为-109.80，相对负债为-56.89%；该项相对净资产得分为-13.78%。

(2) 发展支持系统：资产累计得分为100.60，相对资产为52.12%；负债累计得分为-92.40，相对负债为-47.88%；该项相对净资产得分为4.25%。

(3) 环境支持系统：资产累计得分为75.20，相对资产为38.96%；负债累计得分为-117.80，相对负债为-61.04%；该项相对净资产得分为-22.07%。

(4) 社会支持系统：资产累计得分为78.50，相对资产为40.67%；负债累计得分为-114.50，相对负债为-59.33%；该项相对净资产得分为-18.65%。

(5) 智力支持系统：资产累计得分为103.40，相对资产为53.58%；负债累计得分为-89.60，相对负债为-46.42%；该项相对净资产得分为7.15%。

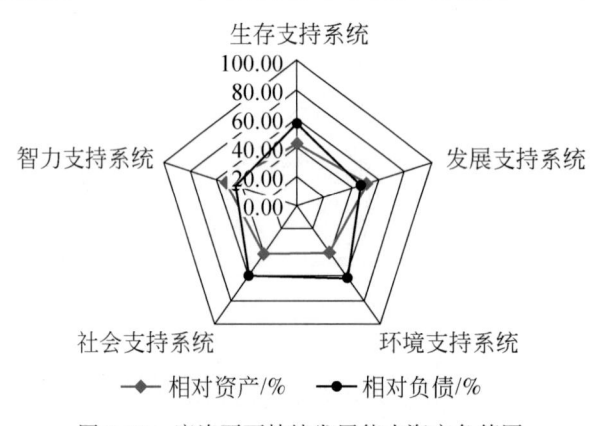

图6-32 摩洛哥可持续发展能力资产负债图

三十、莫桑比克资产负债分析

(一) 国家概况

莫桑比克（中文全称：莫桑比克共和国，英文名称：The Republic of Mozambique），所属洲为非洲，首都马普托。土地面积约为 786 380 平方公里，人口数量约为 2797.79 万人，GDP 总计 146.89 亿美元，人均 GDP 约为 525.00 美元，人类发展指数为 0.42。

(二) 莫桑比克可持续发展能力的资产负债分析

对莫桑比克可持续发展能力的总资产负债水平进行分析，总资产累计得分为 89.36，相对资产为 46.30%，资产评估系数为 0.47。同时，负债累计得分为 -103.64，相对负债为 -53.70%，负债评估系数为 -0.54。总的相对净资产为 -7.40%（表 6-2）。五大子系统的分项资产负债分析结果如下（图 6-33）：

(1) 生存支持系统：资产累计得分为 125.00，相对资产为 64.77%；负债累计得分为 -68.00，相对负债为 -35.23%；该项相对净资产得分为 29.53%。

(2) 发展支持系统：资产累计得分为 88.00，相对资产为 45.60%；负债累计得分为 -105.00，相对负债为 -54.40%；该项相对净资产得分为 -8.81%。

(3) 环境支持系统：资产累计得分为 154.60，相对资产为 80.10%；负债累计得分为 -38.40，相对负债为 -19.90%；该项相对净资产得分为 60.21%。

(4) 社会支持系统：资产累计得分为 23.83，相对资产为 12.35%；负债累计得分为 -169.17，相对负债为 -87.65%；该项相对净资产得分为 -75.30%。

(5) 智力支持系统：资产累计得分为 63.25，相对资产为 32.77%；负债累计得分为 -129.75，相对负债为 -67.23%；该项相对净资产得分为 -34.46%。

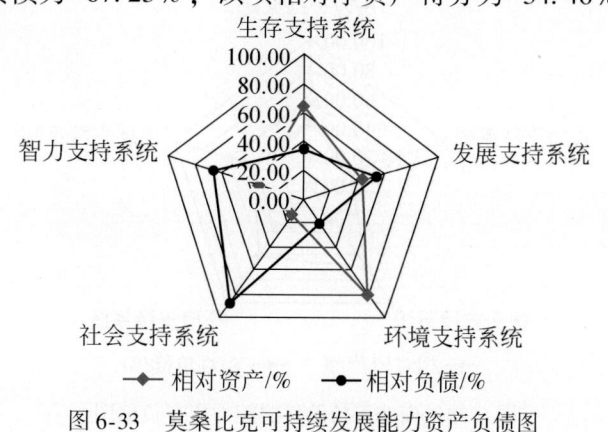

图 6-33 莫桑比克可持续发展能力资产负债图

三十一、南非资产负债分析

(一) 国家概况

南非（中文全称：南非共和国，英文名称：The Republic of South Africa），所属洲为非洲，首都茨瓦内。土地面积约为 1 213 090 平方公里，人口数量约为 5495.69 万人，GDP 总计 3127.98 亿美元，人均 GDP 约为 5691.70 美元，人类发展指数为 0.67。

(二) 南非可持续发展能力的资产负债分析

对南非可持续发展能力的总资产负债水平进行分析，总资产累计得分为 94.60，相对资产为 49.02%，资产评估系数为 0.49。同时，负债累计得分为 -98.40，相对负债为 -50.98%，负债评估系数为 -0.51。总的相对净资产为 -1.97%（表 6-2）。五大子系统的分项资产负债分析结果如下（图 6-34）：

(1) 生存支持系统：资产累计得分为 108.40，相对资产为 56.17%；负债累计得分为 -84.60，相对负债为 -43.83%；该项相对净资产得分为 12.33%。

(2) 发展支持系统：资产累计得分为 114.00，相对资产为 59.07%；负债累计得分为 -79.00，相对负债为 -40.93%；该项相对净资产得分为 18.13%。

(3) 环境支持系统：资产累计得分为 75.40，相对资产为 39.07%；负债累计得分为 -117.60，相对负债为 -60.93%；该项相对净资产得分为 -21.87%。

(4) 社会支持系统：资产累计得分为 57.83，相对资产为 29.97%；负债累计得分为 -135.17，相对负债为 -70.03%；该项相对净资产得分为 -40.07%。

(5) 智力支持系统：资产累计得分为 132.25，相对资产为 68.52%；负债累计得分为 -60.75，相对负债为 -31.48%；该项相对净资产得分为 37.05%。

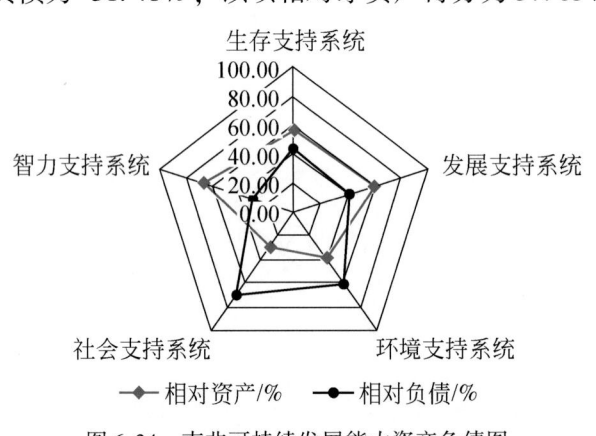

图 6-34 南非可持续发展能力资产负债图

三十二、尼日利亚资产负债分析

(一) 国家概况

尼日利亚(中文全称：尼日利亚联邦共和国，英文名称：Federal Republic of Nigeria)，所属洲为非洲，首都阿布贾。土地面积约为 910 770 平方公里，人口数量约为 18 220.20 万人，GDP 总计 4810.66 亿美元，人均 GDP 约为 2640.30 美元，人类发展指数为 0.51。

(二) 尼日利亚可持续发展能力的资产负债分析

对尼日利亚可持续发展能力的总资产负债水平进行分析，总资产累计得分为 76.68，相对资产为 39.73%，资产评估系数为 0.40。同时，负债累计得分为-116.32，相对负债为-60.27%，负债评估系数为-0.61。总的相对净资产为-20.54% (表 6-2)。五大子系统的分项资产负债分析结果如下 (图 6-35)：

(1) 生存支持系统：资产累计得分为 81.80，相对资产为 42.38%；负债累计得分为-111.20，相对负债为-57.62%；该项相对净资产得分为-15.23%。

(2) 发展支持系统：资产累计得分为 100.60，相对资产为 52.12%；负债累计得分为-92.40，相对负债为-47.88%；该项相对净资产得分为 4.25%。

(3) 环境支持系统：资产累计得分为 84.40，相对资产为 43.73%；负债累计得分为-108.60，相对负债为-56.27%；该项相对净资产得分为-12.54%。

(4) 社会支持系统：资产累计得分为 49.80，相对资产为 25.80%；负债累计得分为-143.20，相对负债为-74.20%；该项相对净资产得分为-48.39%。

(5) 智力支持系统：资产累计得分为 52.00，相对资产为 26.94%；负债累计得分为-141.00，相对负债为-73.06%；该项相对净资产得分为-46.11%。

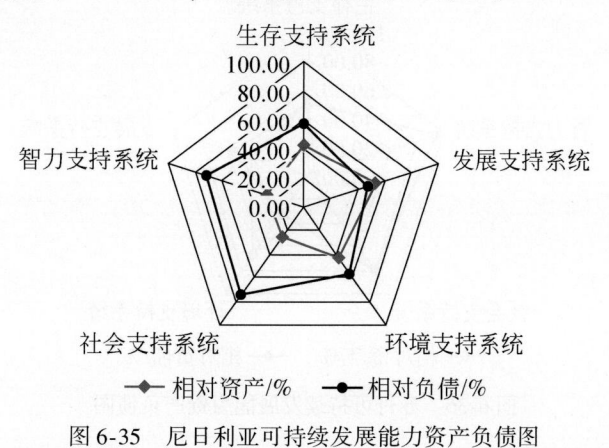

图 6-35 尼日利亚可持续发展能力资产负债图

三十三、苏丹资产负债分析

(一) 国家概况

苏丹（中文全称：苏丹共和国，英文名称：The Republic of Sudan），所属洲为非洲，首都喀土穆。土地面积约为 2 376 000 平方公里，人口数量约为 4023.49 万人，GDP 总计 840.67 亿美元，人均 GDP 约为 2089.40 美元，人类发展指数为 0.48。

(二) 苏丹可持续发展能力的资产负债分析

对苏丹可持续发展能力的总资产负债水平进行分析，总资产累计得分为 73.05，相对资产为 37.85%，资产评估系数为 0.38。同时，负债累计得分为 -119.95，相对负债为 -62.15%，负债评估系数为 -0.62。总的相对净资产为 -24.30%（表 6-2）。五大子系统的分项资产负债分析结果如下（图 6-36）：

(1) 生存支持系统：资产累计得分为 94.75，相对资产为 49.09%；负债累计得分为 -98.25，相对负债为 -50.91%；该项相对净资产得分为 -1.81%。

(2) 发展支持系统：资产累计得分为 83.20，相对资产为 43.11%；负债累计得分为 -109.80，相对负债为 -56.89%；该项相对净资产得分为 -13.78%。

(3) 环境支持系统：资产累计得分为 130.25，相对资产为 67.49%；负债累计得分为 -62.75，相对负债为 -32.51%；该项相对净资产得分为 34.97%。

(4) 社会支持系统：资产累计得分为 37.80，相对资产为 19.59%；负债累计得分为 -155.20，相对负债为 -80.41%；该项相对净资产得分为 -60.83%。

(5) 智力支持系统：资产累计得分为 9.67，相对资产为 5.01%；负债累计得分为 -183.33，相对负债为 -94.99%；该项相对净资产得分为 -89.98%。

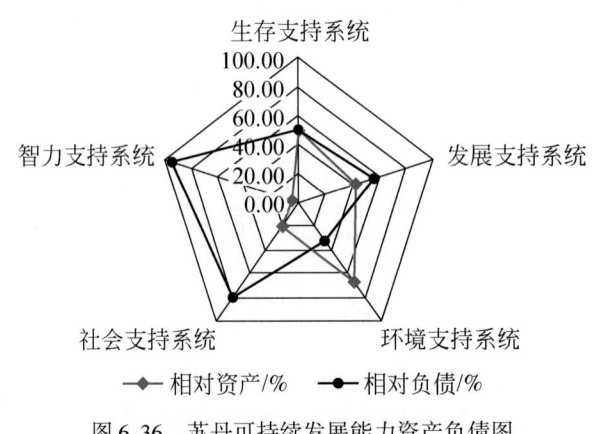

图 6-36 苏丹可持续发展能力资产负债图

三十四、中非资产负债分析

(一) 国家概况

中非（中文全称：中非共和国，英文名称：The Central African Republic），所属洲为非洲，首都班吉。土地面积约为 622 980 平方公里，人口数量约为 490.03 万人，GDP 总计 15.03 亿美元，人均 GDP 约为 306.80 美元，人类发展指数为 0.35。

(二) 中非可持续发展能力的资产负债分析

对中非可持续发展能力的总资产负债水平进行分析，总资产累计得分为 75.00，相对资产为 38.86%，资产评估系数为 0.39。同时，负债累计得分为 -118.00，相对负债为 -61.14%，负债评估系数为 -0.61。总的相对净资产为 -22.28%（表 6-2）。五大子系统的分项资产负债分析结果如下（图 6-37）：

(1) 生存支持系统：资产累计得分为 157.75，相对资产为 81.74%；负债累计得分为 -35.25，相对负债为 -18.26%；该项相对净资产得分为 63.47%。

(2) 发展支持系统：资产累计得分为 9.67，相对资产为 5.01%；负债累计得分为 -183.33，相对负债为 -94.99%；该项相对净资产得分为 -89.98%。

(3) 环境支持系统：资产累计得分为 180.33，相对资产为 93.44%；负债累计得分为 -12.67，相对负债为 -6.56%；该项相对净资产得分为 86.87%。

(4) 社会支持系统：资产累计得分为 20.17，相对资产为 10.45%；负债累计得分为 -172.83，相对负债为 -89.55%；该项相对净资产得分为 -79.10%。

(5) 智力支持系统：资产累计得分为 14.00，相对资产为 7.25%；负债累计得分为 -179.00，相对负债为 -92.75%；该项相对净资产得分为 -85.49%。

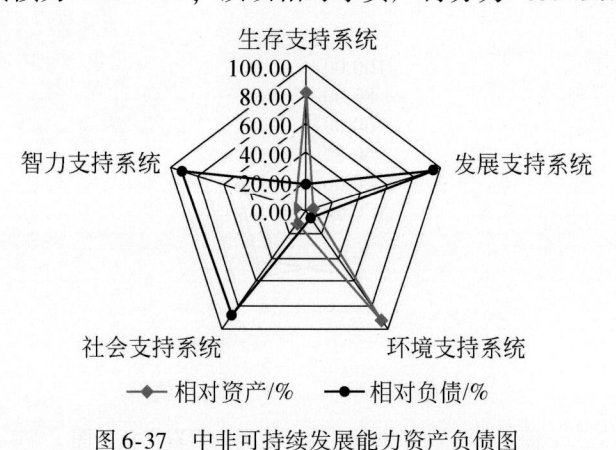

图 6-37 中非可持续发展能力资产负债图

三十五、洪都拉斯资产负债分析

（一）国家概况

洪都拉斯（中文全称：洪都拉斯共和国，英文名称：Republic of Honduras），所属洲为北美洲，首都特古西加尔巴。土地面积约为 111 890 平方公里，人口数量约为 807.51 万人，GDP 总计 201.52 亿美元，人均 GDP 约为 2495.60 美元，人类发展指数为 0.61。

（二）洪都拉斯可持续发展能力的资产负债分析

对洪都拉斯可持续发展能力的总资产负债水平进行分析，总资产累计得分为 94.48，相对资产为 48.95%，资产评估系数为 0.49。同时，负债累计得分为-98.52，相对负债为-51.05%，负债评估系数为-0.51。总的相对净资产为-2.10%（表6-2）。五大子系统的分项资产负债分析结果如下（图6-38）：

（1）生存支持系统：资产累计得分为 99.60，相对资产为 51.61%；负债累计得分为-93.40，相对负债为-48.39%；该项相对净资产得分为 3.21%。

（2）发展支持系统：资产累计得分为 99.60，相对资产为 51.61%；负债累计得分为-93.40，相对负债为-48.39%；该项相对净资产得分为 3.21%。

（3）环境支持系统：资产累计得分为 108.00，相对资产为 55.96%；负债累计得分为-85.00，相对负债为-44.04%；该项相对净资产得分为 11.92%。

（4）社会支持系统：资产累计得分为 83.00，相对资产为 43.01%；负债累计得分为-110.00，相对负债为-56.99%；该项相对净资产得分为-13.99%。

（5）智力支持系统：资产累计得分为 69.50，相对资产为 36.01%；负债累计得分为-123.50，相对负债为-63.99%；该项相对净资产得分为-27.98%。

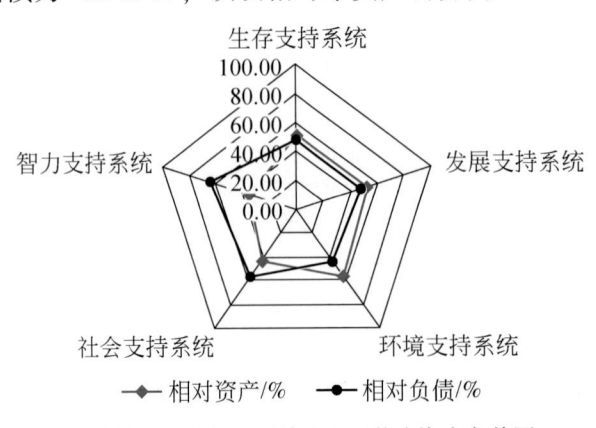

图6-38 洪都拉斯可持续发展能力资产负债图

三十六、加拿大资产负债分析

(一) 国家概况

加拿大（中文全称：加拿大，英文名称：Canada），所属洲为北美洲，首都渥太华。土地面积约为 9 093 510 平方公里，人口数量约为 3585.18 万人，GDP 总计 15 505.37 亿美元，人均 GDP 约为 43 248.50 美元，人类发展指数为 0.91。

(二) 加拿大可持续发展能力的资产负债分析

对加拿大可持续发展能力的总资产负债水平进行分析，总资产累计得分为 136.54，相对资产为 70.75%，资产评估系数为 0.71。同时，负债累计得分为-56.46，相对负债为-29.25%，负债评估系数为-0.29。总的相对净资产为 41.49%（表 6-2）。五大子系统的分项资产负债分析结果如下（图 6-39）：

(1) 生存支持系统：资产累计得分为 177.80，相对资产为 92.12%；负债累计得分为-15.20，相对负债为-7.88%；该项相对净资产得分为 84.25%。

(2) 发展支持系统：资产累计得分为 111.00，相对资产为 57.51%；负债累计得分为-82.00，相对负债为-42.49%；该项相对净资产得分为 15.03%。

(3) 环境支持系统：资产累计得分为 90.80，相对资产为 47.05%；负债累计得分为-102.20，相对负债为-52.95%；该项相对净资产得分为-5.91%。

(4) 社会支持系统：资产累计得分为 157.00，相对资产为 81.35%；负债累计得分为-36.00，相对负债为-18.65%；该项相对净资产得分为 62.69%。

(5) 智力支持系统：资产累计得分为 142.00，相对资产为 73.58%；负债累计得分为-51.00，相对负债为-26.42%；该项相对净资产得分为 47.15%。

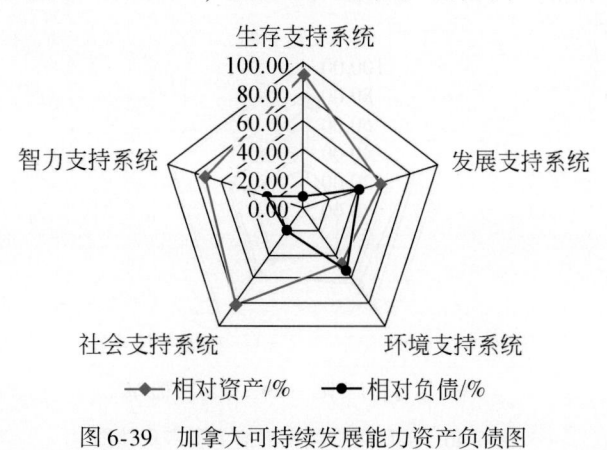

图 6-39 加拿大可持续发展能力资产负债图

三十七、美国资产负债分析

(一) 国家概况

美国（中文全称：美利坚合众国，英文名称：The United States of America），所属洲为北美洲，首都华盛顿。土地面积约为 9 147 420 平方公里，人口数量约为 32 141.88 万人，GDP 总计 179 469.96 亿美元，人均 GDP 约为 55 836.80 美元，人类发展指数为 0.91。

(二) 美国可持续发展能力的资产负债分析

对美国可持续发展能力的总资产负债水平进行分析，总资产累计得分为 125.56，相对资产为 65.06%，资产评估系数为 0.65。同时，负债累计得分为-67.44，相对负债为-34.94%，负债评估系数为-0.35。总的相对净资产为 30.11%（表6-2）。五大子系统的分项资产负债分析结果如下（图6-40）：

(1) 生存支持系统：资产累计得分为 138.40，相对资产为 71.71%；负债累计得分为-54.60，相对负债为-28.29%；该项相对净资产得分为 43.42%。

(2) 发展支持系统：资产累计得分为 108.60，相对资产为 56.27%；负债累计得分为-84.40，相对负债为-43.73%；该项相对净资产得分为 12.54%。

(3) 环境支持系统：资产累计得分为 108.00，相对资产为 55.96%；负债累计得分为-85.00，相对负债为-44.04%；该项相对净资产得分为 11.92%。

(4) 社会支持系统：资产累计得分为 122.80，相对资产为 63.63%；负债累计得分为-70.20，相对负债为-36.37%；该项相对净资产得分为 27.25%。

(5) 智力支持系统：资产累计得分为 150.00，相对资产为 77.72%；负债累计得分为-43.00，相对负债为-22.28%；该项相对净资产得分为 55.44%。

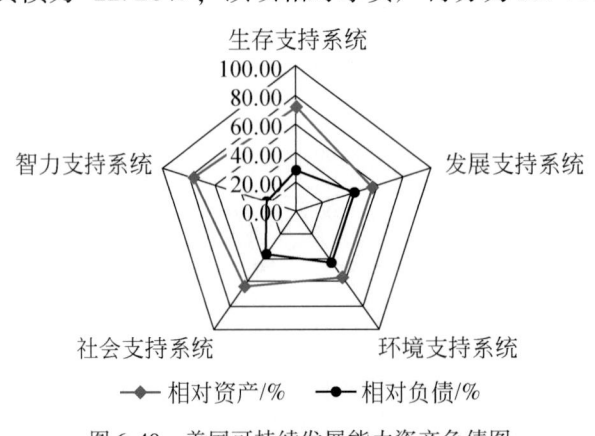

图 6-40 美国可持续发展能力资产负债图

三十八、墨西哥资产负债分析

(一) 国家概况

墨西哥（中文全称：墨西哥合众国，英文名称：The United States of Mexico），所属洲为北美洲，首都墨西哥城。土地面积约为 1 943 950 平方公里，人口数量约为 12 701.72 万人，GDP 总计 11 443.31 亿美元，人均 GDP 约为 9009.30 美元，人类发展指数为 0.76。

(二) 墨西哥可持续发展能力的资产负债分析

对墨西哥可持续发展能力的总资产负债水平进行分析，总资产累计得分为 106.54，相对资产为 55.20%，资产评估系数为 0.55。同时，负债累计得分为 -86.46，相对负债为 -44.80%，负债评估系数为 -0.45。总的相对净资产为 10.40%（表 6-2）。五大子系统的分项资产负债分析结果如下（图 6-41）：

(1) 生存支持系统：资产累计得分为 112.00，相对资产为 58.03%；负债累计得分为 -81.00，相对负债为 -41.97%；该项相对净资产得分为 16.06%。

(2) 发展支持系统：资产累计得分为 108.20，相对资产为 56.06%；负债累计得分为 -84.80，相对负债为 -43.94%；该项相对净资产得分为 12.12%。

(3) 环境支持系统：资产累计得分为 92.80，相对资产为 48.08%；负债累计得分为 -100.20，相对负债为 -51.92%；该项相对净资产得分为 -3.83%。

(4) 社会支持系统：资产累计得分为 112.33，相对资产为 58.20%；负债累计得分为 -80.67，相对负债为 -41.80%；该项相对净资产得分为 16.41%。

(5) 智力支持系统：资产累计得分为 106.20，相对资产为 55.03%；负债累计得分为 -86.80，相对负债为 -44.97%；该项相对净资产得分为 10.05%。

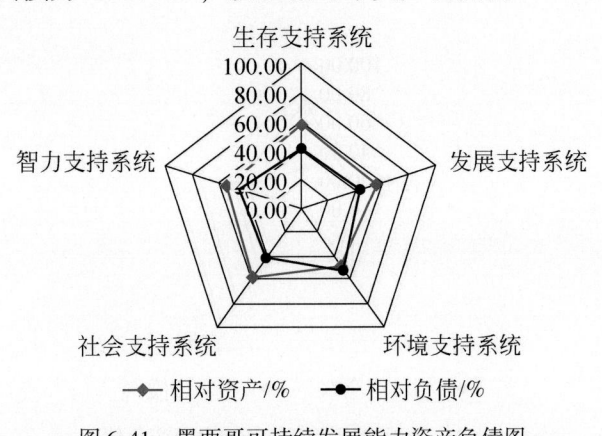

图 6-41 墨西哥可持续发展能力资产负债图

三十九、牙买加资产负债分析

(一) 国家概况

牙买加（中文全称：牙买加，英文名称：Jamaica），所属洲为北美洲，首都金斯敦。土地面积约为10 830平方公里，人口数量约为272.59万人，GDP总计140.06亿美元，人均GDP约为5137.90美元，人类发展指数为0.72。

(二) 牙买加可持续发展能力的资产负债分析

对牙买加可持续发展能力的总资产负债水平进行分析，总资产累计得分为85.29，相对资产为44.19%，资产评估系数为0.44。同时，负债累计得分为-107.71，相对负债为-55.81%，负债评估系数为-0.56。总的相对净资产为-11.61%（表6-2）。五大子系统的分项资产负债分析结果如下（图6-42）：

(1) 生存支持系统：资产累计得分为53.60，相对资产为27.77%；负债累计得分为-139.40，相对负债为-72.23%；该项相对净资产得分为-44.46%。

(2) 发展支持系统：资产累计得分为92.20，相对资产为47.77%；负债累计得分为-100.80，相对负债为-52.23%；该项相对净资产得分为-4.46%。

(3) 环境支持系统：资产累计得分为88.40，相对资产为45.80%；负债累计得分为-104.60，相对负债为-54.20%；该项相对净资产得分为-8.39%。

(4) 社会支持系统：资产累计得分为85.83，相对资产为44.47%；负债累计得分为-107.17，相对负债为-55.53%；该项相对净资产得分为-11.05%。

(5) 智力支持系统：资产累计得分为120.33，相对资产为62.35%；负债累计得分为-72.67，相对负债为-37.65%；该项相对净资产得分为24.70%。

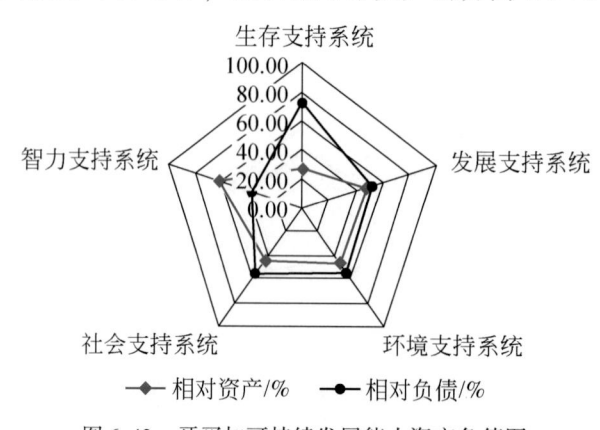

图6-42 牙买加可持续发展能力资产负债图

四十、阿根廷资产负债分析

(一) 国家概况

阿根廷（中文全称：阿根廷共和国，英文名称：The Republic of Argentina），所属洲为南美洲，首都布宜诺斯艾利斯。土地面积约为 2 736 690 平方公里，人口数量约为 4341.68 万人，GDP 总计 5380.00 亿美元，人均 GDP 约为 12 509.53 美元，人类发展指数为 0.84。

(二) 阿根廷可持续发展能力的资产负债分析

对阿根廷可持续发展能力的总资产负债水平进行分析，总资产累计得分为 117.84，相对资产为 61.06%，资产评估系数为 0.61。同时，负债累计得分为 -75.16，相对负债为 -38.94%，负债评估系数为 -0.39。总的相对净资产为 22.11%（表6-2）。五大子系统的分项资产负债分析结果如下（图6-43）：

（1）生存支持系统：资产累计得分为 146.80，相对资产为 76.06%；负债累计得分为 -46.20，相对负债为 -23.94%；该项相对净资产得分为 52.12%。

（2）发展支持系统：资产累计得分为 117.75，相对资产为 61.01%；负债累计得分为 -75.25，相对负债为 -38.99%；该项相对净资产得分为 22.02%。

（3）环境支持系统：资产累计得分为 91.40，相对资产为 47.36%；负债累计得分为 -101.60，相对负债为 -52.64%；该项相对净资产得分为 -5.28%。

（4）社会支持系统：资产累计得分为 107.00，相对资产为 55.44%；负债累计得分为 -86.00，相对负债为 -44.56%；该项相对净资产得分为 10.88%。

（5）智力支持系统：资产累计得分为 128.40，相对资产为 66.53%；负债累计得分为 -64.60，相对负债为 -33.47%；该项相对净资产得分为 33.06%。

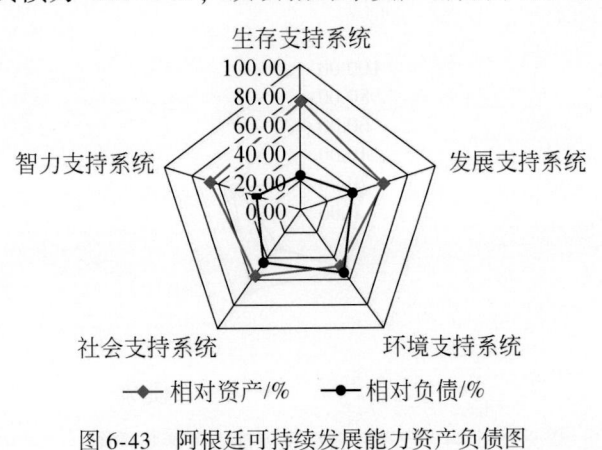

图 6-43 阿根廷可持续发展能力资产负债图

四十一、巴西资产负债分析

(一) 国家概况

巴西（中文全称：巴西联邦共和国，英文名称：The Federative Republic of Brazil），所属洲为南美洲，首都巴西利亚。土地面积约为 8 358 140 平方公里，人口数量约为 20 784.75 万人，GDP 总计 17 747.25 亿美元，人均 GDP 约为 8538.60 美元，人类发展指数为 0.76。

(二) 巴西可持续发展能力的资产负债分析

对巴西可持续发展能力的总资产负债水平进行分析，总资产累计得分为 116.46，相对资产为 60.34%，资产评估系数为 0.61。同时，负债累计得分为 -76.54，相对负债为 -39.66%，负债评估系数为 -0.40。总的相对净资产为 20.69%（表6-2）。五大子系统的分项资产负债分析结果如下（图6-44）：

(1) 生存支持系统：资产累计得分为 148.00，相对资产为 76.68%；负债累计得分为 -45.00，相对负债为 -23.32%；该项相对净资产得分为 53.37%。

(2) 发展支持系统：资产累计得分为 98.80，相对资产为 51.19%；负债累计得分为 -94.20，相对负债为 -48.81%；该项相对净资产得分为 2.38%。

(3) 环境支持系统：资产累计得分为 131.20，相对资产为 67.98%；负债累计得分为 -61.80，相对负债为 -32.02%；该项相对净资产得分为 35.96%。

(4) 社会支持系统：资产累计得分为 97.67，相对资产为 50.60%；负债累计得分为 -95.33，相对负债为 -49.40%；该项相对净资产得分为 1.21%。

(5) 智力支持系统：资产累计得分为 110.40，相对资产为 57.20%；负债累计得分为 -82.60，相对负债为 -42.80%；该项相对净资产得分为 14.40%。

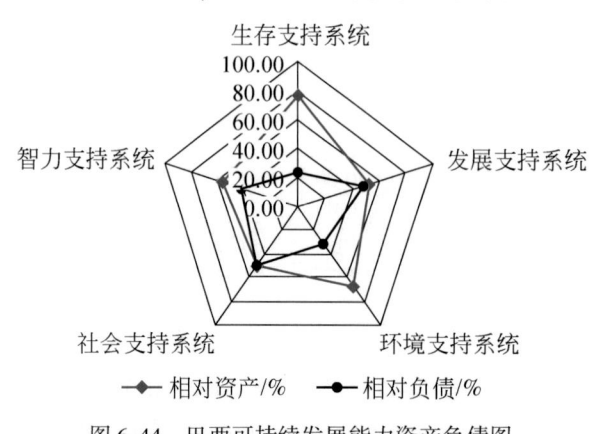

图6-44 巴西可持续发展能力资产负债图

四十二、哥伦比亚资产负债分析

(一) 国家概况

哥伦比亚（中文全称：哥伦比亚共和国，英文名称：The Republic of Colombia），所属洲为南美洲，首都圣菲波哥大。土地面积约为1 109 500平方公里，人口数量约为4822.87万人，GDP总计2920.80亿美元，人均GDP约为6056.10美元，人类发展指数为0.72。

(二) 哥伦比亚可持续发展能力的资产负债分析

对哥伦比亚可持续发展能力的总资产负债水平进行分析，总资产累计得分为97.40，相对资产为50.47%，资产评估系数为0.51。同时，负债累计得分为-95.60，相对负债为-49.53%，负债评估系数为-0.50。总的相对净资产为0.93%（表6-2）。五大子系统的分项资产负债分析结果如下（图6-45）：

(1) 生存支持系统：资产累计得分为109.60，相对资产为56.79%；负债累计得分为-83.40，相对负债为-43.21%；该项相对净资产得分为13.58%。

(2) 发展支持系统：资产累计得分为107.00，相对资产为55.44%；负债累计得分为-86.00，相对负债为-44.56%；该项相对净资产得分为10.88%。

(3) 环境支持系统：资产累计得分为113.40，相对资产为58.76%；负债累计得分为-79.60，相对负债为-41.24%；该项相对净资产得分为17.51%。

(4) 社会支持系统：资产累计得分为82.17，相对资产为42.57%；负债累计得分为-110.83，相对负债为-57.43%；该项相对净资产得分为-14.85%。

(5) 智力支持系统：资产累计得分为73.00，相对资产为37.82%；负债累计得分为-120.00，相对负债为-62.18%；该项相对净资产得分为-24.35%。

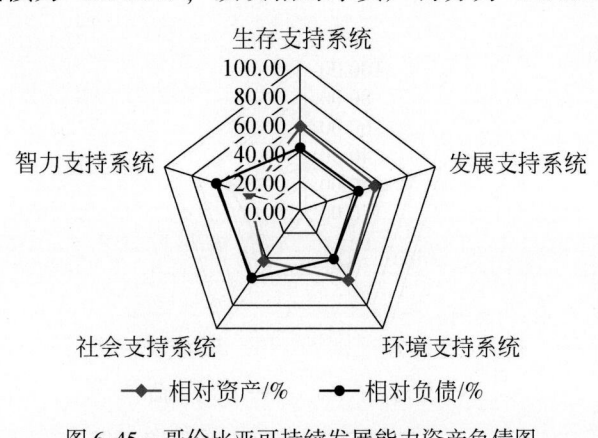

图6-45 哥伦比亚可持续发展能力资产负债图

四十三、秘鲁资产负债分析

（一）国家概况

秘鲁（中文全称：秘鲁共和国，英文名称：The Republic of Peru），所属洲为南美洲，首都利马。土地面积约为 1 280 000 平方公里，人口数量约为 3137.67 万人，GDP 总计 1920.84 亿美元，人均 GDP 约为 6121.90 美元，人类发展指数为 0.73。

（二）秘鲁可持续发展能力的资产负债分析

对秘鲁可持续发展能力的总资产负债水平进行分析，总资产累计得分为 102.58，相对资产为 53.15%，资产评估系数为 0.53。同时，负债累计得分为 -90.42，相对负债为 -46.85%，负债评估系数为 -0.47。总的相对净资产为 6.30%（表 6-2）。五大子系统的分项资产负债分析结果如下（图 6-46）：

（1）生存支持系统：资产累计得分为 133.20，相对资产为 69.02%；负债累计得分为 -59.80，相对负债为 -30.98%；该项相对净资产得分为 38.03%。

（2）发展支持系统：资产累计得分为 86.50，相对资产为 44.82%；负债累计得分为 -106.50，相对负债为 -55.18%；该项相对净资产得分为 -10.36%。

（3）环境支持系统：资产累计得分为 108.20，相对资产为 56.06%；负债累计得分为 -84.80，相对负债为 -43.94%；该项相对净资产得分为 12.12%。

（4）社会支持系统：资产累计得分为 99.67，相对资产为 51.64%；负债累计得分为 -93.33，相对负债为 -48.36%；该项相对净资产得分为 3.28%。

（5）智力支持系统：资产累计得分为 77.75，相对资产为 40.28%；负债累计得分为 -115.25，相对负债为 -59.72%；该项相对净资产得分为 -19.43%。

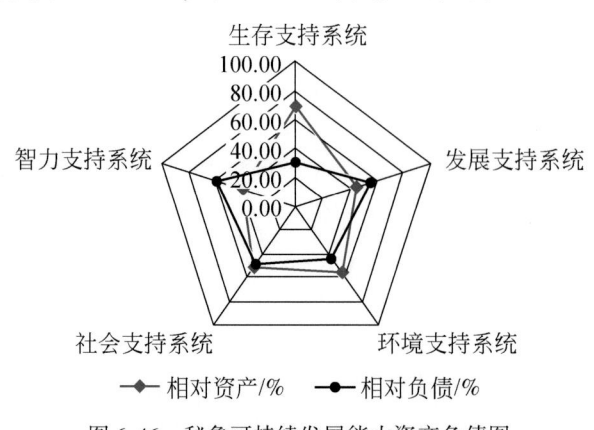

图 6-46　秘鲁可持续发展能力资产负债图

四十四、委内瑞拉资产负债分析

（一）国家概况

委内瑞拉（中文全称：委内瑞拉玻利瓦尔共和国，英文名称：Bolivarian Republic of Venezuela），所属洲为南美洲，首都加拉加斯。土地面积约为882 050平方公里，人口数量约为3110.81万人，GDP总计3810.00亿美元，人均GDP约为12 771.60美元，人类发展指数为0.76。

（二）委内瑞拉可持续发展能力的资产负债分析

对委内瑞拉可持续发展能力的总资产负债水平进行分析，总资产累计得分为107.60，相对资产为55.75%，资产评估系数为0.56。同时，负债累计得分为-85.40，相对负债为-44.25%，负债评估系数为-0.44。总的相对净资产为11.50%（表6-2）。五大子系统的分项资产负债分析结果如下（图6-47）：

（1）生存支持系统：资产累计得分为132.60，相对资产为68.70%；负债累计得分为-60.40，相对负债为-31.30%；该项相对净资产得分为37.41%。

（2）发展支持系统：资产累计得分为101.67，相对资产为52.68%；负债累计得分为-91.33，相对负债为-47.32%；该项相对净资产得分为5.35%。

（3）环境支持系统：资产累计得分为101.50，相对资产为52.59%；负债累计得分为-91.50，相对负债为-47.41%；该项相对净资产得分为5.18%。

（4）社会支持系统：资产累计得分为85.80，相对资产为44.46%；负债累计得分为-107.20，相对负债为-55.54%；该项相对净资产得分为-11.09%。

（5）智力支持系统：资产累计得分为116.33，相对资产为60.28%；负债累计得分为-76.67，相对负债为-39.72%；该项相对净资产得分为20.55%。

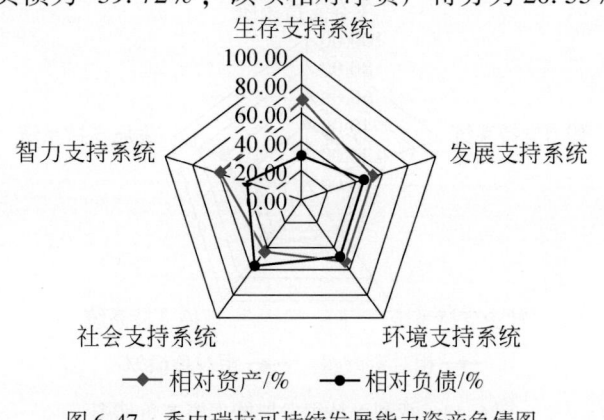

图6-47 委内瑞拉可持续发展能力资产负债图

四十五、智利资产负债分析

(一) 国家概况

智利（中文全称：智利共和国，英文名称：Republic of Chile），所属洲为南美洲，首都圣地亚哥。土地面积约为 743 532 平方公里，人口数量约为 1794.81 万人，GDP 总计 2402.16 亿美元，人均 GDP 约为 13 383.90 美元，人类发展指数为 0.83。

(二) 智利可持续发展能力的资产负债分析

对智利可持续发展能力的总资产负债水平进行分析，总资产累计得分为 107.04，相对资产为 55.46%，资产评估系数为 0.56。同时，负债累计得分为 -85.96，相对负债为 -44.54%，负债评估系数为 -0.45。总的相对净资产为 10.92%（表 6-2）。五大子系统的分项资产负债分析结果如下（图 6-48）：

（1）生存支持系统：资产累计得分为 112.80，相对资产为 58.45%；负债累计得分为 -80.20，相对负债为 -41.55%；该项相对净资产得分为 16.89%。

（2）发展支持系统：资产累计得分为 119.20，相对资产为 61.76%；负债累计得分为 -73.80，相对负债为 -38.24%；该项相对净资产得分为 23.52%。

（3）环境支持系统：资产累计得分为 88.80，相对资产为 46.01%；负债累计得分为 -104.20，相对负债为 -53.99%；该项相对净资产得分为 -7.98%。

（4）社会支持系统：资产累计得分为 112.80，相对资产为 58.45%；负债累计得分为 -80.20，相对负债为 -41.55%；该项相对净资产得分为 16.89%。

（5）智力支持系统：资产累计得分为 101.60，相对资产为 52.64%；负债累计得分为 -91.40，相对负债为 -47.36%；该项相对净资产得分为 5.28%。

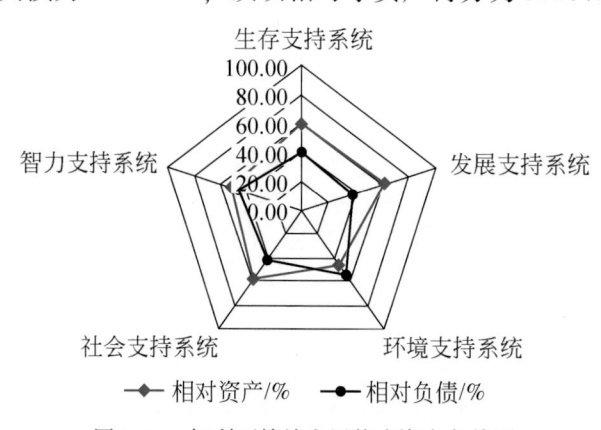

图 6-48 智利可持续发展能力资产负债图

四十六、澳大利亚资产负债分析

(一) 国家概况

澳大利亚（中文全称：澳大利亚联邦，英文名称：The Commonwealth of Australia），所属洲为大洋洲，首都堪培拉。土地面积约为 7 682 300 平方公里，人口数量约为 2378.12 万人，GDP 总计 13 395.39 亿美元，人均 GDP 约为 56 327.70 美元，人类发展指数为 0.93。

(二) 澳大利亚可持续发展能力的资产负债分析

对澳大利亚可持续发展能力的总资产负债水平进行分析，总资产累计得分为 130.15，相对资产为 67.44%，资产评估系数为 0.68。同时，负债累计得分为-62.85，相对负债为-32.56%，负债评估系数为-0.33。总的相对净资产为 34.87%（表 6-2）。五大子系统的分项资产负债分析结果如下（图 6-49）：

(1) 生存支持系统：资产累计得分为 170.00，相对资产为 88.08%；负债累计得分为-23.00，相对负债为-11.92%；该项相对净资产得分为 76.17%。

(2) 发展支持系统：资产累计得分为 120.80，相对资产为 62.59%；负债累计得分为-72.20，相对负债为-37.41%；该项相对净资产得分为 25.18%。

(3) 环境支持系统：资产累计得分为 81.80，相对资产为 42.38%；负债累计得分为-111.20，相对负债为-57.62%；该项相对净资产得分为-15.23%。

(4) 社会支持系统：资产累计得分为 122.00，相对资产为 63.21%；负债累计得分为-71.00，相对负债为-36.79%；该项相对净资产得分为 26.42%。

(5) 智力支持系统：资产累计得分为 157.80，相对资产为 81.76%；负债累计得分为-35.20，相对负债为-18.24%；该项相对净资产得分为 63.52%。

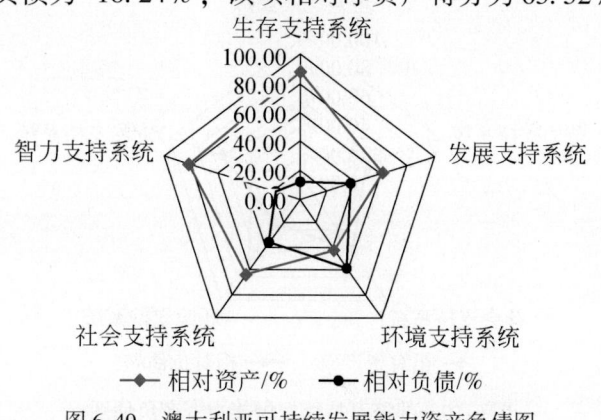

图 6-49 澳大利亚可持续发展能力资产负债图

四十七、斐济资产负债分析

(一) 国家概况

斐济（中文全称：斐济共和国，英文名称：The Republic of Fiji），所属洲为大洋洲，首都苏瓦。土地面积约为 18 270 平方公里，人口数量约为 89.21 万人，GDP 总计 43.86 亿美元，人均 GDP 约为 4916.30 美元，人类发展指数为 0.73。

(二) 斐济可持续发展能力的资产负债分析

对斐济可持续发展能力的总资产负债水平进行分析，总资产累计得分为 97.68，相对资产为 50.61%，资产评估系数为 0.51。同时，负债累计得分为 -95.32，相对负债为 -49.39%，负债评估系数为 -0.50。总的相对净资产为 1.23%（表 6-2）。五大子系统的分项资产负债分析结果如下（图 6-50）：

(1) 生存支持系统：资产累计得分为 104.75，相对资产为 54.27%；负债累计得分为 -88.25，相对负债为 -45.73%；该项相对净资产得分为 8.55%。

(2) 发展支持系统：资产累计得分为 74.33，相对资产为 38.51%；负债累计得分为 -118.67，相对负债为 -61.49%；该项相对净资产得分为 -22.97%。

(3) 环境支持系统：资产累计得分为 126.75，相对资产为 65.67%；负债累计得分为 -66.25，相对负债为 -34.33%；该项相对净资产得分为 31.35%。

(4) 社会支持系统：资产累计得分为 80.00，相对资产为 41.45%；负债累计得分为 -113.00，相对负债为 -58.55%；该项相对净资产得分为 -17.10%。

(5) 智力支持系统：资产累计得分为 102.33，相对资产为 53.02%；负债累计得分为 -90.67，相对负债为 -46.98%；该项相对净资产得分为 6.04%。

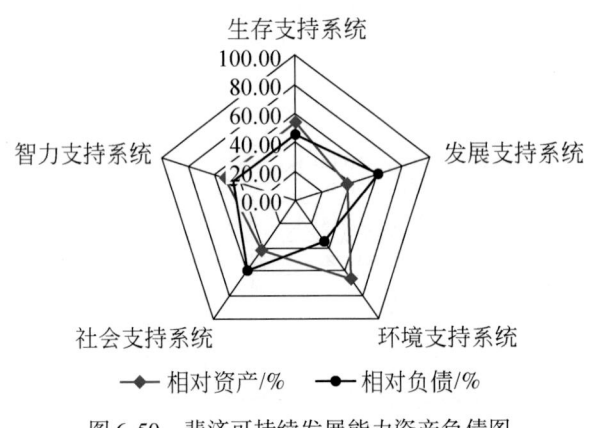

图 6-50 斐济可持续发展能力资产负债图

四十八、萨摩亚资产负债分析

(一) 国家概况

萨摩亚(中文全称:萨摩亚独立国,英文名称:The Independent State of Samoa),所属洲为大洋洲,首都阿皮亚。土地面积约为2830平方公里,人口数量约为19.32万人,GDP总计7.61亿美元,人均GDP约为3938.50美元,人类发展指数为0.70。

(二) 萨摩亚可持续发展能力的资产负债分析

对萨摩亚可持续发展能力的总资产负债水平进行分析,总资产累计得分为100.60,相对资产为52.12%,资产评估系数为0.52。同时,负债累计得分为-92.40,相对负债为-47.88%,负债评估系数为-0.48。总的相对净资产为4.25%(表6-2)。五大子系统的分项资产负债分析结果如下(图6-51):

(1) 生存支持系统:资产累计得分为73.67,相对资产为38.17%;负债累计得分为-119.33,相对负债为-61.83%;该项相对净资产得分为-23.66%。

(2) 发展支持系统:资产累计得分为74.00,相对资产为38.34%;负债累计得分为-119.00,相对负债为-61.66%;该项相对净资产得分为-23.32%。

(3) 环境支持系统:资产累计得分为108.00,相对资产为55.96%;负债累计得分为-85.00,相对负债为-44.04%;该项相对净资产得分为11.92%。

(4) 社会支持系统:资产累计得分为86.67,相对资产为44.91%;负债累计得分为-106.33,相对负债为-55.09%;该项相对净资产得分为-10.19%。

(5) 智力支持系统:资产累计得分为149.33,相对资产为77.37%;负债累计得分为-43.67,相对负债为-22.63%;该项相对净资产得分为54.75%。

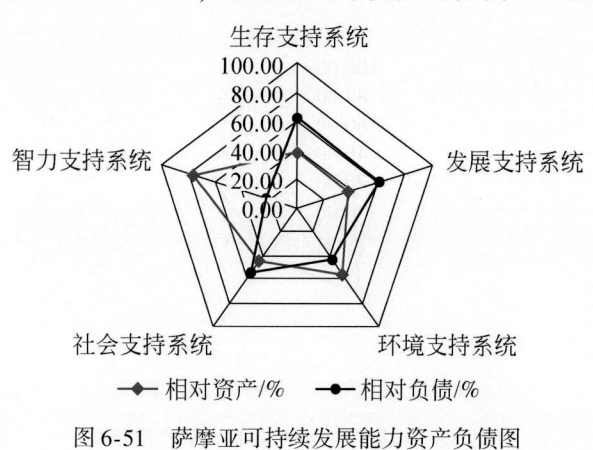

图6-51 萨摩亚可持续发展能力资产负债图

四十九、汤加资产负债分析

（一）国家概况

汤加（中文全称：汤加王国，英文名称：The Kingdom of Tonga），所属洲为大洋洲，首都努库阿洛法。土地面积约为720平方公里，人口数量约为10.62万人，GDP总计4.34亿美元，人均GDP约为4113.99美元，人类发展指数为0.72。

（二）汤加可持续发展能力的资产负债分析

对汤加可持续发展能力的总资产负债水平进行分析，总资产累计得分为91.33，相对资产为47.32%，资产评估系数为0.48。同时，负债累计得分为-101.67，相对负债为-52.68%，负债评估系数为-0.53。总的相对净资产为-5.35%（表6-2）。五大子系统的分项资产负债分析结果如下（图6-52）：

（1）生存支持系统：资产累计得分为101.00，相对资产为52.33%；负债累计得分为-92.00，相对负债为-47.67%；该项相对净资产得分为4.66%。

（2）发展支持系统：资产累计得分为69.00，相对资产为35.75%；负债累计得分为-124.00，相对负债为-64.25%；该项相对净资产得分为-28.50%。

（3）环境支持系统：资产累计得分为113.50，相对资产为58.81%；负债累计得分为-79.50，相对负债为-41.19%；该项相对净资产得分为17.62%。

（4）社会支持系统：资产累计得分为58.33，相对资产为30.22%；负债累计得分为-134.67，相对负债为-69.78%；该项相对净资产得分为-39.55%。

（5）智力支持系统：资产累计得分为115.50，相对资产为59.84%；负债累计得分为-77.50，相对负债为-40.16%；该项相对净资产得分为19.69%。

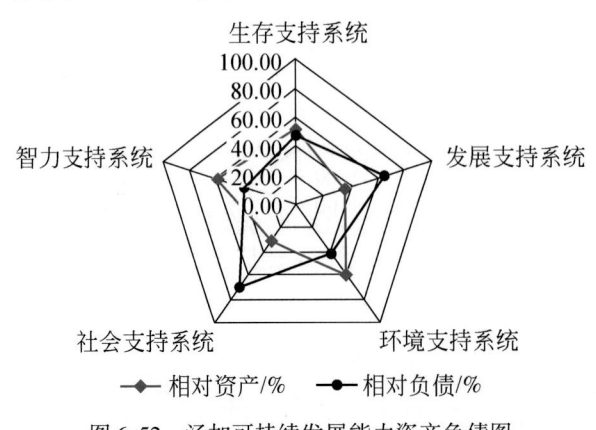

图6-52 汤加可持续发展能力资产负债图

五十、新西兰资产负债分析

(一) 国家概况

新西兰（中文全称：新西兰，英文名称：New Zealand），所属洲为大洋洲，首都惠灵顿。土地面积约为 263 310 平方公里，人口数量约为 459.57 万人，GDP 总计 1737.54 亿美元，人均 GDP 约为 37 808.00 美元，人类发展指数为 0.91。

(二) 新西兰可持续发展能力的资产负债分析

对新西兰可持续发展能力的总资产负债水平进行分析，总资产累计得分为 138.13，相对资产为 71.57%，资产评估系数为 0.72。同时，负债累计得分为 -54.88，相对负债为 -28.43%，负债评估系数为 -0.29。总的相对净资产为 43.13%（表 6-2）。五大子系统的分项资产负债分析结果如下（图 6-53）：

(1) 生存支持系统：资产累计得分为 136.40，相对资产为 70.67%；负债累计得分为 -56.60，相对负债为 -29.33%；该项相对净资产得分为 41.35%。

(2) 发展支持系统：资产累计得分为 117.80，相对资产为 61.04%；负债累计得分为 -75.20，相对负债为 -38.96%；该项相对净资产得分为 22.07%。

(3) 环境支持系统：资产累计得分为 117.00，相对资产为 60.62%；负债累计得分为 -76.00，相对负债为 -39.38%；该项相对净资产得分为 21.24%。

(4) 社会支持系统：资产累计得分为 156.75，相对资产为 81.22%；负债累计得分为 -36.25，相对负债为 -18.78%；该项相对净资产得分为 62.44%。

(5) 智力支持系统：资产累计得分为 166.40，相对资产为 86.22%；负债累计得分为 -26.60，相对负债为 -13.78%；该项相对净资产得分为 72.44%。

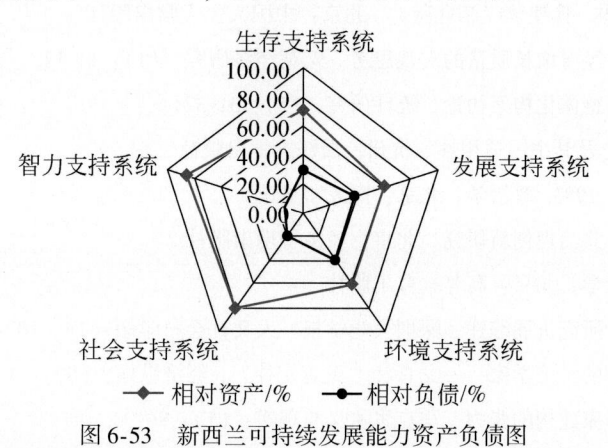

图 6-53 新西兰可持续发展能力资产负债图

参考文献

贝克,邓正来,沈国麟.2010.风险社会与中国——与德国社会学家马尔里希·贝克的对话.社会学研究,2010(5):208-231.

曹茂莲,张莉莉,查浩.2014.国内外实施绿色GDP核算的经验及启示.环境保护,42(4):63-65.

胡昌秋,胡冰.2010.环境保护概论.兰州:甘肃科学技术出版社.

贾璐宇.2014.GDP和人类发展视角下的我国经济增长与环境可持续发展.中国市场,(33):150-152.

解振华.2002.中国大百科全书·环境科学(修订版).

金永男.2012.日本低碳经济政策践行及对我国的启示.东北财经大学,硕士论文.

雷明.2000.绿色投入产出核算理论与应用.北京:北京大学出版社.

李伟,劳川奇.2006.绿色GDP核算的国际实践与启示.生态经济,(9):69-72.

林伯强,刘希颖.2010.中国城市化阶段的碳排放影响因素和减排策略.经济研究,8:66-78.

刘东生.2004.人与自然协调发展——来自环境演化研究的启示.中国科学技术协会2004年学术年会.

刘国伟.2015.各国为绿色核算绞尽脑汁绿色GDP离我们有多远.环境与生活,(5):14-21.

陆雍森.1990.环境评价.上海:同济大学出版社.

马克思.1971.《政治经济学批判》序言、导言.北京:人民出版社.

美国不列颠百科全书公司.2007.不列颠百科全书(国际中文版).北京:中国大百科全书出版社.

牛文元.2004.新型国民经济核算体系——绿色GDP.环境经济,(3):12-17.

牛文元.2013.中国科学发展报告2013.北京:科学出版社.

牛文元等.1999.中国可持续发展战略报告.北京:科学出版社.

牛文元等.2000.中国可持续发展战略报告.北京:科学出版社.

牛文元等.2015.世界可持续发展年度报告.北京:科学出版社.

潘孝军,潘新艳.2009.借鉴国外经验完善我国循环经济法律体系.资源与人居环境,(18):63-66.

孙立平.2011.走向积极的社会管理.社会学研究,(4):22-32.

石淦.2011.政府生产性支出与经济增长.重庆大学硕士学位论文.

史世伟,梁珊珊.2004.德国的绿色GDP核算.宏观经济研究,(7):63-64.

世界银行.2010.中国循环经济的发展:要点和建议(上).世界环境,(5):47-51.

斯蒂芬·P.罗宾斯.2008.管理学(第九版).北京:中国人民大学出版社.

王积业.2000.关于提高经济增长质量的宏观思考.宏观经济研究,(1):11-17.

王立彦.1992.宏观核算整体化构架初论.统计研究,(5):31-37.

王诗宗,2009.治理理论及其中国适用性.杭州:浙江大学出版社.

亚里士多德,吴寿彭译.1983.政治学.北京:商务印书馆.

杨冠琼,蔡芸.2011.公共治理创新研究.北京:经济管理出版社.

杨善林.2004.企业管理学.北京:高等教育出版社

易松国.1998.生活质量研究进展综述.深圳大学学报:人文社会科学版(1),102-109.

于俊文.1985.死后走运的经济学家——戈森和"戈森定律".经济纵横,(00):45-48.

郁建兴.2008.治理与国家建构的张力.马克思主义与现实:(1):86-93.

苑浩畅,周少燕,薛芳.2015.基于SEEA模式德国绿色GDP核算实践对我国的启示.商场现代化,

（4）：263.

张卫华，赵铭军.2005.指标无量纲化方法对综合评价结果可靠性的影响及其实证分析.统计与信息论坛，20（3）：33-36.

朱汇.2011.发达国家创造绿色GDP的经验及启示.中国外资月刊，（12）：7-9.

訾猛.2006.挪威绿色GDP核算体系及启示.经济纵横，（10）：53-55.

《环境科学大辞典》编辑委员会.1991.环境科学大辞典.北京：中国环境科学出版社.

Agarwal V, Taffler R, Brown M. 2011. Is management quality value relevant? Journal of Business Finance & Accounting, 38（9）：1184-1208

CH Loch, SE Chick, A Huchzermeier. 2008. Management quality and competitiveness：Lessons from the Industrial Excellence Award. Berlin：Springer：7-15.

Daly G C. Cobb J B. 1990. For the Common Goods：Redirecting the Economy towarol Community and A Sustainable Future. Boston：Bencon Press.

Durkheim E. 1951. Suicide. London：Routledge.

Duro J A, Padilla E. 2006. International inequalities in per capita CO_2 emissions：A decomposition methodology by Kaya factors. Energy Economics, 28（2）：170-187.

Eckstein O. 1958. Water Resource Development：The Economics of Project Evaluation. Cambridge：Harvard University Press.

Fayol H. 1916. Industrial and General Administration. Paris：Dunod.

Felkner J S, Robert, M. T. 2011. The geographic concentration of enterprise in developing countries. Quarterly Journal of Economics, 126（4）：2005-2061.

Ferstl R, Weissensteiner A. 2011. Asset-liability management under time-varying investment opportunities. Journal of Banking & Finance, 35（1），182-192.

Gross N, Martin W E. 1952. On Group Cohesiveness. American Journal of Sociology, 57（6）：546-564.

Grossman G M, Krueger A B. 1992. Environmental impacts of a North American free trade agreement. Social Science Electronic Publishing, 8（2），223-250.

Gutiérrez L, Glenmaye L, Delois K. 1995. The organizational context of empowerment practice：Implications for social work administration. Social Work, 40（2）：249-258.

Hamel G. 2006. The why, what and how of management innovation. Harvard Business Review, 84（2）：72-84.

Kaya Y. 1989. Impact of Carbon Dioxide Emission on GNP Growth：Interpretation of Proposed Scenarios. Presentation to the Energy and Industry Subgroup, Response Strategies Working Group, IPCC, Paris.

Kempbenedict E. 2011. Confronting the Kaya Identity with Investment and Capital Stocks. Quantitative Finance Paper. http：//ideas. repec. org/p/arx/papers/1112. 0758. html.

Landecker W S. 1951. Types of Integration and Their Measurement. American Journal of Sociology, 56（4）：332-340.

Li W, Ou Q X. 2013. Decomposition of China's Carbon Emissions Intensity from 1995 to 2010：An Extended Kaya Identity. Mathematical Problems in Engineering,（3）：1-7.

Lin K A, Ward P, Maesen L J G V D. 2009. Social Quality Theory in Perspective, Development and Sociology, 38（2）：201-208.

Marshall A. 1980. Principles of Economics. London: Macmillan.

Ramcharan R. 2009. Why an economic core: Domestic transport costs. Journal of Economic Geography, 9 (4): 559-581.

Raupach M R, Marland G, Ciais P, et al. 2007. Global and regional drivers of accelerating CO_2 emissions. Proceedings of the National Academy of Sciences, 104 (24): 10288-10293.

Rose P S, Hudgins S C. 2012. Bank management & financial services. New York: McGraw-Hill Education.

Seligman E R A. 1903. "On some neglected British economists". The Economic Journal, 13 (51): 335-363.

Sidgwick H. 1883. Principles of Political Economy. London: Macmillan.

Sluchynsky O. 2015. Benchmarking administrative expenditures of mandatory social security programmes. International Social Security Review, 68 (3): 15-41.

Smith A. 1776. An inquiry into the nature and causes of the wealth of nations. London: W. Strahan.

The United Nations Department of Economic and Social Affairs. 2007. The Employment Imperative: Report on the World Social Situation. New York: the United Nations.

Timma L, Blumberga D, Vilgerts J, et al. 2014. Decomposition analysis based on IPAT and Kaya identity for assessment of hazardous waste flow within enterprise. 27th International Conference on Efficiency, Cost, Optimization, Simulation and Environmental Impact of Energy Systems, ECOS 2014, Finland, 1-7.

UNESCO. 1976. The Medium-Term Outline Plan for 1977—1982. Paris: UNESCO.

Wackernagel M, Onisto L, Bello P, et al. 1999. National natural capital accounting with the ecological footprint concept. Ecological Economics, 29 (3): 375-390.

Zhang W. 2012. The social cost of China's economic growth: messages from China's 2012 parliamentary session. International Journal of Health Services, 42 (4): 755-763.